清华大学测控技术与仪器系列教材

Principles and Engineering Basis of Control Systems

控制系统原理与工程基础

陈志勇　郭美凤　编著

Chen Zhiyong　Guo Meifeng

清華大学出版社

北 京

内 容 简 介

本书是为机械、仪器和车辆等高等学校工科专业的本科生编写的一本关于自动控制原理和方法的教材,主要针对单输入单输出线性定常控制系统阐述相关的理论和方法。

本书介绍了控制环节微分方程的建立、拉普拉斯变换及传递函数、系统的瞬态响应特性、稳态误差理论、稳定性判据和频率响应特性等基础理论;讨论了系统开环、闭环、时域和频域特性之间的关系及比较理想的开环频率特性;从频率特性的角度论述了各种控制器的工作原理和设计方法,分析了用根轨迹法设计控制器的思路和过程,还介绍了二自由度控制、输入前馈控制和干扰前馈补偿等控制结构,及多个控制系统实例。在数字控制部分,介绍了数字控制系统和 z 变换,主要讨论了用模拟-离散变换方法设计数字控制器的问题。

本书注重用图形和举例辅助对控制理论和方法的探讨。

除了用作本科生教材,本书也可作为相关专业的研究生和工程技术人员的参考资料。

图书在版编目(CIP)数据

控制系统原理与工程基础/陈志勇,郭美凤编著.—北京:清华大学出版社,2023.10
清华大学测控技术与仪器系列教材
ISBN 978-7-302-64664-8

Ⅰ. ①控… Ⅱ. ①陈… ②郭… Ⅲ. ①控制系统理论－高等学校－教材 Ⅳ. ①O231

中国国家版本馆 CIP 数据核字(2023)第 182373 号

责任编辑:王 欣 赵从棉
封面设计:傅瑞学
责任校对:欧 洋
责任印制:沈 露

出版发行:清华大学出版社
    网   址:http://www.tup.com.cn, http://www.wqbook.com
    地   址:北京清华大学学研大厦 A 座   邮   编:100084
    社 总 机:010-83470000   邮   购:010-62786544
    投稿与读者服务:010-62776969, c-service@tup.tsinghua.edu.cn
    质量反馈:010-62772015, zhiliang@tup.tsinghua.edu.cn
印 装 者:天津安泰印刷有限公司
经   销:全国新华书店
开   本:185mm×260mm   印   张:14.25   字   数:345 千字
版   次:2023 年 10 月第 1 版   印   次:2023 年 10 月第 1 次印刷
定   价:48.00 元

产品编号:096652-01

前言

工科学生学习自动控制理论和方法的目的是培养将其应用于各自的专业方向上解决实际问题的能力,因此控制工程基础课程的教材既需要阐述自动控制的基础理论,也需要详细论述分析和设计系统的方法。所阐述的基础理论需要作必要的数学论证,所论述的分析和设计方法应具有实用性。

本书内容安排的线索如下。分析设计控制系统,首先需要建立控制环节的数学模型,一般是微分方程。要了解控制环节的动态响应,需要解微分方程。因此介绍了线性微分方程的解的理论,并引出拉普拉斯变换和传递函数的概念。利用传递函数可以求一阶、二阶系统的瞬态响应,并得到瞬态响应特性与极点的关系。再讨论一般系统的瞬态响应特性与极点、零点分布的关系。然后介绍控制系统的总体结构框图。以一个温度控制系统为例,探讨控制系统的工作机制,引出对稳态误差问题的讨论。在降低系统的稳态误差的尝试中发现系统的稳定性问题,引出稳定性理论。使用奈奎斯特稳定性判据需要画奈奎斯特图,其后在系统的频率响应特性部分指出奈奎斯特图是频率特性的一种表达形式。然后讨论系统在开环、闭环、时域、频域上的特性之间的关系,意图融会贯通之前的理论。根据闭环时域与开环频率特性之间的关系,导出理想的开环频率特性和较优的开环系统模型。然后论述各种控制器的原理和设计方法。在数字控制系统方面,意图借助 s 平面与 z 平面的映射关系,以较短的篇幅论述离散传递函数的极点对应的动态响应特性;数字控制器的设计也采用模拟-离散变换方法,用较短的篇幅完成数字控制器实现方法的探讨。

本书共 18 章,各章的题目如下(如果某一章中有比较有特色的内容,则在其题目后略作介绍):

第 1 章,绪论。

第 2 章,控制环节的数学描述。建立了机械、模拟电路和机电等多种控制环节的微分方程。

第 3 章,拉普拉斯变换与传递函数。关于线性微分方程的解的理论是经典控制理论的基础,本章对此作了简单介绍。

第 4 章,系统的瞬态响应特性。对含有多个极点或零点的系统的瞬态响应特性作详细阐述。

第 5 章,控制系统的框图和传递函数。

第 6 章, 反馈控制系统的工作机制和稳态误差。本章通过尝试设计一个温度控制系统的控制器, 说明反馈控制系统的工作机制。

第 7 章, 系统的稳定性与劳斯-赫尔维茨判据。对含有实部为 0 的多重极点的系统, 联系微分方程的解的理论, 讨论了其稳定性。

第 8 章, 奈奎斯特稳定性判据。

第 9 章, 系统的频率响应特性。介绍了系统开环增益交越频率处的闭环增益与相位裕量的关系。

第 10 章, 闭环时域特性与开环频域特性的关系。利用控制系统的开环频率特性进行闭环性能分析和控制器设计是经典控制理论中频率特性法的核心。这一方法的基础是系统的闭环时域特性与开环频域特性的关系。本章依次采用定性分析、典型系统分析和对大量系统的特征参数进行归纳的方法, 讨论了谐振峰值与相位裕量、最大超调量与相位裕量、建立时间与增益交越频率及相位裕量、闭环截止频率与开环增益交越频率的关系, 通过数据拟合得到了特征参量之间的关系式。

第 11 章, 较优的系统模型。讨论了 II 型系统的闭环谐振峰值与稳态加速度偏差系数的相互约束问题, 给出了用于参数优化设计的曲线图。

第 12 章, 控制器。首先论述各种控制器的适用情况、原理和各种控制量起作用的条件; 再介绍各种控制器的参数设定方法; 最后论述了 PID 控制器配置闭环极点的能力和一种 PID 控制器参数的实验调整方案。

第 13 章, 根轨迹法。对根轨迹规则作简略介绍, 论述了控制器零极点的配置思路, 结合多个例子说明了控制器参数的设置方法。

第 14 章, 控制系统的其他构型。介绍了二自由度控制、输入前馈控制和干扰前馈补偿控制结构。讨论了强调输入-输出响应性能和强调干扰-输出响应性能对控制器设计要求的不一致性。

第 15 章, 几个控制系统实例。介绍了自动增益控制、运算放大电路、锁相环、自激振荡系统、倒立摆控制和直流电动机伺服系统。

第 16 章, 数字控制系统概述。讨论了数字控制系统的时间滞后问题。

第 17 章, z 变换。通过 z 平面与 s 平面的映射关系讨论 z 平面极点对应的瞬态响应特性。

第 18 章, 数字控制器的连续-离散设计方法。讨论了几种常用的连续-离散设计方法的映射偏差。

本书比较注重用图形和举例辅助对控制理论和方法的阐释。在对系统进行分析和设计方面用了比较多的伯德图和瞬态响应图, 也多用曲线表达系统特征参数之间的关系。

本书由陈志勇主笔, 郭美凤对文字做了修饰。

本书的编写得到清华大学本科优秀教材建设项目的支持, 在此表示感谢。

由于编者的知识和经验有限, 书中难免存在缺点和错误, 恳请读者批评指正。

编　者

2023.8.5

目录

第1章

绪　　论

本章主要介绍自动控制系统的基本概念。

1.1　自动控制系统

自动控制系统早已广泛地应用于人类的生活、工业、军事和科学探索活动中,人们可以在自身周围和从各种媒体中识别出各种自动控制系统。

家用电器中的变频空调机和洗衣机能够自动工作。使用变频空调机时,用户可以设定期望的室内温度值,空调机会根据实际室温的高低自动调节制冷功率,最终把房间的温度维持在期望温度附近的一个小范围内。使用洗衣机时,用户放入要洗涤的衣物和洗涤剂后,可以设定洗涤的转速和时间,或者选择已经设定好的洗涤模式,启动后洗衣机就能自动完成洗涤、漂洗和脱水等工作。空调机和洗衣机两者都能自动完成设定的工作,但它们的工作机制有所不同:空调机在工作中要检测室温,洗衣机在工作时则并不检测衣物的脏净程度;空调机会根据室温的高低自动改变制冷功率,洗衣机则不会因衣服还没洗干净而自动加长洗涤时间。

在工业设备中数控机床和机器人是典型的自动控制系统。它们要根据预先设定好的加工位置或轨迹,自动驱动工作台、刀具或工作头运动;这种运动应该达到一定的位置精度以保证加工质量,而且还要具有比较高的速度以提高工作效率。

在军事装备中,导弹显然是一种自动控制系统。导弹有不同的类型,如果是针对位置固定的目标,则导弹在飞行过程中要能够根据导航系统给出的自身位置的信息检查是否在预定轨道上,并自动调整飞行轨迹直至达到目标;如果是针对移动目标的导弹,则它必须具有能够探测目标的导引头,根据目标的方位随时调整自身的运动状态,跟踪并直至击中目标。

在宇航活动中,着陆器的降落过程是自动控制的。比如,在月球背面着陆时可能难以与地面通信,着陆火星时则与地球的通信延时能够达到 10 min 量级,着陆器必须自行完成降落。着陆器要能够探测自身相对于着陆点的高度和速度,自动控制反推火箭的推力,以尽可能小的相对速度着陆,避免对宇航员和设备造成伤害。

自动控制系统的实例还有很多,比如相机的自动调焦系统、能够实现温度控制的温度试验箱、提供精确转速的转台、飞行器的姿态控制系统、坦克炮管的稳定系统和航天器的自动交会对接系统等。

可见,自动控制系统都有确定的功能目标、调控机制和执行器,调控机制使系统能够自主控制执行器的动作,完成设定的功能目标。

1.2　开环控制与闭环控制

空调机会根据控制目标达到的程度调节控制动作,洗衣机则不会。检测控制目标实际达到的程度并提供给调控机制作为调节执行器动作的依据的动作称为"反馈"。如果调控机制中有反馈动作,称为"闭环控制";如果没有,则称为"开环控制"。闭环控制在自然界中就存在。例如,动物捕食时需要盯住猎物,根据猎物的位置和速度调控自身的动作,以图捕获它。

平动工作台是工业上的一种常用设备,用来产生直线位移。它需要电动机驱动,将电动机轴连接丝杠-螺母机构,螺母固定于工作台,则电动机转动时推动工作台平动。考虑两种方案,第一种方案是采用步进电动机驱动,第二种方案是采用直流电动机驱动和直线光栅反馈。步进电动机方案中,每向步进电动机的驱动器发送一个电脉冲,正常情况下步进电动机就转动一个固定的步距角,工作台就前进或后退一个确定的直线位移。这个方案中没有对工作台的实际位置进行检测,没有反馈动作,是开环控制方案。在直流电动机-直线光栅方案中,用直线光栅检测工作台的实际位置,反馈给直流电动机的控制器以调节驱动直流电动机的电压,使电动机转动准确的角度。所以这种方案是闭环控制方案。

显然步进电动机方案使用的部件比较少,系统要简单一些。但是电动机能够产生的最大转矩是有限的,如果在某一瞬时,负载转矩超过了步进电动机的最大转矩,则步进电动机此时无法转动,会发生"丢步";在负载转矩降低后工作台也无法到达正确的位置。如果同样的情况发生在闭环控制系统中,负载转矩太大时直流电动机的瞬时角位移同样会出现误差,但由于直线光栅能够检测到工作台的真实位移,当负载降低后工作台最终是能够到达设定位置的。所以,如果要实现精准的控制,闭环控制方案是必需的。

平动工作台的实现还有一种方案,工作台位移不是采用直接测量而是采用间接测量的方式:在电动机轴上安装圆光栅,测量电动机轴的角位移,再乘以丝杠-螺母机构的导程,得到工作台的直线位移。这种方案既不是完全的闭环控制,也不是开环控制,称为"半闭环控制"。由于丝杠与螺母间存在间隙,由电动机轴上获取的角位移推算工作台线位移的方式比直接测量方式的误差大。但是在全闭环方案下,传动间隙可能导致系统发生振荡等问题,而半闭环方案则可以避免这类问题。

图 1-1 示出了开环、闭环和半闭环工作台位置控制系统的结构。

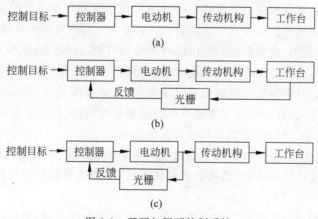

图 1-1　开环与闭环控制系统

(a) 开环系统;(b) 闭环系统;(c) 半闭环系统

　　显然,从系统结构上可以判断,开环系统的控制问题要比闭环系统简单。以后的章节均默认考虑闭环控制系统,但其中的内容完全能够覆盖分析和设计开环系统所需要的基本理论和方法。

1.3　闭环控制系统的实现形式

　　世界上公认的第一个用于工业过程的自动控制系统是蒸汽机离心调速系统。1788 年,瓦特(James Watt,1736—1819,苏格兰发明家、机械工程师和化学家)把离心调速器用于蒸汽机汽缸的蒸汽流量调节,实现了蒸汽机恒定转速的自动控制。这项工业技术进步非常重要,以至于瓦特有时候被误认为是离心调速器的发明者。实际上最早的商用蒸汽机出现于1712 年,最早的离心调速器则是在 17 世纪由克里斯蒂安·惠更斯(Christiaan Huygens,1629—1695,荷兰数学家、天文学家和物理学家)发明的,用于调节风车机构中磨盘之间的距离和压力。

　　瓦特蒸汽机离心调速系统示意图如图 1-2 所示,其工作原理为根据实际转速控制蒸汽阀门的开度,以保持转速近似恒定。蒸汽机活塞的往复直线运动通过传动机构转换为旋转运动,再传动到离心调速器。离心调速器主要由图中左边的连杆机构和"飞球"组成,连杆机构下部铰链的位置固定,杆件和飞球绕纵轴旋转。飞球旋转时受离心惯性力,转速越高则飞球向上升起得越高,同时连杆机构上部铰链的位置被拉低;连接在上部铰链处的杆件通过图中右边的连杆机构控制蒸汽机进气阀门的开度,转速越高,开度越小,从而使蒸汽流量减小,蒸汽机做功功率下降,则转速会降低到设定转速附近。

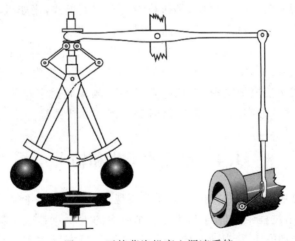

图 1-2　瓦特蒸汽机离心调速系统

　　在瓦特蒸汽机离心调速系统中,控制目标是某一恒定的转速,执行机构是调节蒸汽流量的连杆和阀门,被控制的对象是蒸汽机把蒸汽热能转换为机械能的部分,飞球是用于检测转速的元件,离心调速器实现转速比较和控制功能。当然,离心调速系统是一个整体的机械,这种部件划分依据的是系统各部分的主要功能。

　　闭环控制系统的一般结构如图 1-3 所示。图中的"输入"用以表示控制目标的量,比如在调速系统中即目标转速;"输出"为被控量的实际值;"比较"表示的是对输入量和反馈量进行的一个数学上的对比操作，一般是求两者之差，结果称为"**偏差**"。闭环控制就是通过输出反馈、比较，产生偏差，由偏差决定控制作用，实现输出量的自动调整的。

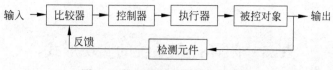

图 1-3　闭环控制系统的一般结构

　　显然离心调速系统的被控对象是一个热机，执行器、检测元件和控制器都是机械。

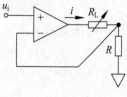

图 1-4　电流控制系统

　　控制器、执行器和被控对象都是对控制系统的组成部分从功能上的一个划分，在物理实现上它们不一定是不同的部件，也可以是完成多种功能的一个部件。比如图 1-4 所示的一个电流控制系统，不论负载电阻 R_L 值有多大，流过它的电流 i 都等于 u_i/R。在这个控制系统中，比较、控制和执行功能都是由运算放大器实现的。

　　设有一个直流电动机转速控制系统，由直流电动机、驱动电动机的功率放大器、测速发电机和控制电路组成。测速发电机把转速转换成电压信号，控制电路对模拟电压信号进行处理，则这个系统的控制器是一个模拟电路。如果把测速发电机换成光码盘，光码盘输出的是方波信号，其频率代表着转速，再采用数字电路进行频率测量并完成转速控制功能，则控制器在形态上是数字电路，在数学上是数字电路中运行的控制算法。

　　再如在液压控制系统中，液压阀或者电控液压阀可以调节流量、压力等，起到控制器的作用。根据自动控制系统的具体应用，其执行器有不同的形式，比如机电、液压、热机和纯电路等。控制器也有不同的实现形式，如电路、机械和液压等。

　　如果所关注的自动控制系统是关于物理量的控制，比如压力、温度、速度、姿态和电流等，且控制器采用电路形式，则检测元件是把对应的物理量转换为电信号的某种传感器。传感器输出信号的形式包括模拟电压、模拟电流、脉宽、频率和数字量等。控制电路的实现形式包括模拟电路、纯硬件数字电路和数字信号处理器及其软件等。

1.4　系统的干扰和输入

　　"干扰"指的是对自动控制系统控制目标的实现造成妨碍的各种外来因素。比如数控机床加工一个零件，切削过程中毛坯对刀具的反作用力的大小及其变化都可能影响零件的加工精度。这是一种被动的干扰，因为如果刀具不进给就没有反作用力。还有的干扰是外界主动施加的，比如风会影响飞行器的姿态，对飞行器的姿态控制系统就是一个干扰。传感器的输出信号、模拟控制电路和控制系统中的其他环节中总有随机性的信号混在有用信号中，这些随机信号被称为噪声，也可以用干扰这种形式来表示。因此干扰可能存在于控制环路中的任何位置。图 1-5 表示了一种干扰施加到闭环控制系统中的情况，标出了环路中的输入信号、输出信号、反馈信号、偏差信号和干扰信号。

　　虽然各种控制系统可以有非常不同的物理构造，但在控制目标上往往只有几类。一类是希望被控的物理量保持恒定，比如恒定的温度、振幅或姿态，即使有干扰存在。这类系统

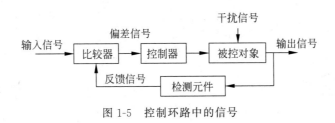

图 1-5 控制环路中的信号

的输入信号是恒定的或缓慢变化的,但可能对系统的精度要求很高,可称为恒值控制系统。另一类是希望系统能够快速地跟踪某一变化的物理量,比如空对空导弹要能追踪高度机动的飞机,但对精度的要求不需要特别高,因为只要能够进入爆炸杀伤范围就可以了。这类系统称为随动控制系统。前一类系统强调精度,后一类系统强调速度。还有的系统要求既能够快速跟踪,又能在有干扰的情况下达到高的精度。

前述内容中没有特意说明控制系统中输入、输出信号的数量,如图 1-5 中输入、输出信号都是一个。实际上复杂系统中要控制的量可能是多个,比如要同时控制飞行器的俯仰角、横滚角和航向角,而用于改变这些角度的执行器也有多个,并且一个执行器的动作可能同时影响几个被控量,一个被控量也会同时受几个执行器影响。这样具有多个输入信号和多个输出信号的控制系统称为"多输入-多输出控制系统"(multi-input multi-output control system,MIMO 控制系统),而只有一个输入和一个输出信号的系统称"单输入-单输出控制系统"(single input single output control system,SISO 控制系统)。本书只讨论单输入-单输出控制系统。

第 2 章

控制环节的数学描述

　　控制系统是由控制器、执行器、被控对象和检测元件等多个环节组成的。"环节"和"系统"往往是在相对意义上来说的,在研究一个复杂环节时,可以称其为系统;当它是一个更大系统中的一部分时,则称其为大系统的一个环节。要分析整个系统的特性或设计控制系统,必须先弄清楚各个环节的特性。各环节本身的设计和实现有其各自对应的学科和技术,从控制的角度,主要关注其输入量与输出量之间的关系。

　　比如一部直流电动机,初始时转子不转动;在其电极上施加一个恒定的电压后,转子开始加速转动,最终趋于一个恒定的转速。在没有摩擦力矩和负载转矩的情况下,最终的恒定转速与所施加的恒定电压成正比关系,它们之间的比例系数是这部电动机的一个重要的特征参数。另外,转子的转速是从零开始增大,逐渐达到最终转速的,有一个随时间变化的过程,即转速是时间的函数。那么,如何才能确定这个函数?

　　显然,要描述控制环节各个状态的变化,需要用基于物理规律的微分方程。本章分析一些物理环节,建立描述它们的数学关系式。

2.1　一些物理环节的数学描述

1. 比例环节

1) 机械传动

　　如图 2-1 所示的齿轮齿条传动机构,可以把齿轮的转动转换为齿条的平动。设齿轮的分度圆半径为 R,输入量为齿轮的转速 ω,输出量为齿条的线速度 v,则齿条速度与齿轮转速之间的关系为

$$v = R\omega \tag{2-1}$$

即齿条速度 v 与齿轮转速 ω 之间成比例关系。

　　任何传动比固定的机构,其输入与输出的广义速度之间都成比例关系。在分析控制系统时,用输出量与输入量的比值描述这个环节,比如在本例中,比例为 R。注意这样定义的比值与机械原理中的"传动比"互为倒数。

2) 电路

　　图 2-2 示出了两种比例电路。$u_i(t)$ 表示输入电压信号,$u_o(t)$ 表示输出电压信号。

图 2-1　齿轮齿条传动机构

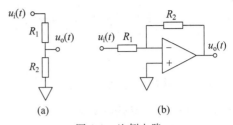

图 2-2　比例电路

(a) 电阻分压电路；(b) 反相放大电路

图 2-2(a)所示为电阻分压电路。如果输出端的负载阻抗趋于无穷大，则有

$$u_o(t) = \frac{R_2}{R_1 + R_2} u_i(t) \tag{2-2}$$

即这个电路的输出信号与输入信号之间为比例关系，且比例系数小于 1。

图 2-2(b)所示为反相放大电路。由电路知识，有

$$u_o(t) = \frac{-R_2}{R_1} u_i(t) \tag{2-3}$$

输出信号与输入信号之间也是比例关系，且这个比例系数为负值。要得到式(2-3)，实际上要利用反馈系统的原理，具体分析见 15.2 节。

2. 积分环节

图 2-3 所示为一个液压缸的示意图，它有两个液压油出入口，活塞可以沿缸体轴线滑动。设内腔截面面积为 A，单位时间内流入缸体的液压油体积（即流量）为 $q(t)$，活塞位置为 $x(t)$，则有

$$x(t) - x(0) = \frac{1}{A} \int_0^t q(t) \mathrm{d}t \tag{2-4}$$

即液压缸的位移量与流量的时间积分成正比。

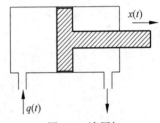

图 2-3　液压缸

式(2-4)两边对时间求导，得

$$x'(t) = \frac{1}{A} q(t) \tag{2-5}$$

3. 无源一阶低通滤波电路

图 2-4 所示为由一个电阻器和一个电容器构成的电路，由电路知识可知它是一阶低通滤波电路。设电阻的阻值为 R，电容的容量为 C，输入电压信号为 $u_i(t)$，下面建立输出电压信号 $u_o(t)$ 与 $u_i(t)$ 之间的数学关系。

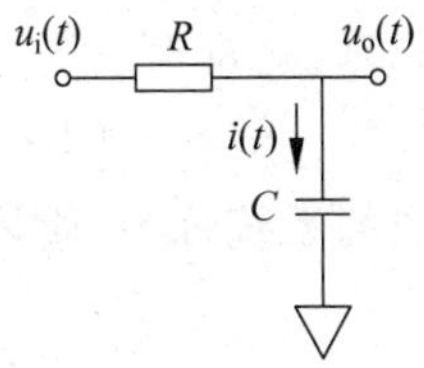

图 2-4　无源一阶低通滤波电路

由电路知识，可列出如下方程：

$$\begin{cases} i(t) = \dfrac{1}{R}[u_i(t) - u_o(t)] \\ u_o(t) = \dfrac{1}{C} \int_0^t i(t) \mathrm{d}t \end{cases} \tag{2-6}$$

方程(2-6)的第 2 式对时间求导,得

$$\frac{\mathrm{d}u_o(t)}{\mathrm{d}t} = \frac{1}{C}i(t) \tag{2-7}$$

将式(2-6)的第 1 式代入式(2-7),整理得

$$\frac{\mathrm{d}u_o(t)}{\mathrm{d}t} + \frac{1}{RC}u_o(t) = \frac{1}{RC}u_i(t) \tag{2-8}$$

即输入信号与输出信号间的关系应以一个一阶常系数微分方程来描述。

4. 无源一阶高通滤波电路

图 2-5 也是由电阻和电容构成的电路,是无源一阶高通滤波器。与上例类似,分析输入信号与输出信号之间的关系。

列出方程:

$$\begin{cases} i(t) = \dfrac{1}{R}u_o(t) \\[2mm] i(t) = C\dfrac{\mathrm{d}[u_i(t) - u_o(t)]}{\mathrm{d}t} \end{cases} \tag{2-9}$$

整理得

$$\frac{\mathrm{d}u_o(t)}{\mathrm{d}t} + \frac{1}{RC}u_o(t) = \frac{\mathrm{d}u_i(t)}{\mathrm{d}t} \tag{2-10}$$

可见这个电路的输入信号与输出信号之间也可以用一个一阶常系数微分方程描述。

5. 质量-弹簧-阻尼系统

如图 2-6 所示,在一个光滑的水平面上有一个质量块,质量为 m,受水平外力 f 的作用,把 $f=0$ 时质量块的平衡位置作为原点,考虑它在水平方向上的位移 x。

图 2-5　无源一阶高通
滤波电路

图 2-6　质量-弹簧-阻尼系统

连接质量块和固定点的弹簧刚度系数为 k,则弹簧力

$$f_s = -kx \tag{2-11}$$

图中与弹簧并联的符号表示的是"阻尼器",它提供与它两端之间的相对运动速度成正比的阻力,称"阻尼力"。阻尼力与相对速度的比值称"阻尼系数",如图中的 c。即有

$$f_d = -c\dot{x} \tag{2-12}$$

其中 $\dot{x}$ 表示 x 对时间的 1 次导数,以下类同。由质量、弹簧和阻尼器构成的系统称为"质量-弹簧-阻尼系统"。由牛顿第二定律,有

$$m\ddot{x} = f - kx - c\dot{x} \tag{2-13}$$

或改写为

$$m\ddot{x} + c\dot{x} + kx = f \tag{2-14}$$

即质量-弹簧-阻尼系统的受力与位移之间的关系以二阶常系数微分方程描述。

如果这个质量-弹簧-阻尼结构不是在水平方向,而是在垂直方向上,则需要考虑质量块所受的重力。但是只要把外力 f 为 0 时质量块的平衡位置作为位移的原点,则这个动力学系统仍可由方程(2-14)描述。

6. 延迟环节

图 2-7 表示的是一个轧钢板的工序。假定两个轧辊之间的距离为 $h_0(t)$,是时间的函数;轧出的钢板以速度 v 运动,测量钢板厚度的装置放置在距离轧辊中心 d 的位置,测得的厚度 $h(t)$ 也是时间的函数。

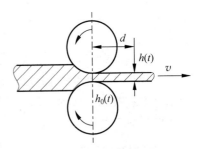

图 2-7 测量延迟

钢板上的一点从两个轧辊中心连线处运动到厚度测量处,需要时间 $\tau = d/v$,则此刻的钢板厚度要延迟时间 τ 才能测到,即

$$h(t) = h_0(t - \tau) \tag{2-15}$$

$h(t)$ 与 $h_0(t)$ 的波形相同,只是在时间上滞后了,如图 2-8 所示。

另外,在数字信号处理系统和数字控制系统中,一般来说计算是按照一定的时间周期进行的,因此对外界信号的响应最多会延迟一个计算周期的时间。再如,很多传感器是通过串行数字接口与微控制器通信的,则传输信号的位数和时钟频率决定了微控制器获得最新信息所需要等待的最短时间。

7. 复杂电路环节

图 2-9 所示为一个由两只电阻器和两只电容器构成的无源电路,需要确定在输入电压信号为 $u_i(t)$ 情况下的电压 $u_m(t)$ 和 $u_o(t)$。

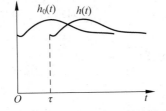

图 2-8 延迟环节的输入、输出波形

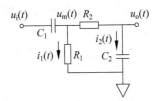

图 2-9 一个较复杂的无源电路

由电路知识可列出方程

$$\begin{cases} C_1(\dot{u}_i - \dot{u}_m) = \dfrac{u_m}{R_1} + \dfrac{u_m - u_o}{R_2} \\ u_m = u_o + R_2 C_2 \dot{u}_o \end{cases} \tag{2-16}$$

如果用 $u_m(t)$ 和 $u_o(t)$ 表示这个电路的状态,则可把式(2-16)改写为状态方程的形式:

$$\begin{bmatrix} \dot{u}_m \\ \dot{u}_o \end{bmatrix} = \begin{bmatrix} -\left(\dfrac{1}{R_1} + \dfrac{1}{R_2} \right) \dfrac{1}{C_1} & \dfrac{1}{R_2 C_1} \\ \dfrac{1}{R_2 C_2} & -\dfrac{1}{R_2 C_2} \end{bmatrix} \begin{bmatrix} u_m \\ u_o \end{bmatrix} + \begin{bmatrix} \dot{u}_i \\ 0 \end{bmatrix} \tag{2-17}$$

状态方程是"现代控制理论"表达动态系统的基本形式,把系统写成状态方程的形式也方便进行微分方程组的数值求解。本书不涉及现代控制理论。

方程组(2-16)第 2 式对时间求一次导数,得

$$\dot{u}_m = \dot{u}_o + R_2 C_2 \ddot{u}_o \tag{2-18}$$

把 u_m 和 $\dot{u}_m$ 的表达式代入方程组(2-16)的第 1 式,得

$$\ddot{u}_o + \frac{R_1 C_1 + (R_1 + R_2) C_2}{R_1 R_2 C_1 C_2} \dot{u}_o + \frac{1}{R_1 R_2 C_1 C_2} u_o = \frac{1}{R_2 C_2} \dot{u}_i \tag{2-19}$$

对比式(2-16)和式(2-19)可见,这个电路可以用两个一阶微分方程表示,也可以用一个二阶微分方程表示。区别是如果采用后者,则电路内部节点电压 $u_m(t)$ 不能被体现;而如果使用状态方程的形式,$u_m(t)$ 和 $u_o(t)$ 都可以体现出来。

8. 复杂机械环节

图 2-10 表示了一个机械传动机构,实现转动运动的传动,需要建立这个机构的数学模型。输入端角位移为 θ_1,通过刚度系数为 k_1 的轴 1 连接齿轮 2。注意这里的刚度系数是轴上的转矩与轴两端相对转角的比值。齿轮 2 与齿轮 3 啮合,齿数分别为 z_2 和 z_3,相对于各自轴线的转动惯量分别为 J_2 和 J_3,角位移分别为 θ_2 和 θ_3。齿轮 3 通过轴 2 连接到输出轮,轴 2 的刚度系数为 k_2。输出轮的转动惯量为 J_4,角位移为 θ_4,受阻尼力作用,阻尼系数为 c,这里的阻尼系数为阻力矩与输出轮角速度的比值。设轴 1、轴 2 的转动惯量可以忽略。

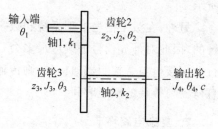

图 2-10　一个机械传动机构

齿轮 2 的角加速度为它所受力矩之和与其转动惯量的比。轴 1 对齿轮 2 的弹性力矩为

$$T_{s1} = k_1 (\theta_1 - \theta_2) \tag{2-20}$$

设齿轮 3 对齿轮 2 的力矩为 T,则齿轮 2 的动力学方程为

$$J_2 \ddot{\theta}_2 = k_1 (\theta_1 - \theta_2) - T \tag{2-21}$$

齿轮 3 受到的齿轮 2 对它的力矩为 $T z_3 / z_2$,轴 2 对它的弹性力矩为

$$T_{s2} = k_2 (\theta_4 - \theta_3) \tag{2-22}$$

齿轮 3 的动力学方程为

$$J_3 \ddot{\theta}_3 = \frac{z_3}{z_2} T - k_2 (\theta_3 - \theta_4) \tag{2-23}$$

齿轮 2 和齿轮 3 啮合,有

$$\theta_3 = \frac{z_2}{z_3} \theta_2 \tag{2-24}$$

注意 θ_2 和 θ_3 两者的正方向应该是相反的。

输出轮的动力学方程为

$$J_4\ddot{\theta}_4 = k_2(\theta_3 - \theta_4) - c\dot{\theta}_4 \tag{2-25}$$

以上已经列出了所有必要的方程,以下进行化简。将式(2-21)改写为

$$T = -J_2\ddot{\theta}_2 + k_1(\theta_1 - \theta_2) \tag{2-26}$$

代入式(2-23),得

$$J_3\ddot{\theta}_3 = \frac{z_3}{z_2}[-J_2\ddot{\theta}_2 + k_1(\theta_1 - \theta_2)] - k_2(\theta_3 - \theta_4) \tag{2-27}$$

把式(2-24)代入式(2-27)和式(2-25),整理得

$$\begin{cases} \left[J_2 + \left(\frac{z_2}{z_3}\right)^2 J_3\right]\ddot{\theta}_2 + \left[k_1 + \left(\frac{z_2}{z_3}\right)^2 k_2\right]\theta_2 - \frac{z_2}{z_3}k_2\theta_4 = k_1\theta_1 \\ J_4\ddot{\theta}_4 + c\dot{\theta}_4 - k_2\frac{z_2}{z_3}\theta_2 + k_2\theta_4 = 0 \end{cases} \tag{2-28}$$

给定函数 $\theta_1(t)$ 及 θ_2、θ_4 和 $\dot{\theta}_4$ 的初值,就可以根据微分方程组(2-28)解出齿轮 2 及输出轮的角位移随时间变化的函数 $\theta_2(t)$ 和 $\theta_4(t)$。

另外,由方程组(2-28)的第 1 式可见,齿轮 2 和齿轮 3 的转动惯量可以以某种方式合并,即把齿轮 3 对于其自身轴线的转动惯量折算到齿轮 2 上时,应除以传动比 z_3/z_2 的平方;齿轮 3 受轴 2 的弹性力矩,如果要把轴 2 的弹性系数 k_2 与轴 1 合并,也应除以传动比 z_3/z_2 的平方。如果记

$$\begin{cases} J_2' = J_2 + \left(\frac{z_2}{z_3}\right)^2 J_3 \\ k_1' = k_1 + \left(\frac{z_2}{z_3}\right)^2 k_2 \end{cases} \tag{2-29}$$

则方程组(2-28)可改写为

$$\begin{cases} J_2'\ddot{\theta}_2 = -k_1'\theta_2 + \frac{z_2}{z_3}k_2\theta_4 + k_1\theta_1 \\ J_4\ddot{\theta}_4 + c\dot{\theta}_4 = k_2\left(\frac{z_2}{z_3}\theta_2 - \theta_4\right) \end{cases} \tag{2-30}$$

如果只需要得到输出轮角位移的变化规律,可作如下处理:

由方程组(2-30)第 2 式,有

$$\theta_2 = \frac{z_3}{z_2 k_2}(J_4\ddot{\theta}_4 + c\dot{\theta}_4 + k_2\theta_4) \tag{2-31}$$

上式对时间求 2 次导数,并以带小括号的上标表示求导阶次,有

$$\theta_2^{(2)} = \frac{z_3}{z_2 k_2}(J_4\theta_4^{(4)} + c\theta_4^{(3)} + k_2\theta_4^{(2)}) \tag{2-32}$$

把式(2-31)、式(2-32)代入式(2-30),整理得

$$J_2'J_4\theta_4^{(4)} + J_2'c\theta_4^{(3)} + (J_2'k_2 + J_4k_1')\theta_4^{(2)} + k_1'c\theta_4^{(1)} + k_1k_2\theta_4 = \frac{z_2}{z_3}k_1k_2\theta_1 \tag{2-33}$$

故对此机械环节可用由两个二阶微分方程组成的方程组(2-30)或一个四阶微分方程(2-33)来表示其运动规律,当采用方程(2-33)时,只能表示 θ_4 与 θ_1 之间的关系。

9. 温度控制箱

图 2-11 示出了一个温度控制箱。设箱体质量为 m，比热容为 c；箱体与外界环境之间有隔热层，其传热系数（在两侧温差为 1℃情况下，每秒内每平方米面积上传递的热量）为 k_m，传热面积为 A。采用半导体加热/制冷片调节箱内温度。半导体加热/制冷片通正向电流则加热，通反向电流则制冷，加热和制冷功率与电流的大小成正比。设加热/制冷片的等效电阻值为 R，功率与电流的比例系数为 k_{pi}。控制量为模拟电压 $u(t)$。欲求控制量与箱内温度 $T(t)$ 满足的微分方程。

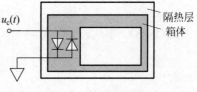

图 2-11　温度控制箱

加热功率为

$$P(t) = k_{pi} \frac{1}{R} u(t) \tag{2-34}$$

箱体的热能通过隔热层损失，散失功率为

$$P_d(t) = k_m A (T - T_0) \tag{2-35}$$

其中，T 表示箱体温度；T_0 表示环境温度。

箱体内能的变化率等于净热功率，因此有

$$mc \frac{dT}{dt} = P - P_d \tag{2-36}$$

把式(2-34)、式(2-35)代入式(2-36)，整理得

$$mc \frac{dT}{dt} + k_m A T = k_{pi} \frac{1}{R} u(t) + k_m A T_0 \tag{2-37}$$

此即这个温控箱箱体温度的变化应符合的一阶微分方程。箱体温度既受加热信号的影响，也受环境温度的影响。

10. 永磁直流电动机

图 2-12 所示为一台永磁直流电动机，它的转子上包绕线圈，定子是永磁体，线圈通直流电时，导线在磁场中受力，从而转子能够旋转。永磁直流电动机电磁力矩的产生原理如图 2-13 所示，是以转子轴线为法线的剖面图。

图 2-12　一种永磁直流电动机

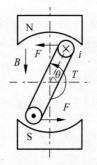

图 2-13　永磁直流电动机电磁
力矩的产生原理

图中标有"N"和"S"的部分表示永磁体定子，形成方向向下、磁感应强度为 B 的磁场。设线圈为矩形，长度为 l，匝数为 n，电流为 i。根据安培定律，线圈上、下两处受到的安培力

分别向左、右方向,大小为

$$F = nBli \tag{2-38}$$

设线圈旋转半径为 r,在图中角位置 θ 处,线圈受电磁力矩

$$T_1 = 2Fr\sin\theta \tag{2-39}$$

当 $\theta > 180°$ 时,电磁力矩会反向,所以如果不采取措施,图示线圈最终会停在 $\theta = 180°$ 的位置,转子不能连续旋转。为了解决这个问题,可采用的一个方法是在线圈上加"换向器",使线圈转过 $180°$ 时,电流方向能够自动反向。即使如此,电磁力矩的大小仍是随着线圈角位置的变化而变化的,存在力矩波动。实际电动机中有多个线圈,各自力矩变化周期的相位互相错开,从而总体上在整个旋转周期中使电磁力矩基本保持不变,则转子受到的电磁力矩为

$$T_e = 2nBl\bar{r}i \tag{2-40}$$

其中 $\bar{r}$ 表示线圈的等价半径。定义电磁力矩系数 $k_T = 2nBl\bar{r}$,则电磁力矩为

$$T_e = k_T i \tag{2-41}$$

另一方面,在转子转动时,导线会切割磁力线,或者说线圈内的磁通量发生变化,因此线圈上产生"动生电动势"。动生电动势 e 的大小正比于磁通量的变化率,设转子转速为 ω,有

$$e = 2nBl\bar{r}\omega \tag{2-42}$$

角速度与动生电动势之间的系数称"反电势系数",用符号 k_e 表示,即

$$e = k_e\omega \tag{2-43}$$

注意,反电势系数 k_e 与电磁力矩系数 k_T 是相等的。

以上是永磁直流电动机把电流转换为力矩和角运动产生电动势的基本关系。加了直流电压的线圈本身是一个电路,转子的转动是动力学问题,以下考虑这两个方面。

如图 2-14(a)所示,线圈具有电阻和电感,设电阻为 R,自感系数为 L,两端施加的电压为 u,线圈上作用有动生电动势 e,线圈中的电流为 i。外加电压被电阻压降、电流流过电感时的感生电动势和动生电动势所平衡,其中感生电动势为自感系数与电流变化率之积,因此有

$$u = Ri + L\frac{di}{dt} + e \tag{2-44}$$

如图 2-14(b)所示,电动机转子具有转动惯量,受电磁力矩和外力矩的作用,所受力矩之和与其转动惯量之比为角加速度。以 T_d 表示外力矩,有

$$J\frac{d^2\theta}{dt^2} = T_e + T_d \tag{2-45}$$

综合式(2-41)以及式(2-43)～式(2-45),并考虑到

$$\omega = \frac{d\theta}{dt} \tag{2-46}$$

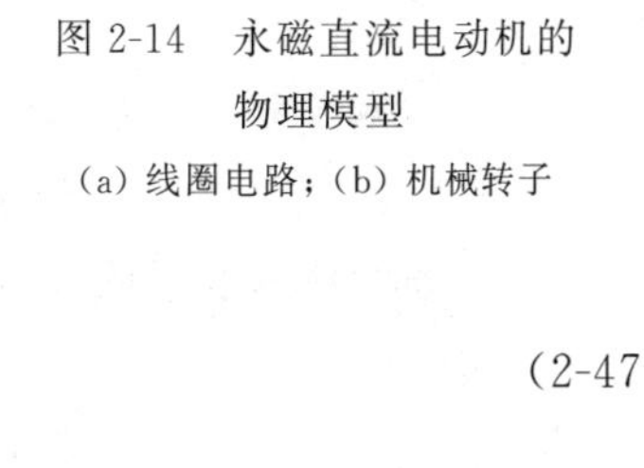

有

图 2-14　永磁直流电动机的
物理模型

(a) 线圈电路；(b) 机械转子

$$\begin{cases} u = Ri + L\dfrac{di}{dt} + k_e\omega \\[2mm] J\dfrac{d\omega}{dt} = k_T i + T_d \end{cases} \tag{2-47}$$

分别称这两个方程为电压平衡方程和力矩平衡方程。

如果只需要考虑转子转速的变化情况,可由力矩平衡方程得到

$$i = \frac{J}{k_T} \cdot \frac{\mathrm{d}\omega}{\mathrm{d}t} - \frac{T_d}{k_T} \tag{2-48}$$

如果外力矩为常值,式(2-48)对时间求 1 次导数,得

$$\frac{\mathrm{d}i}{\mathrm{d}t} = \frac{J}{k_T} \cdot \frac{\mathrm{d}^2\omega}{\mathrm{d}t^2} \tag{2-49}$$

把式(2-48)、式(2-49)代入电压平衡方程,整理得

$$\frac{\mathrm{d}^2\omega}{\mathrm{d}t^2} + \frac{R}{L} \cdot \frac{\mathrm{d}\omega}{\mathrm{d}t} + \frac{k_T k_e}{LJ}\omega = \frac{k_T}{LJ}u + \frac{R}{LJ}T_d \tag{2-50}$$

以上列出的实例远不能涵盖现实中所有的控制环节,但可以看到它们绝大多数可以用微分方程来作为数学模型,比例和延迟环节则用代数方程就可以建模。这些微分方程各导数项的系数来源于环节的物理参数,比如质量、刚度、电阻值、力矩系数和传热系数等。

2.2　线性环节的数学模型的一般形式

2.1 节中建立的各个环节的微分方程均具有以下形式:

$$x^{(n)} + a_1 x^{(n-1)} + a_2 x^{(n-2)} + \cdots + a_{n-1} x^{(1)} + a_n x = u(t) \tag{2-51}$$

其中函数的自变量为时间 t,式中的 x 是对输出函数 $x(t)$ 的简写。带"( )"的上标内的数字表示函数对时间求导的阶次。方程右边的 $u(t)$ 是输入函数。

微分方程(2-51)的左边为未知函数 $x(t)$ 及其对时间的各阶导数的线性组合,未知函数本身可以看作对时间求 0 阶导数。称这样的方程为"线性微分方程",称其中最高求导阶次 n 为微分方程的阶次。系数 $a_i (i = 1, 2, \cdots, n)$ 可以是常量,也可以是时间的函数。实际系统的系数均为实常量或实变量。

如果一个微分方程的系数均为常量,则微分方程为常系数微分方程,称系统为"定常系统"或"时不变系统"。如果方程的某些系数随时间变化,比如在火箭发射过程中,由于燃料的燃烧,火箭的质量会逐渐减小,又如多关节机械臂绕某一旋转轴的转动惯量会受其他关节运动姿态的影响,则称这样的系统为"时变系统"。

只要一个系统不能用线性微分方程描述,就称它为非线性系统。本书只讨论线性定常系统。

习　　题

2-1　有系统如图所示,输入为力 $f(t)$,质量块 m_1、m_2 的位移分别为 $x_1(t)$、$x_2(t)$,分别写出 f 与 x_1、x_2 之间的微分方程。

2-2　如图所示的系统,质量、弹簧刚度系数、阻尼系数分别为 m、k、d,输入、输出位移分别为 $x_i(t)$、$x_o(t)$,写出系统的微分方程。

2-3　设把磁悬浮列车设置在低气压管道中,如图所示。设列车质量为 m,速度为 $v(t)$,牵引力为 $f(t)$,列车运行时只受到气体阻力,阻尼系数为 d。写出列车牵引力与速度之间的微分方程。

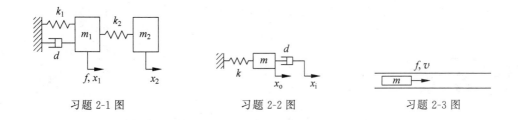

习题 2-1 图　　　　　　习题 2-2 图　　　　　　习题 2-3 图

2-4　写出如图所示电路输入电压 u_i 与输出电压 u_o 之间的微分方程。

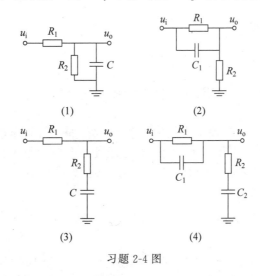

(1)　　　　　　(2)

(3)　　　　　　(4)

习题 2-4 图

2-5　写出如图所示电感-电阻-电容串联电路电压 u 与电流 i 之间的方程。

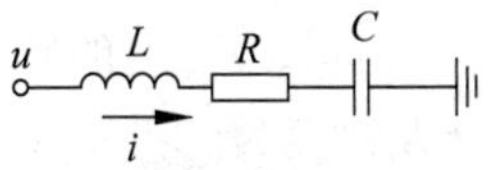

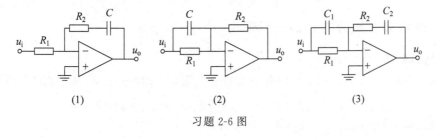

习题 2-5 图

2-6　写出如图所示电路输入电压 u_i 与输出电压 u_o 之间的微分方程。

(1)　　　　　　(2)　　　　　　(3)

习题 2-6 图

第 3 章

拉普拉斯变换与传递函数

3.1 线性微分方程

我们在第 2 章中建立了多种系统的线性微分方程,要了解各系统在确定的输入函数下的输出函数,就需要解微分方程。本节简要介绍线性微分方程解的性质和解法。在经典控制中很少直接去解微分方程,主要需要了解微分方程的解的性质。

正规形 n 阶线性微分方程可写为

$$y^{(n)} + p_1(x)y^{(n-1)} + \cdots + p_{n-1}(x)y' + p_n(x)y = q(x) \tag{3-1}$$

初始条件可写为

$$y(x_0) = y_0, \quad y'(x_0) = y_0', \quad \cdots, \quad y^{(n-1)}(x_0) = y_0^{(n-1)} \tag{3-2}$$

定理 3-1(解的存在唯一性定理) 设 n 阶线性微分方程(3-1)中的 $p_i(x)(i=1,2,\cdots,n)$ 及 $q(x)$ 在区间 $[a,b]$ 上连续,则对任意给定的 $x_0 \in [a,b]$ 及 $y_0, y_0', \cdots, y_0^{(n-1)}$,初值问题(3-1)、(3-2)存在唯一的定义在整个区间 $[a,b]$ 上的解。

若方程(3-1)中 $q(x) \equiv 0$,则微分方程变为

$$y^{(n)} + p_1(x)y^{(n-1)} + \cdots + p_{n-1}(x)y' + p_n(x)y = 0 \tag{3-3}$$

称方程(3-3)为 n 阶线性齐次微分方程。

若方程(3-1)中 $q(x)$ 不恒为 0,则称方程为 n 阶线性非齐次微分方程。

3.1.1 线性齐次微分方程的一般理论

1. 叠加原理

如果 $y_1(x), y_2(x), \cdots, y_m(x)$ 是齐次微分方程(3-3)的 m 个解,则它们的线性组合

$$y = c_1 y_1(x) + c_2 y_2(x) + \cdots + c_m y_m(x) \tag{3-4}$$

也是方程的解,其中 $c_1, c_2, \cdots, c_m$ 是任意常数。

2. 线性齐次微分方程解的线性相关性

设 $y_1(x), y_2(x), \cdots, y_n(x)$ 是定义在区间 I 上的一个函数组,如果存在一组不全为零的常数 $a_1, a_2, \cdots, a_n$,使得对所有的 $x \in I$,都有

$$a_1 y_1(x) + a_2 y_2(x) + \cdots + a_n y_n(x) \equiv 0 \tag{3-5}$$

则称此函数组在区间 I 上线性相关;否则称此函数组在区间 I 上线性无关。

3. 线性齐次微分方程解的结构

定理 3-2　n 阶线性齐次微分方程(3-3)一定存在 n 个线性无关解。

定理 3-3(通解结构定理)　设 $y_1(x), y_2(x), \cdots, y_n(x)$ 是齐次微分方程(3-3)的 n 个线性无关解,则

(1) 线性组合

$$y = c_1 y_1(x) + c_2 y_2(x) + \cdots + c_n y_n(x) \tag{3-6}$$

是微分方程的通解,其中 $c_1, c_2, \cdots, c_n$ 为任意常数。

(2) 微分方程(3-3)的任一解 $y(x)$ 均可表示为解 $y_1(x), y_2(x), \cdots, y_n(x)$ 的线性组合。

3.1.2　常系数线性齐次微分方程的解

对微分方程

$$y^{(n)} + a_1 y^{(n-1)} + \cdots + a_{n-1} y' + a_n y = 0 \tag{3-7}$$

若其中 $a_1, a_2, \cdots, a_n$ 为实常数,则称之为 n 阶常系数线性齐次微分方程。

1. 复值函数与复值解

设 $z(x) = \varphi(x) + \mathrm{i}\psi(x)$,其中 x 是实变量,$\mathrm{i} = \sqrt{-1}$ 为虚数单位,$\varphi(x)$ 和 $\psi(x)$ 是区间 I 上的实值函数,称 $z(x)$ 为区间 I 上的复值函数。如果实函数 $\varphi(x)$ 和 $\psi(x)$ 在区间 I 上是可微的,则称 $z(x)$ 在区间 I 上是可微的,且规定其导数为

$$z'(x) = \varphi'(x) + \mathrm{i}\psi'(x) \tag{3-8}$$

对于 $z(x)$ 的高阶导数也作类似的定义。

设 $k = \alpha + \mathrm{i}\beta$ 是任一复数,其中 α、β 是实数。设 x 为实变量,定义复指数函数为

$$\mathrm{e}^{kx} = \mathrm{e}^{(\alpha + \mathrm{i}\beta)x} = \mathrm{e}^{\alpha x}(\cos\beta x + \mathrm{i}\sin\beta x) \tag{3-9}$$

如果实变量的复值函数 $y = z(x)(x \in I)$ 满足齐次微分方程(3-3),则称 $y = z(x)$ 是其复值解。

定理 3-4　若 $z(x) = \varphi(x) + \mathrm{i}\psi(x)$ 是齐次微分方程(3-3)的复值解,则当 $p_i(x)(i = 1, 2, \cdots, n)$ 均为实值函数时,$z(x)$ 的实部 $\varphi(x)$ 和虚部 $\psi(x)$ 都是齐次微分方程(3-3)的解。

2. 待定指数法解常系数线性齐次微分方程

常系数线性齐次微分方程(3-7)的左侧为函数 $y(x)$ 各阶导数的线性组合,方程右侧为 0,故可设方程的解具有指数函数形式:

$$y = \mathrm{e}^{\lambda x} \tag{3-10}$$

其中 λ 为待定常数,可以是实数,也可以是复数。将 $y' = \lambda\mathrm{e}^{\lambda x}$,$y'' = \lambda^2\mathrm{e}^{\lambda x}$,$\cdots$,$y^{(n)} = \lambda^n\mathrm{e}^{\lambda x}$,代入微分方程,有

$$\mathrm{e}^{\lambda x}(\lambda^n + a_1\lambda^{n-1} + \cdots + a_{n-1}\lambda + a_n) = 0 \tag{3-11}$$

因为 $\mathrm{e}^{\lambda x} \neq 0$,所以当且仅当 λ 是一元 n 次方程

$$\lambda^n + a_1\lambda^{n-1} + \cdots + a_{n-1}\lambda + a_n = 0 \tag{3-12}$$

的根,$y = \mathrm{e}^{\lambda x}$ 是微分方程(3-7)的解。

称方程(3-12)为微分方程(3-7)的**特征方程**,称它的根为微分方程的**特征根**,称特征方

程等号左边的 λ 的多项式为**特征多项式**。

1) 特征根是单根的情形

设 $\lambda_1,\lambda_2,\cdots,\lambda_n$ 是特征方程(3-12)的 n 个互不相同的根,则微分方程(3-7)相应地有如下 n 个解:

$$y_1=e_1^{\lambda_1 x},y_2=e^{\lambda_2 x},\cdots,y_n=e^{\lambda_n x} \tag{3-13}$$

由于这 n 个解线性无关,所以它们构成微分方程的一个基本解组。如果 $\lambda_1,\lambda_2,\cdots,\lambda_n$ 均为实数,则解组(3-13)为实值基本解组。如果 $\lambda_1,\lambda_2,\cdots,\lambda_n$ 中有复数,则因为特征方程的系数 $a_1,a_2,\cdots,a_n$ 均为实数,复数根必然以共轭形式成对出现。

设 $\lambda_1=\alpha+i\beta,\lambda_2=\alpha-i\beta$ 是特征方程的一对共轭复根,则微分方程(3-7)有一对共轭复值解

$$\begin{cases} y_1=e^{(\alpha+i\beta)x}=e^{\alpha x}(\cos\beta x+i\cdot\sin\beta x)\\ y_2=e^{(\alpha-i\beta)x}=e^{\alpha x}(\cos\beta x-i\cdot\sin\beta x) \end{cases} \tag{3-14}$$

根据前文关于复值解的定理3-4,y_1 和 y_2 的实部和虚部都是微分方程(3-7)的解。显然这两个实值解线性无关。因此,相应于一对共轭复根 $\lambda_{1,2}=\alpha\pm i\beta$ 的一对共轭复值解 y_1 和 y_2 可以换成一对线性无关的实值解

$$\begin{cases} y_1^*=e^{\alpha x}\cos\beta x\\ y_2^*=e^{\alpha x}\sin\beta x \end{cases} \tag{3-15}$$

所以在特征方程有复根的情况下仍可得到微分方程的一个实值基本解组。

2) 特征根是重根的情形

设 $\lambda=\lambda_1$ 是特征方程(3-12)的 k_1 重根,则它们对应微分方程(3-7)的 k_1 个解:

$$e^{\lambda_1 x},xe^{\lambda_1 x},\cdots,x^{k_1-1}e^{\lambda_1 x} \tag{3-16}$$

如果特征方程还有其他重根,则其对应的微分方程的解类似于(3-16)。如果存在复数重根,则可作类似于复数单根情形的处理,把复值解替换为实值解。

总之,形如式(3-13)和式(3-16)的 n 个解构成常系数线性齐次微分方程的一个基本解组。

3.1.3 高阶线性非齐次微分方程的解

1. 解的性质

非齐次微分方程(3-1)和它对应的齐次微分方程(3-3)的解有如下性质:

(1) 若 $\tilde{y}_1(x),\tilde{y}_2(x)$ 均为非齐次方程(3-1)的解,则 $\tilde{y}_1(x)-\tilde{y}_2(x)$ 为齐次方程(3-3)的解;

(2) 若 $y_1(x)$ 为齐次方程(3-3)的解,$\tilde{y}(x)$ 为非齐次方程(3-1)的解,则 $y_1(x)+\tilde{y}(x)$ 为非齐次方程(3-1)的解;

(3) 叠加原理:若 $\tilde{y}_i(x)$ 为方程

$$y^{(n)}+p_1(x)y^{(n-1)}+\cdots+p_{n-1}(x)y'+p_n(x)y=q_i(x),\quad i=1,2,\cdots,m$$

的解,则 $\sum_{i=1}^{m}c_i\tilde{y}_i(x)$ 为方程

$$y^{(n)} + p_1(x)y^{(n-1)} + \cdots + p_{n-1}(x)y' + p_n(x)y = \sum_{i=1}^{m} c_i q_i(x), \quad i = 1, 2, \cdots, m$$

的解,其中 $c_i(i=1,2,\cdots,m)$ 为任意常数。

2. 通解结构定理

设 $y_1(x), y_2(x), \cdots, y_n(x)$ 是齐次微分方程(3-2)的一个基本解组,$\tilde{y}(x)$ 是非齐次微分方程(3-1)的一个特解,则:

(1) 齐次微分方程的通解与非齐次微分方程的特解之和

$$y = c_1 y_1(x) + c_2 y_2(x) + \cdots + c_n y_n(x) + \tilde{y}(x) \tag{3-17}$$

是非齐次微分方程(3-1)的通解,其中 $c_1, c_2, \cdots, c_n$ 为任意常数;

(2) 非齐次微分方程(3-1)的任一解均可由式(3-17)表示。

3. 几种线性非齐次微分方程的特解

求线性非齐次微分方程的特解一般可用常数变易法。常数变易法计算过程烦琐,而且往往有积分运算的困难。以下给出几种特殊 $q(x)$ 对应的特解形式。

1) $q(x) = b_0 x^m + b_1 x^{m-1} + \cdots + b_m$

若 0 不是特征根,则特解形式为

$$\tilde{y} = B_0 x^m + B_1 x^{m-1} + \cdots + B_m \tag{3-18}$$

若 0 是 k 重特征根,则特解形式为

$$\tilde{y} = x^k (B_0 x^m + B_1 x^{m-1} + \cdots + B_m) \tag{3-19}$$

2) $q(x) = (b_0 x^m + b_1 x^{m-1} + \cdots + b_m) e^{\alpha x}$

若 α 不是特征根,则特解形式为

$$\tilde{y} = (B_0 x^m + B_1 x^{m-1} + \cdots + B_m) e^{\alpha x} \tag{3-20}$$

若 α 是 k 重特征根,则特解形式为

$$\tilde{y} = x^k (B_0 x^m + B_1 x^{m-1} + \cdots + B_m) e^{\alpha x} \tag{3-21}$$

3) $q(x) = [A(x)\cos\beta x + B(x)\sin\beta x] e^{\alpha x}$

若 $\alpha \pm i\beta$ 不是特征根,则特解形式为

$$\tilde{y} = [P_m(x)\cos\beta x + R_m(x)\sin\beta x] e^{\alpha x} \tag{3-22}$$

若 $\alpha \pm i\beta$ 是 k 重特征根,则特解形式为

$$\tilde{y} = x^k [P_m(x)\cos\beta x + R_m(x)\sin\beta x] e^{\alpha x} \tag{3-23}$$

其中

$$\begin{cases} P_m(x) = A_0 x^m + A_1 x^{m-1} + \cdots + A_m \\ R_m(x) = B_0 x^m + B_1 x^{m-1} + \cdots + B_m \end{cases} \tag{3-24}$$

例 3-1 求解二阶常系数线性微分方程 $x'' + 2x' + 2x = t$,初始条件为 $x(0) = 0, x'(0) = 0$。

解: 此方程对应的齐次微分方程为

$$x'' + 2x' + 2x = 0$$

齐次微分方程的特征方程为

$$\lambda^2 + 2\lambda + 2 = 0$$

特征根为

$$\lambda = -1 \pm i$$

特征根对应的共轭复值解为

$$\begin{cases} x_{c1} = e^{-t} e^{it} = e^{-t} (\cos t + i\sin t) \\ x_{c2} = e^{-t} e^{-it} = e^{-t} (\cos t - i\sin t) \end{cases}$$

实值解则为

$$\begin{cases} x_{r1} = e^{-t} \cos t \\ x_{r2} = e^{-t} \sin t \end{cases}$$

齐次方程的通解可写为

$$\bar{x} = e^{-t} (c_1 \cos t + c_2 \sin t)$$

设非齐次方程的特解为

$$\tilde{x} = B_0 t + B_1$$

则

$$\tilde{x}' = B_0, \quad \tilde{x}'' = 0$$

把特解及其导数代入原方程,有

$$2B_0 + 2B_0 t + 2B_1 = t$$

可解得

$$B_0 = \frac{1}{2}, \quad B_1 = -\frac{1}{2}$$

因此原方程的通解为

$$x = e^{-t} (c_1 \cos t + c_2 \sin t) + \frac{1}{2} (t - 1)$$

对通解求 1 次导数,把初始条件 $x(0) = 0$,$x'(0) = 0$ 代入,可解得

$$c_1 = \frac{1}{2}, \quad c_2 = 0$$

故原方程在给定的初始条件下的解为

$$x = \frac{1}{2} (e^{-t} \cos t + t - 1)$$

3.2 拉普拉斯变换

控制环节的数学模型一般是以其微分方程表示的,控制环节的动态特性体现于微分方程的解。然而即使是对常系数线性微分方程,求其齐次方程的通解、非齐次方程的特解以及确定符合初始条件的常系数的过程也是比较繁复的。而拉普拉斯变换可以作为一种求解线性定常微分方程的工具。

3.2.1 拉普拉斯变换的定义

拉普拉斯变换是一种积分变换,另一种与拉普拉斯变换有关系的积分变换是傅里叶(Fourier)变换。傅里叶变换可由傅里叶级数引出。

一个以 T 为周期的函数 $x_T(t)$,如果在 $[-T/2, T/2]$ 上满足狄利克雷(Dirichlet)条件(函数连续或只有有限个第一类间断点,即在间断点处函数的左、右极限都存在;且只有有

限个极值点），则可以展成傅里叶级数

$$x_T(t) = \frac{1}{T} \sum_{n=-\infty}^{+\infty} \int_{-\frac{T}{2}}^{\frac{T}{2}} x_T(\tau) \mathrm{e}^{\mathrm{j}\omega_n\tau} \mathrm{d}\tau \cdot \mathrm{e}^{\mathrm{j}\omega_n t} \tag{3-25}$$

其中 $\omega_n = 2n\pi/T (n=0,\pm1,\pm2,\cdots)$ 为角频率。

一个非周期函数 $x(t)$ 可以看成是某个周期函数 $x_T(t)$ 当 $T \to +\infty$ 时转化而来的，则频率间隔 $\Delta\omega_n = \omega_n - \omega_{n-1} = 2\pi/T \to 0$，应用式(3-25)，有

$$x(t) = \lim_{\Delta\omega_n \to 0} \frac{1}{2\pi} \sum_{n=-\infty}^{+\infty} \int_{-\frac{T}{2}}^{\frac{T}{2}} x_T(\tau) \mathrm{e}^{\mathrm{j}\omega_n\tau} \mathrm{d}\tau \cdot \mathrm{e}^{\mathrm{j}\omega_n t} \Delta\omega_n \tag{3-26}$$

上式可改写为

$$x(t) = \frac{1}{2\pi} \int_{-\infty}^{+\infty} \int_{-\infty}^{+\infty} x(\tau) \mathrm{e}^{\mathrm{j}\omega\tau} \mathrm{d}\tau \cdot \mathrm{e}^{\mathrm{j}\omega t} \mathrm{d}\omega \tag{3-27}$$

式(3-27)即函数 $x(t)$ 的傅里叶积分公式，但前提是满足充分条件：$x(t)$ 在 $(-\infty,+\infty)$ 上任一有限区间上满足狄利克雷条件；$x(t)$ 在 $(-\infty,+\infty)$ 上绝对可积（即积分 $\int_{-\infty}^{+\infty} |x(t)| \mathrm{d}t$ 收敛）。令

$$X(\omega) = \int_{-\infty}^{+\infty} x(t) \mathrm{e}^{\mathrm{j}\omega t} \mathrm{d}t \tag{3-28}$$

$X(\omega)$ 即为 $x(t)$ 的傅里叶变换式。

绝对可积的条件是比较强的，很多简单的函数（如正弦函数）都不满足这个条件。另外傅里叶变换要求函数在包括负数的整个数轴上有定义，但在控制上一段把当前时刻作为时间原点，$t<0$ 时的函数值是无意义或不需要考虑的。因此傅里叶变换的应用范围很受限制。

定义单位阶跃函数为

$$u(t) = \begin{cases} 0, t<0 \\ 1, t>0 \end{cases} \tag{3-29}$$

其图形如图 3-1 所示。

以时间为自变量的任一函数 $\varphi(t)$，乘以单位阶跃函数 $u(t)$，则作傅里叶变换的时间区间可以由 $(-\infty,+\infty)$ 换成 $[0,+\infty)$。如果 $\varphi(t)$ 不绝对可积，那么它乘以指数衰减函数 $\mathrm{e}^{-\sigma t} (\sigma>0)$ 后则可能变得绝对可积。对函数 $\varphi(t)u(t)\mathrm{e}^{-\sigma t} (\sigma>0)$ 进行傅里叶变换，得

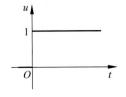

图 3-1　单位阶跃函数

$$\Phi_\sigma(\omega) = \int_{-\infty}^{+\infty} \varphi(t)u(t)\mathrm{e}^{-\sigma t}\mathrm{e}^{-\mathrm{j}\omega t} \mathrm{d}t = \int_0^{+\infty} x(t)\mathrm{e}^{-st} \mathrm{d}t$$

其中 $x(t)=\varphi(t)u(t)$，$s=\sigma+\mathrm{j}\omega$。

定义 3-1　设函数 $x(t)$，当 $t \geqslant 0$ 时有定义，且积分 $\int_0^{+\infty} x(t)\mathrm{e}^{-st} \mathrm{d}t$（$s$ 为一个复参量）在 s 的某一域内收敛，则由此积分所确定的函数可写为

$$X(s) = \int_0^{+\infty} x(t)\mathrm{e}^{-st} \mathrm{d}t \tag{3-30}$$

称式(3-30)为函数 $x(t)$ 的拉普拉斯(Laplace)变换式，记为

$$X(s) = L[x(t)] \tag{3-31}$$

称 $X(s)$ 为 $x(t)$ 的**拉普拉斯变换**，或像函数；称 $x(t)$ 为 $X(s)$ 的拉普拉斯逆变换，或像原函

数，记为

$$x(t) = L^{-1}[X(s)] \tag{3-32}$$

定理 3-5（拉普拉斯变换的存在定理） 若函数 $x(t)$ 满足下列条件：

(1) 在 $t \geqslant 0$ 的任一有限区间内分段连续；

(2) 当 $t \to +\infty$ 时，$x(t)$ 的增长速度不超过某一指数函数，即存在常数 $M > 0$ 及 $c \geqslant 0$，使得在 $0 \leqslant t < +\infty$ 范围内 $|x(t)| \leqslant Me^{ct}$ 成立（满足此条件的函数，称它的增长是不超过指数级的）。则 $x(t)$ 的拉普拉斯变换在半平面 $\mathrm{Re}(s) > c$ 上存在。

拉普拉斯变换有其发展历史，法国数学家、天文学家皮埃尔-西蒙·拉普拉斯（Pierre-Simon Laplace，1749—1827）在 19 世纪初期将其进行了严格化定义。

3.2.2 常用函数及其拉普拉斯变换

在控制系统的分析中经常用到几种函数，以下分别介绍并对其作拉普拉斯变换。由拉普拉斯变换的定义可知，这些函数在 $t < 0$ 部分的定义与其拉普拉斯变换无关，因此可不特别声明 $t < 0$ 时的定义，或默认 $t < 0$ 时函数值为 0。

1. 阶跃函数

式（3-29）为单位阶跃函数，"单位"是指 $t > 0$ 后函数值为 1。阶跃函数常用来表示从某时刻起作用于系统的恒定的量。它的拉普拉斯变换为

$$L[u(t)] = \int_0^{+\infty} u(t)e^{-st}\,\mathrm{d}t = \int_0^{+\infty} e^{-st}\,\mathrm{d}t$$

$$= -\frac{e^{-st}}{s}\Big|_0^{+\infty} = \frac{1}{s}, \quad \mathrm{Re}(s) > 0 \tag{3-33}$$

其中 $\mathrm{Re}(s) > 0$ 为积分的收敛域。

2. 指数函数

自然指数函数 $x(t) = e^{at}$，其中 a 为复常数。常系数线性微分方程的解一般包含自然指数函数。它的拉普拉斯变换为

$$L[e^{at}] = \int_0^{+\infty} e^{at}e^{-st}\,\mathrm{d}t = \int_0^{+\infty} e^{(a-s)t}\,\mathrm{d}t$$

$$= -\frac{e^{(a-s)t}}{s-a}\Big|_0^{+\infty} = \frac{1}{s-a}, \quad \mathrm{Re}(s) > \mathrm{Re}(a) \tag{3-34}$$

3. 斜坡函数

斜坡函数为

$$x(t) = at \tag{3-35}$$

其中 a 为实常数。若 $a = 1$，则称之为"单位斜坡函数"。斜坡函数常用来表示以恒定速度变化的量，比如一个直线位移工作台以恒定速度运动时，它的位移为斜坡函数。

单位斜坡函数的拉普拉斯变换为

$$L[at] = \int_0^{+\infty} te^{-st}\,\mathrm{d}t = -\frac{1}{s}te^{-st}\Big|_0^{+\infty} + \frac{1}{s}\int_0^{+\infty} e^{-st}\,\mathrm{d}t$$

$$= \frac{1}{s}\left(-\frac{e^{-st}}{s}\right)\Big|_0^{+\infty} = \frac{1}{s^2}, \quad \mathrm{Re}(s) > 0 \tag{3-36}$$

4. 正弦和余弦函数

对正弦函数

$$x(t) = \sin\omega t \tag{3-37}$$

由欧拉公式 $e^{j\omega t} = \cos\omega t + j\sin\omega t$，有

$$\sin\omega t = \frac{1}{2j}(e^{j\omega t} - e^{-j\omega t})$$

利用式(3-34)，得

$$L[\sin(t)] = \frac{1}{2j}\left(\frac{1}{s-j\omega} - \frac{1}{s+j\omega}\right) = \frac{1}{2j} \cdot \frac{2j\omega}{s^2+\omega^2} = \frac{\omega}{s^2+\omega^2}, \quad \text{Re}(s) > 0 \tag{3-38}$$

对余弦函数 $x(t) = \cos\omega t$，有

$$L[\cos(t)] = \frac{s}{s^2+\omega^2}, \quad \text{Re}(s) > 0 \tag{3-39}$$

5. 单位脉冲函数

为了描述瞬间或空间几何点上的物理量，如瞬时的冲击力、脉冲电流和质点的质量分布，英国物理学家狄拉克(Paul Adrien Maurice Dirac)在 20 世纪 20 年代提出一种"δ 函数"。在工程上可将它定义为

$$\delta_\varepsilon(t) = \begin{cases} 0, & t < 0 \\ \dfrac{1}{\varepsilon}, & 0 \leqslant t \leqslant \varepsilon \\ 0, & t > \varepsilon \end{cases}$$

$$\delta(t) = \lim_{\varepsilon \to 0^+}\delta_\varepsilon(t) = \begin{cases} +\infty, & t = 0 \\ 0, & t \neq 0 \end{cases} \tag{3-40}$$

脉冲持续的时间趋于 0，幅值趋于无穷大，但面积保持为 1，如图 3-2 所示。单位脉冲函数的拉普拉斯变换为

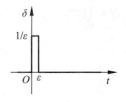

$$L[\delta(t)] = \int_0^{+\infty} \delta(t)e^{-st}\,dt = \int_0^\varepsilon \left(\lim_{\varepsilon \to 0}\frac{1}{\varepsilon}\right)e^{-st}\,dt$$

$$= \lim_{\varepsilon \to 0}\frac{1}{\varepsilon}\left(-\frac{e^{-st}}{s}\Big|_0^\varepsilon\right) = \frac{1}{s}\lim_{\varepsilon \to 0}\frac{1-e^{-s\varepsilon}}{\varepsilon} = 1 \tag{3-41}$$

图 3-2　单位脉冲函数

以上推导各种函数的拉普拉斯变换时，都指出了积分的收敛域。那么在收敛域外，这些拉普拉斯变换式是否还有效？在数学上可以用解析延拓的方法扩大函数的定义域，从而令拉普拉斯变换式的定义域延拓到整个复平面上。因此以下不再考虑拉普拉斯变换的收敛域。

对比较简单和常用的函数，已经建立了拉普拉斯变换表，可以查表直接得到其像函数，或由像函数查到像原函数。本书附录中给出了常用函数的拉普拉斯变换表。

3.2.3　拉普拉斯变换的性质

1. 线性性质

若 α、β 为常数，$L[x_1(t)] = X_1(s)$，$L[x_2(t)] = X_2(s)$，则有

$$L[\alpha x_1(t) + \beta x_2(t)] = \alpha X_1(s) + \beta X_2(s) \tag{3-42}$$

2. 微分性质

若 $L[x(t)] = X(s)$，则有

$$L[x'(t)] = sX(s) - x(0) \tag{3-43}$$

证明：根据拉普拉斯变换的定义，有

$$L[x'(t)] = \int_0^{+\infty} x'(t)e^{-st}\,dt$$

对右端积分用分部积分法，可得

$$\int_0^{+\infty} x'(t)e^{-st}\,dt = x(t)e^{-st}\Big|_0^{+\infty} + s\int_0^{+\infty} x(t)e^{-st}\,dt = sL[x(t)] - x(0)$$

所以

$$L[x'(t)] = sX(s) - x(0) \tag{3-44}$$

对于 $x(t)$ 的高阶导数的拉普拉斯变换，有

$$L[x^{(n)}(t)] = s^n X(s) - s^{n-1}x(0) - s^{n-2}x'(0) - \cdots - x^{(n-1)}(0) \tag{3-45}$$

如果初值 $x(0) = x'(0) = \cdots = x^{(n-1)}(0) = 0$，则有

$$L[x^{(n)}(t)] = s^n X(s) \tag{3-46}$$

3. 积分性质

若 $L[x(t)] = X(s)$，则

$$L\left[\int_0^t x(t)\,dt\right] = \frac{1}{s}X(s) \tag{3-47}$$

证明：设

$$h(t) = \int_0^t x(t)\,dt$$

则有 $h'(t) = x(t)$，且 $h(0) = 0$。由拉普拉斯变换的微分的性质，有

$$L[h'(t)] = sL[h(t)] - h(0) = sL[h(t)]$$

即

$$L\left[\int_0^t x(t)\,dt\right] = \frac{1}{s}L[x(t)] = \frac{1}{s}X(s)$$

显然，$x(t)$ 对时间的 n 重积分的拉普拉斯变换为 $X(s)/s^n$。

4. 位移性质

若 $L[x(t)] = X(s)$，则有

$$L[e^{at}x(t)] = X(s-a) \tag{3-48}$$

证明：

$$L[e^{at}x(t)] = \int_0^{+\infty} e^{at}x(t)e^{-st}\,dt = \int_0^{+\infty} x(t)e^{-(s-a)t}\,dt$$

可以看出上式右边只是在 $X(s)$ 中把 s 换成 $s-a$，所以 $L[e^{at}x(t)] = X(s-a)$。

5. 延迟性质

若 $L[x(t)] = X(s)$，且 $t < 0$ 时 $x(t) = 0$，则对于任一非负实数 τ，有

$$L[x(t-\tau)] = e^{-s\tau}X(s) \tag{3-49}$$

证明：

$$L[x(t-\tau)]=\int_0^{+\infty} x(t-\tau)\mathrm{e}^{-st}\,\mathrm{d}t$$

$$=\int_0^{\tau} x(t-\tau)\mathrm{e}^{-st}\,\mathrm{d}t+\int_{\tau}^{+\infty} x(t-\tau)\mathrm{e}^{-st}\,\mathrm{d}t$$

当 $t<\tau$ 时，$x(t-\tau)=0$，因此右端第一个积分为 0。对于第二个积分，令 $u=t-\tau$，则

$$L[x(t-\tau)]=\int_0^{+\infty} x(u)\mathrm{e}^{-s(u+\tau)}\,\mathrm{d}u=\mathrm{e}^{-s\tau}\int_0^{+\infty} x(u)\mathrm{e}^{-su}\,\mathrm{d}u=\mathrm{e}^{-s\tau}X(s)$$

时间延迟后的函数图形可参考图 2-8。

6. 终值定理

若 $L[x(t)]=X(s)$，且 $sX(s)$ 的所有奇点（使分母为 0 的 s 的值）全在 s 平面的左半部，则

$$\lim_{t\to+\infty} x(t)=\lim_{s\to0} sX(s) \tag{3-50}$$

证明：根据拉普拉斯变换的微分的性质

$$L[x'(t)]=sX(s)-x(0)$$

两边取 $s\to0$ 的极限，得

$$\lim_{s\to0} L[x'(t)]=\lim_{s\to0}[sX(s)-x(0)]=\lim_{s\to0} sX(s)-x(0)$$

根据拉普拉斯变换的定义，有

$$\lim_{s\to0} L[x'(t)]=\lim_{s\to0}\int_0^{+\infty} x'(t)\mathrm{e}^{-st}\,\mathrm{d}t=\int_0^{+\infty}\lim_{s\to0}\mathrm{e}^{-st} x'(t)\,\mathrm{d}t$$

$$=\int_0^{+\infty} x'(t)\,\mathrm{d}t=x(t)\Big|_0^{+\infty}=\lim_{t\to\infty} x(t)-x(0)$$

故

$$\lim_{t\to\infty} x(t)=x(+\infty)=\lim_{s\to0} sX(s)$$

定理要求 $sX(s)$ 的所有奇点都在 s 平面的左半部是为了保证 $x(t)$ 存在收敛的终值。终值定理的应用意义在于：只要有 $X(s)$，即使不求出 $x(t)$ 也可以获得它的终值。

7. 初值定理

不作证明地给出：若 $L[x(t)]=X(s)$，且 $\lim_{s\to0} sX(s)$ 存在，则

$$\lim_{t\to0} x(t)=\lim_{s\to+\infty} sX(s) \tag{3-51}$$

3.2.4　拉普拉斯逆变换

已知像函数 $X(s)$，求像原函数 $x(t)$ 的一般公式为

$$x(t)=\frac{1}{2\pi\mathrm{j}}\int_{\beta-\mathrm{j}\infty}^{\beta+\mathrm{j}\infty} X(s)\mathrm{e}^{st}\,\mathrm{d}s,\quad t>0 \tag{3-52}$$

其中 $s=\beta+\mathrm{j}\omega$。

实际求拉普拉斯逆变换时很少直接使用这一公式。一般来说，实际遇到的像函数 $X(s)$ 是关于 s 的有理分式，即

$$X(s)=\frac{a_0 s^m+a_1 s^{m-1}+\cdots+a_{m-1}s+a_m}{b_0 s^n+b_1 s^{n-1}+\cdots+b_{n-1}s+b_n}=\frac{P(s)}{Q(s)} \tag{3-53}$$

其中 $m < n$，即 $X(s)$ 是有理真分式。使用**部分分式法**可以把有理真分式分解成一些最简单的分式之和。如果 $X(s)$ 不是有理真分式，则先把它化成整式与真分式之和，再对真分式使用部分分式法。而对简单的分式，可以通过查表得到其像原函数。

定理 3-6　实系数多项式 $Q(s) = b_0 s^n + b_1 s^{n-1} + \cdots + b_{n-1} s + b_n$ 在实数范围内总能分解成

$$Q(s) = b_0 (s - \alpha)^k \cdots (s - \beta)^l (s^2 + ps + q)^h \cdots (s^2 + rs + t)^g \tag{3-54}$$

的形式，且 $p^2 < 4q, \cdots, r^2 < 4t$。

这个定理的含义是，s 的实系数多项式总可以分解为 s 的若干个一次和二次实系数多项式之积，其中的每一个二次多项式都不能再分解为两个一次实系数因式。令 $X(s)$ 的分母多项式等于 0，就得到一个一元高次实系数代数方程，其根或者是实根，或者是成对的共轭复根。这些根称为 $X(s)$ 的**极点**。

拉普拉斯逆变换具有以下性质。

线性性质：若 $L^{-1}[X_1(s)] = x_1(t), L^{-1}[X_2(s)] = x_2(t), a、b$ 为常数，则

$$L^{-1}[aX_1(s) + bX_2(s)] = aL^{-1}[X_1(s)] + bL^{-1}[X_2(s)] = ax_1(t) + bx_2(t) \tag{3-55}$$

平移性质：若 $L^{-1}[F(s)] = f(t)$，则

$$L^{-1}[e^{-as} F(s)] = f(t - a), \quad 常数 \ a > 0$$

$$L^{-1}[F(s - a)] = e^{at} f(t), \quad a \ 为常数$$

以下根据 $X(s)$ 的极点的情况分别讨论求其逆变换的方法。

1. 极点均为实极点，且没有重极点

设

$$X(s) = \frac{a_0 s^m + a_1 s^{m-1} + \cdots + a_{m-1} s + a_m}{s^n + b_1 s^{n-1} + \cdots + b_{n-1} s + b_n} = \frac{c_1}{s + p_1} + \frac{c_2}{s + p_2} + \cdots + \frac{c_n}{s + p_n} \tag{3-56}$$

其中 $-p_1, -p_2, \cdots, -p_n$ 为极点，各分子 $c_1, c_2, \cdots, c_n$ 的值待定。

$c_i (i = 1, 2, \cdots, n)$ 可以用待定系数法解出，但是运算烦琐。如果式(3-56)两边同乘以 $(s + p_i)$，则有

$$X(s)(s + p_i) = \frac{c_1}{s + p_1}(s + p_i) + \frac{c_2}{s + p_2}(s + p_i) + \cdots + \frac{c_i}{s + p_i}(s + p_i) + \cdots +$$

$$\frac{c_n}{s + p_n}(s + p_i)$$

取 $s = -p_i$，则上式右侧除了分母为 $s + p_i$ 的项以外，其他项均为 0。因此有

$$c_i = X(s)(s + p_i) \big|_{s = -p_i}$$

例 3-2　求

$$X(s) = \frac{s + 3}{s^2 + 3s + 2}$$

的拉普拉斯反变换。

解：

$$X(s) = \frac{s+3}{s^2+3s+2} = \frac{s+3}{(s+1)(s+2)} = \frac{c_1}{s+1} + \frac{c_2}{s+2}$$

两边乘以 $s+1$ 得

$$c_1 + \frac{c_2}{s+2}(s+1) = \frac{(s+3)(s+1)}{(s+1)(s+2)}$$

令 $s = -1$，得到 $c_1 = 2$。

类似地，两边乘以 $s+2$，再令 $s = -2$，有 $c_2 = -1$。因此

$$X(s) = \frac{2}{s+1} - \frac{1}{s+2}$$

由拉普拉斯逆变换的线性性质得

$$x(t) = 2L^{-1}\left[\frac{1}{s+1}\right] - L^{-1}\left[\frac{1}{s+2}\right]$$

根据指数函数的拉氏变换式(3-34)得

$$L^{-1}\left[\frac{1}{s+1}\right] = e^{-t}, \quad L^{-1}\left[\frac{1}{s+2}\right] = e^{-2t}$$

故

$$x(t) = 2e^{-t} - e^{-2t}, t \geq 0$$

也可以用 $1(t)$ 表示单位阶跃函数，把像原函数写为 $x(t) = (2e^{-t} - e^{-2t}) \cdot 1(t)$，以明确 $t < 0$ 时 $x(t) = 0$。

2. 极点中有共轭复数极点，且没有重极点

设 $X(s)$ 可以分解为

$$X(s) = \frac{a_0 s^m + a_1 s^{m-1} + \cdots + a_{m-1}s + a_m}{(s-\sigma-j\omega)(s-\sigma+j\omega)\cdots(s+p_1)\cdots} = \frac{c_1 s + c_2}{(s-\sigma-j\omega)(s-\sigma+j\omega)} + \cdots + \frac{c_3}{s+p_1} + \cdots$$

其中 1 对共轭复数极点为 $\sigma \pm j\omega$，求 c_1、c_2。

上式两边同乘以 $(s-\sigma-j\omega)(s-\sigma+j\omega)$，得

$$X(s)(s-\sigma-j\omega)(s-\sigma+j\omega) = c_1 s + c_2 + \cdots + \frac{c_3}{s+p_1}(s-\sigma-j\omega)(s-\sigma+j\omega) + \cdots$$

令 $s = \sigma + j\omega$ 或 $s = \sigma - j\omega$，则上式右侧除了 $c_1 s + c_2$，其他项均为 0，因此

$$(c_1 s + c_2)|_{s=\sigma\pm j\omega} = X(s)(s-\sigma-j\omega)(s-\sigma+j\omega)$$

令上式两边实部、虚部分别相等即可求出 c_1 和 c_2。

例 3-3　求

$$X(s) = \frac{s+2}{(s^2+2s+2)(s+1)}$$

的像原函数。

解： $X(s)$ 的极点为 $-1 \pm j$ 和 -1。

设

$$X(s) = \frac{s+2}{(s^2+2s+2)(s+1)} = \frac{c_1 s + c_2}{s^2+2s+2} + \frac{c_3}{s+1}$$

$$c_3 = \frac{s+2}{s^2+2s+2}\bigg|_{s=-1} = 1$$

$$(c_1 s + c_2)\,|_{s=-1+j} = \frac{s+2}{s+1}\bigg|_{s=-1+j}$$

$$-c_1 + c_2 + jc_1 = 1 - j$$

解得 $c_1 = -1, c_2 = 0$。故

$$X(s) = \frac{1}{s+1} - \frac{s}{s^2+2s+2}$$

其中

$$\frac{s}{s^2+2s+2} = \frac{s+1}{(s+1)^2+1} - \frac{1}{(s+1)^2+1}$$

根据正弦、余弦函数的拉普拉斯变换式和位移性质,得

$$L^{-1}\left[\frac{s+1}{(s+1)^2+1}\right] = e^{-t}\cos t, \quad L^{-1}\left[\frac{1}{(s+1)^2+1}\right] = e^{-t}\sin t$$

因此

$$x(t) = e^{-t}(1 - \cos t + \sin t) = e^{-t}[1 + \sqrt{2}\sin(t-45°)], t \geqslant 0$$

3. 极点中有重极点

设 $X(s)$ 可以分解为

$$X(s) = \frac{c_r}{(s+p_1)^r} + \frac{c_{r-1}}{(s+p_1)^{r-1}} + \cdots + \frac{c_1}{s+p_1} + \frac{d_1}{s+p_2} + \cdots$$

其中 $-p_1$ 为 r 重极点,可以为实数或复数。$c_r, c_{r-1}, \cdots, c_1$ 可根据下式求得:

$$c_r = [F(s)(s+p_1)^r]\,|_{s=-p_1}$$

$$c_{r-1} = \left\{\frac{d}{ds}[F(s)(s+p_1)^r]\right\}\bigg|_{s=-p_1}$$

$$\vdots$$

$$c_{r-j} = \frac{1}{j!}\left\{\frac{d^j}{ds^j}[F(s)(s+p_1)^r]\right\}\bigg|_{s=-p_1}$$

$$\vdots$$

$$c_1 = \frac{1}{(r-1)!}\left\{\frac{d^{r-1}}{ds^{r-1}}[F(s)(s+p_1)^r]\right\}\bigg|_{s=-p_1}$$

例 3-4　求下式的像原函数:

$$X(s) = \frac{s+2}{s^2(s+1)}$$

解:设

$$X(s) = \frac{c_2}{s^2} + \frac{c_1}{s} + \frac{d}{s+1}$$

$$d = \frac{s+2}{s^2}\bigg|_{s=-1} = 1$$

$$c_2 = \frac{s+2}{s+1}\bigg|_{s=0} = 2$$

$$c_1 = \frac{d}{ds}\left(\frac{s+2}{s+1}\right)\bigg|_{s=0} = -1$$

则

$$X(s) = \frac{2}{s^2} - \frac{1}{s} + \frac{1}{s+1}$$

像原函数 $x(t) = 2t - 1 + e^{-t}, t \geq 0$。

　　几种具有单重极点或二重极点的拉普拉斯变换式及其对应的像原函数如表 3-1 所示。其中第 1、2 行的极点是 p，第 3~6 行的极点是 $\pm j\omega$，第 7~10 行的极点是 $\sigma \pm j\omega$。可见拉普拉斯变换式存在二重极点的情况下，其像原函数或像原函数的一部分必然含有因子 t。如果一个拉普拉斯变换式具有更高重极点，则由式（3-16）可知，其像原函数或像原函数的一部分必然含有 t^2、t^3 等因式。

表 3-1　含单重极点或二重极点的拉普拉斯变换式对应的像原函数

序号	拉普拉斯变换式	像原函数
1	$\dfrac{1}{s-p}$	e^{pt}
2	$\dfrac{1}{(s-p)^2}$	$t\,e^{pt}$
3	$\dfrac{\omega}{s^2+\omega^2}$	$\sin\omega t$
4	$\dfrac{s}{s^2+\omega^2}$	$\cos\omega t$
5	$\dfrac{\omega}{(s^2+\omega^2)^2}$	$\dfrac{1}{2\omega^2}(\sin\omega t - \omega t\cos\omega t)$
6	$\dfrac{s}{(s^2+\omega^2)^2}$	$\dfrac{1}{2\omega}t\sin\omega t$
7	$\dfrac{s-\sigma}{(s-\sigma)^2+\omega^2}$	$e^{\sigma t}\cos\omega t$
8	$\dfrac{\omega}{(s-\sigma)^2+\omega^2}$	$e^{\sigma t}\sin\omega t$
9	$\dfrac{s-\sigma}{[(s-\sigma)^2+\omega^2]^2}$	$\dfrac{1}{2\omega}t\,e^{\sigma t}\sin\omega t$
10	$\dfrac{\omega}{[(s-\sigma)^2+\omega^2]^2}$	$\dfrac{1}{2\omega^2}e^{\sigma t}(\sin\omega t - \omega t\cos\omega t)$

3.2.5　用拉普拉斯变换法解微分方程

　　用拉普拉斯变换法解微分方程的过程示于图 3-3。对微分方程取拉普拉斯变换得到像函数的代数方程的过程中会用到微分定理，作拉普拉斯逆变换则用到部分分式展开的方法。

　　例 3-5　求解二阶常系数线性微分方程 $x'' + 2x' + 2x = t$，初始条件为 $x(0)=1, x'(0)=1$。

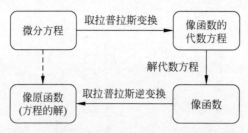

图 3-3　用拉普拉斯变换法解微分方程的过程

解：先求方程两边各部分的拉普拉斯变换。有

$$L[t] = \frac{1}{s^2}, \quad L[2x] = 2X(s)$$

根据微分定理,得

$$L[2x'] = 2[sX(s) - x(0)], \quad L[x''] = s^2 X(s) - sx(0) - x'(0)$$

则有

$$(s^2 + 2s + 2)X(s) = \frac{1}{s^2} + (s+2)x(0) + x'(0) \tag{3-57}$$

将初始条件代入,得到

$$X(s) = \frac{s^3 + 3s^2 + 1}{s^2(s^2 + 2s + 2)}$$

对 $X(s)$ 进行部分分式展开,设

$$X(s) = \frac{c_1}{s^2} + \frac{c_2}{s} + \frac{c_3 s + c_4}{s^2 + 2s + 2}$$

其中

$$c_1 = \frac{s^3 + 3s^2 + 1}{s^2 + 2s + 2}\bigg|_{s=0} = \frac{1}{2}$$

$$c_2 = \frac{d}{ds}\left(\frac{s^3 + 3s^2 + 1}{s^2 + 2s + 2}\right)\bigg|_{s=0} = -\frac{1}{2}$$

$$(c_3 s + c_4)\big|_{s=-1+j} = (s + 3 + 1/s^2)\big|_{s=-1+j}$$

解得

$$c_3 = \frac{3}{2}, \quad c_4 = \frac{7}{2}$$

则

$$\frac{c_3 s + c_4}{s^2 + 2s + 2} = \frac{\frac{3}{2}s + \frac{7}{2}}{(s+1)^2 + 1} = \frac{3}{2} \cdot \frac{s+1}{(s+1)^2 + 1} + 2 \cdot \frac{1}{(s+1)^2 + 1}$$

微分方程的解为

$$x(t) = L^{-1}\left[\frac{1}{2s^2}\right] - L^{-1}\left[\frac{1}{2s}\right] + L^{-1}\left[\frac{3}{2} \cdot \frac{s+1}{(s+1)^2 + 1}\right] + L^{-1}\left[2 \cdot \frac{1}{(s+1)^2 + 1}\right]$$

$$= \frac{1}{2}t - \frac{1}{2} + e^{-t}\left(\frac{3}{2}\cos t + 2\sin t\right), t \geqslant 0$$

由式(3-57)可见,微分方程的解包含两部分。一部分来源于微分方程右侧的函数,这个函数是微分方程所表示的系统的输入量;另一部分来源于系统的初值。

3.3　传递函数

在建立了控制环节或系统的微分方程并确定了输入函数后,就可以用直接解法或用拉普拉斯变换法解这个微分方程,得到这个环节对输入函数的响应函数,从而了解它的动态特性。但是对线性微分方程进行分析就可以发现,要了解一个控制环节的动态特性,并不需要去解微分方程。

3.3.1　传递函数的定义

线性系统的微分方程一般可表示为

$$a_n y^{(n)} + a_{n-1} y^{(n-1)} + \cdots + a_1 y' + a_0 y = b_m x^{(m)} + b_{m-1} x^{(m-1)} + \cdots + b_1 x' + b_0 x$$

$$(3\text{-}58)$$

式中省略了时间变量 t。$x(t)$ 为输入函数,或称为"激励",$y(t)$ 为输出函数,或称为"响应",$a_0, a_1, \cdots, a_n, b_0, b_1, \cdots, b_m$ 均为实常数,n、m 为正整数,$n \geq m$。

设 $L[x(t)] = X(s)$,$L[y(t)] = Y(s)$,如果 x、y 的初始条件都为零,对方程(3-58)作拉普拉斯变换。根据拉普拉斯变换的微分性质,有

$$(a_n s^n + a_{n-1} s^{n-1} + \cdots + a_1 s + a_0) Y(s) = (b_m s^m + b_{m-1} s^{m-1} + \cdots + b_1 s + b_0) X(s)$$

$$(3\text{-}59)$$

则

$$G(s) = \frac{Y(s)}{X(s)} = \frac{b_m s^m + b_{m-1} s^{m-1} + \cdots + b_1 s + b_0}{a_n s^n + a_{n-1} s^{n-1} + \cdots + a_1 s + a_0} \tag{3-60}$$

称 $G(s)$ 为这个环节或系统的**传递函数**(transfer function)。显然传递函数在一般情况下是两个 s 的多项式的商,或者说是有理分式。

一个系统的传递函数是在零初始条件下响应与激励的拉普拉斯变换之比。传递函数与激励及响应函数的形式无关。如果已知系统的传递函数,在零初始条件下,只要给出激励的拉普拉斯变换 $X(s)$,就可以通过 $Y(s) = G(s) X(s)$ 求出响应的拉普拉斯变换。

特别地,用单位脉冲函数 $\delta(t)$ 去激励一个系统,在零初始条件下系统的响应称为"单位脉冲响应函数"。$\delta(t)$ 的拉普拉斯变换为1,所以单位脉冲响应函数 $g(t)$ 的拉普拉斯变换即此系统的传递函数 $G(s)$。这可以作为一种测试一个系统的传递函数的实验方法。

3.3.2　传递函数实例

在第 2 章我们得到了一些控制环节的微分方程,本节求它们的传递函数。

1. 比例环节

设比例环节的输入输出关系为 $y = Kx$,其传递函数显然为 $G(s) = K$。

2. 液压缸

如式(2-5)所示,液压缸流量与位移之间的微分方程为 $x'(t) = q(t)/A$,两边作拉普拉

斯变换,在零初始条件下,有 $sX(s)=Q(s)/A$,因此传递函数为

$$G(s)=\frac{X(s)}{Q(s)}=\frac{1}{As}$$

3. 无源一阶低通电路

参见式(2-8),方程两边作拉普拉斯变换,在零初始条件下,

$$sU_o(s)+\frac{1}{RC}U_o(s)=\frac{1}{RC}U_i(s)$$

整理得

$$G(s)=\frac{U_o(s)}{U_i(s)}=\frac{1}{RCs+1}$$

4. 无源一阶高通电路

参见式(2-10),方程两边作拉普拉斯变换,在零初始条件下,

$$sU_o(s)+\frac{1}{RC}U_o(s)=sU_i(s)$$

整理得

$$G(s)=\frac{U_o(s)}{U_i(s)}=\frac{s}{RCs+1}$$

5. 质量-弹簧-阻尼系统

参见式(2-14),方程两边作拉普拉斯变换,在零初始条件下,

$$ms^2X(s)+csX(s)+kX(s)=F(s)$$

整理得

$$G(s)=\frac{X(s)}{F(s)}=\frac{1}{ms^2+cs+k} \tag{3-61}$$

6. 复杂电路

参见式(2-19),记

$$\frac{1}{\tau_1}=\frac{1}{R_1C_1},\quad \frac{1}{\tau_2}=\frac{1}{R_2C_2},\quad \frac{1}{\tau}=\frac{R_1C_1+(R_1+R_2)C_2}{R_1R_2C_1C_2}$$

方程两边作拉普拉斯变换,在零初始条件下,

$$s^2U_o(s)+\frac{1}{\tau}sU_o(s)+\frac{1}{\tau_1\tau_2}U_o(s)=\frac{1}{\tau_2}sU_i(s)$$

整理得

$$G(s)=\frac{U_o(s)}{U_i(s)}=\frac{\frac{1}{\tau_2}s}{s^2+\frac{1}{\tau}s+\frac{1}{\tau_1\tau_2}}$$

模拟电路中常含有多个电容器,还有的电路含有电感,电路的微分方程的阶次会比较高,列写过程比较复杂。但采用如下方法可以不用列写微分方程而得到其传递函数。

阻值为 R 的电阻,其两端电压差 u 与流过它的电流 i 之间符合欧姆定律 $u=Ri$,或者说电阻器的阻抗为 $R=u/i$。电容器两端的电压与电流之间的关系为

$$i = C \frac{\mathrm{d}u}{\mathrm{d}t}$$

对其作拉普拉斯变换,在零初始条件下有

$$I(s) = CsU(s)$$

则类比电阻器,电容器的阻抗可表示为

$$\frac{U(s)}{I(s)} = \frac{1}{Cs}$$

电感器两端的电压与电流之间的关系为

$$u = L \frac{\mathrm{d}i}{\mathrm{d}t}$$

作拉普拉斯变换,在零初始条件下有

$$U(s) = LsI(s)$$

电感器的阻抗可以表示为

$$\frac{U(s)}{I(s)} = Ls$$

因此,只要把电容器和电感器分别用其阻抗表示,即可将它们看作"电阻",可以应用电阻之间的串联、并联关系对电路进行计算。

比如可以对图 2-9 作如下分析:电容 C_1 与其他 3 个元件组成的复杂元件"分压"得到 u_m,这个复杂元件是由 R_2 和 C_2 串联后再与 R_1 并联构成的;u_m 经过 R_2 和 C_2"分压",就得到输出电压 u_o。因此,由 R_1、R_2 和 C_2 组成的这个复杂元件的阻抗为

$$Z = \frac{R_1 \left(R_2 + \dfrac{1}{C_2 s} \right)}{R_1 + R_2 + \dfrac{1}{C_2 s}} = \frac{R_1 (R_2 C_2 s + 1)}{(R_1 + R_2) C_2 s + 1}$$

输出电压

$$U_\mathrm{o}(s) = U_\mathrm{i}(s) \cdot \frac{Z}{\dfrac{1}{C_1 s} + Z} \cdot \frac{\dfrac{1}{C_2 s}}{R_2 + \dfrac{1}{C_2 s}}$$

$$= U_\mathrm{i}(s) \cdot \frac{R_1 C_1 s}{R_1 R_2 C_1 C_2 s^2 + (R_1 C_1 + R_1 C_2 + R_2 C_2)s + 1}$$

故电路的传递函数为

$$G(s) = \frac{U_\mathrm{o}(s)}{U_\mathrm{i}(s)} = \frac{R_1 C_1 s}{R_1 R_2 C_1 C_2 s^2 + (R_1 C_1 + R_1 C_2 + R_2 C_2)s + 1}$$

7. 复杂机械

参见式(2-33),方程两边作拉普拉斯变换,在零初始条件下,

$$J_2' J_4 s^4 \Theta_4(s) + J_2' c s^3 \Theta_4(s) + (J_2' k_2 + J_4 k_1') s^2 \Theta_4(s) + k_1' c s \Theta_4(s) + k_1 k_2 \Theta_4(s)$$

$$= \frac{z_2}{z_3} k_1 k_2 \Theta_1(s)$$

整理得

$$G(s) = \frac{\Theta_4(s)}{\Theta_1(s)} = \frac{\frac{z_2}{z_3}k_1k_2s}{J_2'J_4s^4 + J_2'cs^3 + (J_2'k_2 + J_4k_1')s^2 + k_1'cs + k_1k_2}$$

8. 温度控制箱

参见式(2-37),方程两边作拉普拉斯变换,在零初始条件下,

$$mcsT(s) + k_mAT(s) = \frac{k_{pi}}{R}U_c(s) + k_mAT_0(s)$$

现只考虑控制量与箱内温度的关系,设环境温度 $T_0 = 0℃$,整理得

$$G(s) = \frac{T(s)}{U_c(s)} = \frac{\frac{k_{pi}}{R}}{mcs + k_mA}$$

9. 永磁直流电动机

参见式(2-50),方程两边作拉普拉斯变换,在零初始条件下,

$$s^2\Omega(s) + \frac{R}{L}s\Omega(s) + \frac{k_Tk_e}{LJ}\Omega(s) = \frac{k_T}{LJ}U(s) + \frac{R}{LJ}T_d(s)$$

现只考虑外加电压与电动机转速的关系,设外力矩 $T_d = 0$,整理得

$$G(s) = \frac{\Omega(s)}{U(s)} = \frac{\frac{1}{k_e}}{\frac{LJ}{k_Tk_e}s^2 + \frac{RJ}{k_Tk_e}s + 1} \tag{3-62}$$

10. 延迟环节

式(2-15)表示了一个延迟时间为 τ 的延迟环节,对其作拉普拉斯变换,由延迟性质,有

$$H(s) = e^{-s\tau}H_0(s)$$

则延迟环节的传递函数为

$$G(s) = \frac{H(s)}{H_0(s)} = e^{-s\tau} \tag{3-63}$$

3.3.3 相关名词

1. 传递函数的阶次

除了延迟环节,线性系统的传递函数的一般形式为式(3-60)。传递函数的分母多项式来源于系统输出量的各阶导数,分子多项式来源于系统输入量的各阶导数,传递函数中的各个系数都是由系统的物理参数决定的。因此传递函数反映了系统的物理本质。

3.3.2 节中各例的传递函数都是分母阶次高于或等于分子阶次。在数学上或理想状态下可以存在分子多项式阶次高于分母多项式阶次的传递函数,比如一个微分电路,输出信号是输入信号对时间的导数,即 $u_o = u_i'$,则其传递函数为

$$G(s) = \frac{U_o(s)}{U_i(s)} = s$$

分子的阶次为1,分母的阶次为0。但由于组成电路的运算放大器、电阻和电容器实际上都不是理想元件,所以实际电路只能实现近似微分,它的传递函数仍为分母的阶次高于分子的阶次。

　　传递函数的分母阶次不低于分子阶次的原因是实际的系统都是"因果系统",因果系统在某时刻的输出仅取决于那个时刻以及之前的输入,而与彼时刻之后的输入无关。

　　如果令传递函数式(3-60)的分母多项式为 0,即

$$a_n s^n + a_{n-1} s^{n-1} + \cdots + a_1 s + a_0 = 0$$

即得到系统微分方程的特征方程。传递函数的分母多项式即微分方程的特征多项式。把传递函数分母多项式的阶次,也就是系统微分方程的阶次称作系统的阶次。

2. 极点、零点和静态增益

　　由定理 3-6 可知,实系数多项式总可以分解为若干个一次和二次多项式之积。传递函数的分母多项式和分子多项式都可以进行这样的分解,因此也可以把传递函数(3-60)写为如下形式:

$$G(s) = \frac{Y(s)}{X(s)} = \frac{c \Pi_k (s - z_k) \Pi_l (s^2 - 2\sigma_l s + \omega_l^2)}{\Pi_i (s - p_i) \Pi_j (s^2 - 2\sigma_j s + \omega_j^2)} \tag{3-64}$$

其中 p_i 是传递函数的实数极点;$s^2 - 2\sigma_j s + \omega_j^2 = (s + \sigma_j - j\omega_j)(s + \sigma_j + j\omega_j)$,即 $\sigma_j \pm j\omega_j$ 是传递函数的共轭复数极点。使传递函数为零的那些 s 的取值称为传递函数的**零点**,式(3-64)中的 z_k 为实数零点;$s^2 - 2\sigma_l s + \omega_l^2 = (s + \sigma_l - j\omega_l)(s + \sigma_l + j\omega_l)$,即 $\sigma_l \pm j\omega_l$ 为共轭复数零点。

　　式(3-64)还可以改写为如下形式:

$$G(s) = \frac{Y(s)}{X(s)} = \frac{K \Pi_k (\tau_k s - 1) \Pi_l (\tau_l^2 s^2 - 2\sigma_l \tau_l^2 s + 1)}{\Pi_i (\tau_i s - 1) \Pi_j (\tau_j^2 s^2 - 2\sigma_j \tau_j^2 s + 1)} \tag{3-65}$$

其中 $\tau_i = 1/p_i$,$\tau_k = 1/z_k$,$\tau_j = 1/\omega_j$,$\tau_l = 1/\omega_l$,

$$K = \frac{c \Pi_k (-z_k) \Pi_l \omega_l^2}{\Pi_i (-p_i) \Pi_j \omega_j^2} \tag{3-66}$$

可见 $K = G(0)$,即令传递函数中的 $s = 0$ 得到的常数,由式(3-60)可得 $K = b_0/a_0$。

　　既然参数 K 是令 $s = 0$ 得到的,则这个常数的意义是传递函数中对应于输入、输出函数各阶导数的项都不再起作用时,也就是输入、输出都不再变化时输出与输入的比值。不随时间变化的状态称为"静态",参数 K 称为"**静态增益**"。

习　　题

　　3-1　由正弦函数的拉普拉斯变换,应用拉普拉斯变换的微分性质求余弦函数的拉普拉斯变换。

　　3-2　求以下函数的拉普拉斯变换:

(1) $x(t) = 3e^{-2t}$,$t \geqslant 0$　　　　　　(2) $x(t) = 3e^{2t}$,$t \geqslant 0$

(3) $x(t) = 2\sin 3t$,$t \geqslant 0$　　　　　　(4) $x(t) = \sin(3t + 30°)$,$t \geqslant 0$

(5) $x(t) = 2e^{-2t}\sin 3t$,$t \geqslant 0$　　　(6) $x(t) = e^{2t}\sin 3t$,$t \geqslant 0$

(7) $x(t) = 2t + t^2$,$t \geqslant 0$　　　　　　(8) $x(t) = te^{-2t}$,$t \geqslant 0$

　　3-3　证明

$$L[t^n] = \frac{n!}{s^{n+1}}$$

3-4 求以下函数的拉普拉斯逆变换：

(1) $X(s) = \dfrac{2}{2s+1}$

(2) $X(s) = \dfrac{2}{2s-1}$

(3) $X(s) = \dfrac{2}{s^2+4}$

(4) $X(s) = \dfrac{5}{s^2+6s+5}$

(5) $X(s) = \dfrac{2}{s^2+s+4}$

(6) $X(s) = \dfrac{3}{s^2-2s+9}$

(7) $X(s) = \dfrac{s+2}{s^2+6s+9}$

(8) $X(s) = 2e^{-2s}$

3-5 对第 2 章的各习题，求输入-输出传递函数。

第4章

系统的瞬态响应特性

瞬态响应指的是一个控制环节或系统从受到激励的瞬间开始到它的输出变得比较平稳这一段时间内的输出随时间的变化,又称"过渡过程"。求一个系统的瞬态响应可以利用系统的传递函数、拉普拉斯变换和逆变换:把系统的传递函数与激励函数的拉普拉斯变换相乘,得到响应函数的拉普拉斯变换,再作逆变换即可得到响应函数。由式(3-64)表示的传递函数的一般形式及对响应函数的拉普拉斯变换式进行部分分式展开的过程可知,要掌握一个复杂系统的瞬态响应特性,必须分析清楚只具有实数极点的系统和只具有共轭复数极点的系统的响应特性。

4.1 一阶系统的瞬态响应

"一阶系统"常常特指其传递函数仅具有一个实数极点且没有零点的系统。静态增益为 1 的一阶系统的传递函数的一般形式为

$$G(s) = \frac{X_o(s)}{X_i(s)} = \frac{1}{Ts+1} \tag{4-1}$$

它的极点为 $s = -1/T$。

研究一个系统的瞬态响应常用阶跃函数激励,另外也用脉冲函数和斜坡函数激励。

1. 单位阶跃响应

用单位阶跃函数激励一个一阶系统,单位阶跃函数的拉普拉斯变换为 $1/s$,因此响应函数的拉普拉斯变换为

$$X_o(s) = G(s)X_i(s) = \frac{1}{Ts+1} \cdot \frac{1}{s}$$

把上式展开为部分分式:

$$X_o(s) = \frac{1}{s} - \frac{1}{s + \dfrac{1}{T}}$$

作拉普拉斯逆变换,得

$$x_o(t) = \left(1 - e^{-\frac{1}{T}t}\right) \cdot 1(t) \tag{4-2}$$

传递函数的量纲体现在静态增益中,指数 $-t/T$ 是无量纲的。参数 T 的量纲是时间,称之为这个系统的**时间常数**。则极点的量纲是时间的倒数,采用国际单位制,极点的单位是

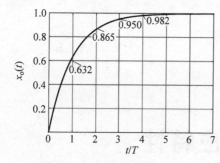

图 4-1　一阶系统的单位阶跃响应

1/s,或写作 s^{-1},或写作 rad/s,注意弧度的量纲为 1。

如果 $T>0$,则响应函数 $x_o(t)$ 随时间的变化如图 4-1 所示。如果时间无限延续,则由式(4-2)可知,响应函数的终值将达到 1。这个结论可以利用拉普拉斯变换的终值定理得到:

$$x_o(+\infty)=\lim_{s\to 0}s\cdot\frac{1}{s(Ts+1)}=1$$

也就是系统响应的终值等于输入信号的终值与传递函数静态增益的乘积。

由图 4-1 可见,当时间分别达到 3 倍和 4 倍时间常数时,响应函数分别达到终值的 95% 和 98.2%。在工程上,这被认为是接近终值。另外,在 1 倍时间常数时响应函数达到终值的 63.2%,这一特征可以被用来测定一阶系统的时间常数。

对式(4-2)求一次导数,得

$$x_o'(t)=\frac{1}{T}\cdot e^{-\frac{1}{T}t}\cdot 1(t) \tag{4-3}$$

则在 $t=0$ 时刻,即阶跃激励开始作用的瞬间,响应曲线上升的速率为 $x_o'(0^+)=1/T$。

如果 $T<0$,则式(4-2)中自然指数函数的指数中时间 t 的系数为正数,响应函数会随着时间的增长而发散。

2. 单位脉冲响应

单位脉冲函数的拉普拉斯变换为 1,用它激励一个一阶系统,单位脉冲响应函数的拉普拉斯变换为

$$X_o(s)=G(s)=\frac{1}{Ts+1}=\frac{1}{T}\cdot\frac{1}{s+\frac{1}{T}}$$

作拉普拉斯逆变换,得

$$x_o(t)=\frac{1}{T}\cdot e^{-\frac{1}{T}t}\cdot 1(t) \tag{4-4}$$

可见式(4-4)与式(4-3)的右侧相同。

3. 单位斜坡响应

单位脉冲函数的拉普拉斯变换为 $1/s^2$,单位斜坡响应函数的拉普拉斯变换为

$$X_o(s)=\frac{1}{Ts+1}\cdot\frac{1}{s^2}=\frac{1}{s^2}-\frac{T}{s}+\frac{T}{s+\frac{1}{T}}$$

作拉普拉斯逆变换,得

$$\begin{aligned}x_o(t)&=\left(t-T+T\cdot e^{-\frac{1}{T}t}\right)\cdot 1(t)\\&=\left[t-T\left(1-e^{-\frac{1}{T}t}\right)\right]\cdot 1(t)\end{aligned} \tag{4-5}$$

如果 $T=1$,则得到响应曲线如图 4-2 所示。

一阶系统的阶跃响应、脉冲响应和斜坡响应中

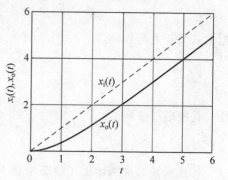

图 4-2　一阶系统的单位斜坡响应

都有一个自然指数函数项,其指数都是 $-t/T$,其中的 $-1/T$ 是一阶系统传递函数的极点。

可以看到,一阶系统单位斜坡响应函数的导数为单位阶跃响应,单位阶跃响应函数的导数为单位脉冲响应。

4.2　二阶系统的瞬态响应

"二阶系统"常常特指其传递函数具有两个极点且没有零点的系统。二阶系统传递函数的一般形式可写作

$$G(s) = \frac{K}{(s-p_1)(s-p_2)} \tag{4-6}$$

它有两个极点 p_1 和 p_2。如果这两个极点是实极点,则这个二阶系统的传递函数可以分解为两个实系数一阶系统的传递函数的积。给定激励求响应时,用部分分式法,再对各分式分别求拉普拉斯逆变换,则这个二阶系统的瞬态响应实质上是由两个一阶系统的某种瞬态响应叠加而成的。如果这两个极点是一对共轭复数,则这个二阶系统不能分解为两个实系数一阶系统,它的响应特性才是独特的。

1. 具有共轭复数极点的二阶系统的单位阶跃响应

先讨论一对共轭复数极点的情况。设系统的极点 $p_{1,2} = \sigma \pm \mathrm{j}\omega$,其中 σ 和 ω 均为实数且约定 $\omega \geq 0$;再设静态增益为 1,则传递函数为

$$G(s) = \frac{\sigma^2 + \omega^2}{(s-\sigma)^2 + \omega^2} = \frac{\sigma^2 + \omega^2}{s^2 - 2\sigma s + \sigma^2 + \omega^2} \tag{4-7}$$

用单位阶跃函数激励系统,响应的拉普拉斯变换为

$$
\begin{aligned}
X_\mathrm{o}(s) &= \frac{\sigma^2 + \omega^2}{(s-\sigma)^2 + \omega^2} \cdot \frac{1}{s} \\
&= \frac{1}{s} - \frac{s}{(s-\sigma)^2 + \omega^2} + \frac{2\sigma}{(s-\sigma)^2 + \omega^2} \\
&= \frac{1}{s} - \frac{s-\sigma}{(s-\sigma)^2 + \omega^2} + \frac{\sigma}{\omega} \cdot \frac{\omega}{(s-\sigma)^2 + \omega^2}
\end{aligned}
$$

作拉普拉斯逆变换:

$$
\begin{aligned}
x_\mathrm{o}(t) &= \left(1 - \mathrm{e}^{\sigma t}\cos\omega t + \frac{\sigma}{\omega} \cdot \mathrm{e}^{\sigma t}\sin\omega t \right) \cdot 1(t) \\
&= \left[1 - \mathrm{e}^{\sigma t} \cdot \frac{\sqrt{\sigma^2 + \omega^2}}{\omega} \left(\frac{\omega}{\sqrt{\sigma^2 + \omega^2}}\cos\omega t - \frac{\sigma}{\sqrt{\sigma^2 + \omega^2}}\sin\omega t \right) \right] \cdot 1(t) \tag{4-8}
\end{aligned}
$$

记

$$\theta = \angle(\sigma + \mathrm{j}\omega) \tag{4-9}$$

有

$$
\begin{aligned}
x_\mathrm{o}(t) &= \left[1 - \frac{\mathrm{e}^{\sigma t}}{\sin\theta}(\sin\theta\cos\omega t - \cos\theta\sin\omega t) \right] \cdot 1(t) \\
&= \left[1 - \frac{\mathrm{e}^{\sigma t}}{\sin\theta}\sin(\omega t + \pi - \theta) \right] \cdot 1(t) \tag{4-10}
\end{aligned}
$$

　　具有共轭复数极点的二阶系统,其阶跃响应包含正弦振荡的成分,振荡角频率等于极点虚部的绝对值。振荡的幅度随着时间的延续是发散到无穷大还是衰减到零,抑或一直不变,以及发散或衰减速度,取决于极点的实部。如果极点的实部为负值,则振幅随时间衰减;如果实部为正值,则振幅随时间发散;如果实部为0,则振幅始终不变。

　　图4-3所示为具有正实部共轭复数极点$0.1 \pm j2$的二阶系统的单位阶跃响应曲线,其振幅随时间的增加发散。

　　再如3个二阶系统A、B、C,设它们的极点分别为$-0.5 \pm j2$、$-0.25 \pm j2$和$-0.5 \pm j4$,静态增益均为1,画出它们的单位阶跃响应曲线,如图4-4所示。

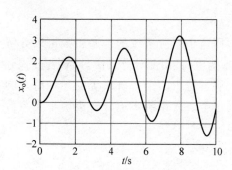

图4-3　具有正实部共轭复数极点的
二阶系统的单位阶跃响应

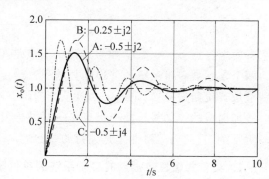

图4-4　具有负实部共轭复数极点的
二阶系统的单位阶跃响应

　　系统A与系统B的极点具有相等的虚部,所以它们的振荡角频率相等;系统B的极点的实部的绝对值比系统A小,所以振荡幅度随时间衰减得比A慢。系统A与系统C相比,极点的实部相等,所以振荡幅度随时间衰减的程度相等;系统C的极点的虚部的绝对值是系统A的2倍,所以它的振荡角频率为系统A的2倍。

　　考虑一个其微分方程为式(2-13)的质量-弹簧-阻尼系统,如果阻尼系数$c=0$,由基本的力学知识可知,系统具有固有频率(或称"自振频率""自然频率"),即

$$f_n = \frac{1}{2\pi}\sqrt{\frac{k}{m}}$$

设此系统的运动自由度是沿重力方向的,原本除重力外还有一个外力作用,并且质量块静止。突然撤去外力,则系统相当于受到一个阶跃力的作用,质量块会开始上下振动,并且由于没有阻力,所以振动的幅度不会衰减,振动的频率为固有频率f_n,单位为赫兹(Hz)。

　　从阶跃响应的角度分析,系统从力到位移的传递函数为

$$G(s) = \frac{1}{ms^2 + cs + k} \tag{4-11}$$

当$c=0$时,上式可改写为

$$G(s) = \frac{\frac{1}{m}}{s^2 + \frac{k}{m}}$$

对照式(4-7)和式(4-10),在单位阶跃激励下,

$$x_o(t) = \frac{1}{k}\left(1 - \cos\sqrt{\frac{k}{m}}t\right) \cdot 1(t)$$

零阻尼下瞬态响应中的振荡角频率 $\omega_n = \sqrt{k/m}$，称它为系统的**自然角频率**（natural frequency）。显然 $\omega_n = 2\pi f_n$，单位为 rad/s。

如果式（4-11）表示的质量-弹簧-阻尼系统具有共轭复数极点，两个极点应为

$$p_{1,2} = \frac{1}{2m}\left(-c \pm j\sqrt{4mk - c^2}\right)$$

其实部、虚部分别为

$$\begin{cases} \sigma = -\dfrac{c}{2m} \\[2mm] \omega = \dfrac{1}{2m}\sqrt{4mk - c^2} \end{cases} \tag{4-12}$$

显然只有在 $c^2 < 4mk$，即阻尼足够小的情况下系统的极点才是一对共轭复数。由式（4-10）和式（4-12）可知，如果系统的质量和刚度系数不变而阻尼系数改变，阶跃响应的振荡角频率也是会改变的。但是无论 c 如何取值，由式（4-12）可知，极点的模 $\sqrt{\sigma^2 + \omega^2} = \omega_n$ 是不变的。

由此，式（4-7）表示的二阶系统可以写为一种标准形式：

$$G(s) = \frac{\omega_n^2}{s^2 + 2\zeta\omega_n s + \omega_n^2} \tag{4-13}$$

其中

$$\zeta = -\frac{\sigma}{\omega_n} \tag{4-14}$$

称作"**阻尼比**"。例如质量-弹簧-阻尼系统的阻尼比为

$$\zeta = \frac{c}{2m\omega_n} = \frac{c}{2\sqrt{km}}$$

极点的实部和虚部可分别表示为

$$\begin{cases} \sigma = -\zeta\omega_n \\ \omega = \omega_n\sqrt{1 - \zeta^2} \end{cases} \tag{4-15}$$

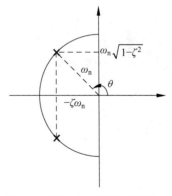

只有当 $|\zeta| < 1$ 时，二阶系统才具有共轭复数极点，否则它的极点是两个实数。图 4-5 画出了复平面上的一对共轭复数极点，其位置用"×"标出。

阶跃响应函数（4-10）可改写为

图 4-5　复平面上的共轭复数极点

$$x_o(t) = \left\{1 - \frac{e^{-\zeta\omega_n t}}{\sqrt{1 - \zeta^2}}\sin\left[\omega_n\sqrt{1 - \zeta^2}\,t + \pi - \angle(-\zeta + j\sqrt{1 - \zeta^2})\right]\right\} \cdot 1(t) \tag{4-16}$$

例如，当 $\zeta = 0$ 时，$x_o(t) = (1 - \cos\omega_n t) \cdot 1(t)$。

式（4-16）比式（4-10）在形式上更复杂，但是更适于表达自然角频率不变而阻尼改变时系统的瞬态响应情况。图 4-6 示出了自然角频率为 2 rad/s，阻尼比分别为 0.1、0.3、0.5、0.7 和 0.9 的 5 个二阶系统的单位阶跃响应曲线。

　　由图 4-6 可见，当阻尼比较小时，由于极点的实部小，则正弦振荡的幅度随时间衰减得慢，响应曲线表现出比较高的峰值；另外当阻尼比较高时，振荡周期较长，即振荡角频率较低。

　　记有阻尼情况下系统瞬态响应的振荡角频率为 $\omega_d = \omega_n \sqrt{1-\zeta^2}$，它等于极点的虚部的绝对值。画出阻尼比在 $[0,1]$ 范围内阻尼振荡角频率与自然角频率的比值的变化曲线，如图 4-7 所示。

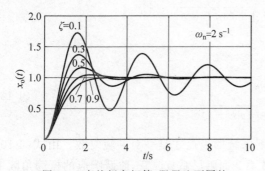

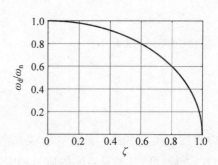

图 4-6　自然频率相等、阻尼比不同的
二阶系统的单位阶跃响应

图 4-7　阻尼振荡角频率与自然角频率的
比值随阻尼比的变化

　　响应曲线的最高峰值往往是我们很关心的一个参数。为了求出该值，将式（4-16）对时间求导，并令导数为零。再利用式（4-9）和式（4-15），有

$$x_o'(t) = \omega_n \frac{e^{-\zeta \omega_n t}}{\sqrt{1-\zeta^2}} [\zeta \sin(\omega_n \sqrt{1-\zeta^2}\, t + \pi - \theta) - \sqrt{1-\zeta^2} \cos(\omega_n \sqrt{1-\zeta^2}\, t + \pi - \theta)]$$

$$= \omega_n \frac{e^{-\zeta \omega_n t}}{\sqrt{1-\zeta^2}} \sin \omega_n \sqrt{1-\zeta^2}\, t$$

使上式为零的最早的时间为 $t=0$，即在阶跃激励发生的瞬间，响应曲线上升的斜率为 0。曲线达到第一个峰值的时间为

$$t_p = \frac{\pi}{\omega_n \sqrt{1-\zeta^2}} \tag{4-17}$$

也就是有阻尼振荡周期的一半，称 t_p 为"峰值时间"。这时曲线的峰值为

$$x_o(t_p) = 1 + e^{\frac{-\zeta \pi}{\sqrt{1-\zeta^2}}}$$

只要 $\zeta \in [0,1)$，响应曲线即存在峰值。阶跃响应过程中存在超过终值的情形，称为"超调"或"过冲"（overshoot）。把峰值超过终值的部分占终值的百分比称为最大超调量，表示为

$$M_p = e^{\frac{-\zeta \pi}{\sqrt{1-\zeta^2}}} \tag{4-18}$$

最大超调量是反映二阶系统瞬态响应振荡程度的一个指标，它只与系统的阻尼比有关，如图 4-8 所示。

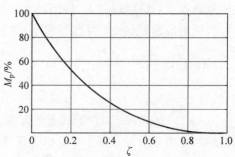

图 4-8　最大超调量与阻尼比的关系

2. 具有实数极点的二阶系统的单位阶跃响应

如果二阶系统具有实数极点 p_1、p_2，设静态增益为 1，则传递函数为

$$G(s) = \frac{p_1 p_2}{(s - p_1)(s - p_2)} \tag{4-19}$$

在单位阶跃激励下，响应的拉普拉斯变换为

$$X_o(s) = \frac{p_1 p_2}{(s - p_1)(s - p_2)} \cdot \frac{1}{s} = \frac{p_2}{p_1 - p_2} \cdot \frac{1}{s - p_1} + \frac{p_1}{p_2 - p_1} \cdot \frac{1}{s - p_2} + \frac{1}{s}$$

作拉普拉斯逆变换，得到单位阶跃响应函数

$$x_o(t) = \left(\frac{p_2}{p_1 - p_2} e^{p_1 t} + \frac{p_1}{p_2 - p_1} e^{p_2 t} + 1 \right) \cdot 1(t) \tag{4-20}$$

可见只有当两个极点均为负数时，响应函数才不会发散到无穷大。对响应函数求一次导数，得

$$x'_o(t) = \frac{p_1 p_2}{p_1 - p_2} (e^{p_1 t} - e^{p_2 t}) \cdot 1(t)$$

只要 $p_1 < 0$，$p_2 < 0$，总有 $x'_o(t) > 0$，因此响应函数(4-20)是单调升的。

设 $p_1 < 0$，$p_2 < 0$ 且 $p_2 < p_1$，式(4-20)中极点 p_1 对应的响应分量的初始值 $p_2/(p_1 - p_2)$ 的绝对值比极点 p_2 对应的响应分量的初始值 $p_1/(p_2 - p_1)$ 的绝对值大，而且极点 p_1 对应的响应分量随时间的衰减比极点 p_2 的慢，所以在系统的响应特性中极点 p_1 比 p_2 的作用大。

如果二阶系统具有两个相等的实数极点 p，且静态增益为 1，则传递函数为

$$G(s) = \frac{p^2}{(s - p)^2}$$

在单位阶跃激励下，响应的拉普拉斯变换为

$$X_o(s) = \frac{p^2}{(s - p)^2} \cdot \frac{1}{s} = \frac{p}{(s - p)^2} - \frac{1}{s - p} + \frac{1}{s}$$

作拉普拉斯逆变换，得到单位阶跃响应函数

$$x_o(t) = (1 + pt \cdot e^{pt} - e^{pt}) \cdot 1(t)$$

通过求导可知，它也是单调升的。

例如，二阶系统 A 和系统 B 的传递函数分别为

$$G_A(s) = \frac{9}{(s + 1)(s + 9)}, \quad G_B(s) = \frac{9}{(s + 3)^2}$$

即系统 A 具有极点 -1 和 -9，系统 B 具有二重极点 -3，它们的静态增益均为 1。画出它们的单位阶跃响应曲线，如图 4-9 所示。

如果用式(4-13)表示具有两个实数极点的二阶系统，阻尼比的绝对值是大于 1 的。极点为

$$p_{1,2} = \omega_n (-\zeta \pm \sqrt{\zeta^2 - 1}) \tag{4-21}$$

如果 $\zeta > 1$，则两个极点均为负数；如果 $\zeta < -1$，则两个极点均为正数。当 $\zeta = 1$ 时，系统具有二重负实数极点。

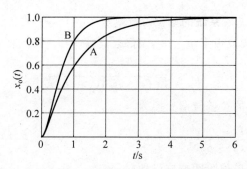

图 4-9　具有两个负实数极点的二阶系统的阶跃响应

3. 极点位置与响应特性的关系

根据阻尼比的不同取值,总结二阶系统的响应特性如表 4-1 所示。

表 4-1　二阶系统的阻尼比与对应的响应特性

阻尼比取值范围	极点的位置	系统响应特征	阻尼类型
$\zeta \leqslant -1$	正半实轴	单调发散	负阻尼
$-1 < \zeta < 0$	第一、四象限	振荡发散	负阻尼
$\zeta = 0$	虚轴	等幅振荡	零阻尼
$0 < \zeta < 1$	第二、三象限	衰减振荡	欠阻尼
$\zeta = 1$	负半实轴	单调收敛到终值	临界阻尼
$\zeta > 1$	负半实轴	单调收敛到终值	过阻尼

为了理解二阶系统在不同阻尼比情况下的响应特性,可以设想有一个自然角频率固定、阻尼比可以调节的二阶系统,考虑其阶跃响应特性随阻尼比的变化。设阻尼比的可变范围为从 0 到 $+\infty$。

如果阻尼比为 0,则系统的两个极点在正负虚轴上。极点的实部为 0,故响应函数中正弦振荡部分的幅值不会随时间的延续而衰减。最大超调量为 100%。极点的虚部等于自然角频率,故振荡角频率为自然角频率。

如果阻尼比稍微增大些,但仍小于 1,则系统的两个极点处于第二、三象限。极点虚部的绝对值比自然角频率低,因此响应函数中振荡成分的角频率低于自然角频率。极点的实部为负,故振荡的幅度会随时间衰减。阻尼比越大,极点在复平面上的位置越向左移,振幅随时间衰减得越快。

当阻尼比恰好为 1 时,系统的两个极点为二重负实数极点,响应函数中不再有振荡的成分。若阻尼比再增大,由式(4-21)可知,两个实数极点分离,两个极点一个向左运动,一个向右运动。向左运动的极点会趋向于 $-\infty$,向右运动的极点会无限接近原点。响应函数中包含两个负实数极点各自对应的指数衰减函数,其中右边的极点对应的指数函数衰减得慢,因此总的响应函数接近达到稳态值的时间主要由绝对值小的负实数极点决定。所以,如果阻尼比超过 1,则阻尼比越大,系统响应得越慢。参考图 4-9 中的 A、B 两个系统。

综合阻尼比大于 1 和小于 1 两种情况下二阶系统的响应特性可以如下判定:阻尼比等于 1 的系统,响应函数趋于终值的速度是最快的。

以下直接给出欠阻尼($0<\zeta<1$)二阶系统的单位脉冲响应和单位斜坡响应。

单位脉冲响应函数为

$$x_{o}(t)=\left(\frac{\omega_{n}}{\sqrt{1-\zeta^{2}}}\mathrm{e}^{-\zeta\omega_{n}t}\sin\omega_{d}t\right)\cdot 1(t) \tag{4-22}$$

单位斜坡响应函数为

$$x_{o}(t)=\left[t-\frac{2\zeta}{\omega_{n}}+\frac{\mathrm{e}^{-\zeta\omega_{n}t}}{\omega_{n}\sqrt{1-\zeta^{2}}}\sin\left(\omega_{d}t+\arctan\frac{2\zeta\sqrt{1-\zeta^{2}}}{2\zeta^{2}-1}\right)\right]\cdot 1(t) \tag{4-23}$$

图 4-10 和图 4-11 分别示出了一组脉冲响应曲线和一组斜坡响应曲线。

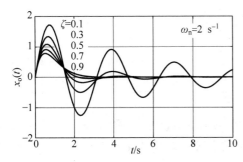

图 4-10　欠阻尼二阶系统的单位脉冲响应

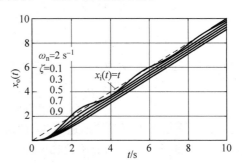

图 4-11　欠阻尼二阶系统的单位斜坡响应

4.3　高阶系统的瞬态响应

一般线性系统的传递函数可写为式(3-60)的形式：

$$G(s)=\frac{Y(s)}{X(s)}=\frac{b_{m}s^{m}+b_{m-1}s^{m-1}+\cdots+b_{1}s+b_{0}}{a_{n}s^{n}+a_{n-1}s^{n-1}+\cdots+a_{1}s+a_{0}}$$

或式(3-64)的形式：

$$G(s)=\frac{Y(s)}{X(s)}=\frac{c\Pi_{k}(s-z_{k})\Pi_{l}(s^{2}-2\sigma_{l}s+\omega_{l}^{2})}{\Pi_{i}(s-p_{i})\Pi_{j}(s^{2}-2\sigma_{j}s+\omega_{j}^{2})}$$

设激励函数的拉普拉斯变换为

$$X_{i}(s)=\frac{N(s)}{D(s)}$$

如果没有重极点,则响应函数的拉普拉斯变换一般的展开形式为

$$X_{o}(s)=\sum_{i}\frac{A_{i}}{s-p_{i}}+\sum_{j}\frac{A_{j}s+B_{j}}{s^{2}-2\sigma_{j}s+\omega_{j}^{2}}+\frac{C(s)}{D(s)}$$

因此总响应函数是一些一阶系统、二阶系统的某种瞬态响应函数与激励函数的某种形式的叠加。

如果用不同的函数去激励系统,系统的响应函数当然不同。但是由于系统传递函数的极点相同,所以不同的响应函数会具有某些相同的特征。由对一阶、二阶系统的讨论已知,一阶系统瞬态响应的主要特征是它衰减或发散的速度快慢,这是由极点决定的;二阶系统瞬态响应的主要特征除了衰减或发散的速度快慢,还有振荡角频率的大小。衰减或发散的

速度是由极点的实部决定的,振荡角频率则为极点虚部的绝对值。所以无论用什么函数激励,高阶系统瞬态响应函数中除了对应于激励函数的分量,其他各分量自身的衰减或发散的相对速度和振荡的角频率是不会改变的。

如果传递函数的极点决定的瞬态响应成分是发散的,响应函数中与激励函数对应的成分就失去实际意义;如果极点决定的瞬态响应成分是衰减的,则待其衰减到足够小,对应于激励函数的部分最终会成为主要成分。

如果系统有重极点,则具体的响应函数的形式相对会更复杂,但主要的响应特性仍由极点决定。

例如,设一个系统的传递函数为

$$G(s) = \frac{100(0.1s+1)}{(s+1)(s^2+8s+100)}$$

施加单位阶跃激励,响应函数的拉普拉斯变换为

$$X_o(s) = \frac{100(0.1s+1)}{s(s+1)(s^2+8s+100)} = \frac{1}{s} - \frac{0.9677}{s+1} - \frac{0.032\,26s}{s^2+8s+100} - \frac{1.226}{s^2+8s+100}$$

对上式右端各项作拉普拉斯逆变换,依次可以看作单位阶跃函数、一阶系统的脉冲响应函数、二阶系统脉冲响应的导函数和脉冲响应函数。其中阶跃函数对应于激励,其他几项响应对应于系统本身的极点。

设另有 3 个系统,传递函数分别为

$$G_1(s) = \frac{1}{s+1}, \quad G_2(s) = \frac{100}{s^2+8s+100}, \quad G_3(s) = \frac{100(2s+1)}{(s+1)(s^2+8s+100)}$$

画出 $G_1(s)$、$G_2(s)$、$G_3(s)$ 和 $G(s)$ 的单位阶跃响应曲线,如图 4-12 所示。

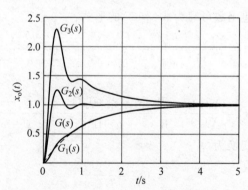

图 4-12　4 个系统的单位阶跃响应曲线对比

对比这 4 个系统的单位阶跃响应曲线,可知:

(1) 系统 $G(s)$ 与 $G_1(s)$ 的阶跃响应曲线很接近。虽然 $G(s)$ 还包含了二阶系统 $G_2(s)$ 的一对共轭复数极点 $-4 \pm j9.1652$,但是这对极点的实部为 -4,而一阶系统 $G_1(s)$ 的极点为 -1,两个共轭复数极点对应的振荡曲线随时间衰减得更快,所以系统总体上的衰减趋势由负实部绝对值小的极点主导。称主导瞬态响应曲线衰减趋势的极点为"**主导极点**"。当然,如果系统在右半复平面有多个极点,则系统响应发散的速度将主要取决于实部大的极点。

(2) 系统 $G(s)$、$G_2(s)$ 和 $G_3(s)$ 的响应曲线中都有振荡的成分,而且振荡频率相等。这

是由它们的共轭复数极点具有相同的虚部决定的。

（3）系统 $G(s)$ 和 $G_3(s)$ 的分母相同,分子不同,响应曲线的差别很大,但是它们趋近于稳态值的时间是非常接近的,这是因为它们具有相同的主导极点。

考虑具有 3 个实数极点的系统

$$G(s) = \frac{-p_1 p_2 p_3}{(s-p_1)(s-p_2)(s-p_3)} \tag{4-24}$$

其中 p_1、p_2、$p_3 < 0$。在单位阶跃激励下,

$$X_o(s) = \frac{1}{s} - \frac{p_2 p_3}{(p_1-p_2)(p_1-p_3)} \cdot \frac{1}{s-p_1} - \frac{p_1 p_3}{(p_2-p_1)(p_2-p_3)} \cdot \frac{1}{s-p_2} -$$

$$\frac{p_1 p_2}{(p_3-p_1)(p_3-p_2)} \cdot \frac{1}{s-p_3} \tag{4-25}$$

如果 $p_3 \ll p_2 \ll p_1$,则有

$$X_o(s) \approx \frac{1}{s} - \frac{1}{s-p_1} + \frac{p_1}{p_2} \cdot \frac{1}{s-p_2} - \frac{p_1 p_2}{p_3^2} \cdot \frac{1}{s-p_3}$$

这样的近似会使响应函数的终值出现一个小的误差,但是可以看到极点 p_2、p_3 对应的响应分量衰减得更快,而且响应初值的绝对值都远比极点 p_1 对应的响应初值的绝对值小,所以极点 p_1 决定了这个三阶系统响应曲线的主要趋势。极点 p_1 为这个系统的主导极点。

在很多情况下,特别是系统没有零点并且极点的个数很少的情况下,例如式(4-19)和式(4-24),左半复平面上最靠近虚轴的极点,或者说实部绝对值最小的极点主导系统的响应曲线。如果其他极点的实部的绝对值是主导极点实部绝对值的 3 倍以上,则它们对响应曲线的总体趋势影响较小,在不需要精细计算时可以忽略。作这样的处理一般是正确的,但是,这不能作为一个通用的规则,因为除了极点决定的响应分量衰减的快慢,响应分量初值的大小也会影响总体响应。如果恰好衰减最慢的分量的初值的绝对值相对于其他分量很小,则虽然其对应的极点最靠近虚轴,却并不能主导响应曲线的走势。

例如 3 个系统

$$G_1(s) = \frac{9}{s^2+0.2s+9}, \quad G_2(s) = \frac{1}{s^2+2s+1}, \quad G_3(s) = \frac{9}{(s^2+0.2s+9)(s^2+2s+1)}$$

系统 G_1 的一对共轭复数极点的实部为 -0.1,系统 G_2 有二重极点 -1,系统 G_3 的传递函数是 $G_1(s)$ 和 $G_2(s)$ 两者之积。它们的单位阶跃响应曲线如图 4-13 所示。注意系统 G_3 的响应曲线的总体走势更接近于 G_2,而不是极点实部绝对值更小的 G_1。

系统传递函数的零点会在将响应的拉普拉斯变换展开成部分分式时影响各分式分子的系数,也就是影响各极点对应的响应函数在总响应函数中的权重。因此零点会影响总响应函数的波形,比如其中振荡成分的幅值和相位。特殊情况下传递函数的零点也会显著影响系统的响应特性。

设一个系统的传递函数为

$$G(s) = \frac{p_1 p_2}{-z_1} \cdot \frac{s-z_1}{(s-p_1)(s-p_2)}$$

如果 $z_1 = p_1$ 且 $p_1 \neq p_2$,即系统有一个零点和一个极点是相等的,则它们对应的因式可以

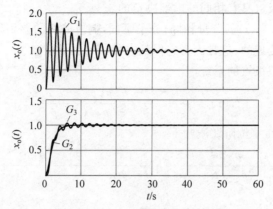

图 4-13　3 个系统的单位阶跃响应

互相消去，那么响应函数中也不会再出现极点 p_1 所对应的 $e^{p_1 t}$ 形式的成分，即使 p_1 和 z_1 不完全相等而只是接近。以系统的单位脉冲响应为例：

$$X_o(s)=\frac{p_1 p_2}{-z_1}\cdot\frac{s-z_1}{(s-p_1)(s-p_2)}=\frac{p_1 p_2(p_1-z_1)}{-z_1(p_1-p_2)}\cdot\frac{1}{s-p_1}+\frac{p_1 p_2(p_2-z_1)}{-z_1(p_2-p_1)}\cdot\frac{1}{s-p_2}$$

(4-26)

由于 $|p_1-z_1|<|p_2-z_1|$，所以响应函数中对应于极点 p_1 的成分也不如对应于极点 p_2 的成分显著，极点 p_1 所代表的响应特性被与它相近的零点在很大程度上削弱。这种现象称为"零点极点相消"。零点极点相消可以改变系统原本的响应特性，因此在控制器设计方面很有用。

但是应注意的是，并不是任何相等或非常相近的零点和极点都可以消去。比如在式(4-26)中，假设 $p_1\approx z_1$，且都是正实数，而 p_2 为负实数。只要 p_1 与 z_1 稍有偏差，右侧第 1 个分式对应的响应函数就会随时间发散到无穷大，而与零点极点相消后瞬态响应最终趋于 0 的结果有质的区别。因此，只有左半复平面上一对相近的零点和极点才能近似消去而不对瞬态响应结果产生大的影响。

再如，设一个系统的传递函数为

$$G(s)=\frac{s-z}{(s-p_1)(s-p_2)}$$

如果激励函数的拉普拉斯变换恰好为

$$X_i(s)=\frac{1}{s-z}$$

则响应的拉普拉斯变换为

$$X_o(s)=\frac{1}{(s-p_1)(s-p_2)}$$

一般来说，瞬态响应函数中应该包含有对应于激励函数的 e^{zt} 形式的成分，但此处由于 z 恰好为系统的零点，所以激励函数形式的成分不在响应函数中出现。

极点和零点可以在复平面上标示出来。在极点的位置标叉号"×"，在零点的位置标小圆圈"○"，把这样的图称为极点、零点分布图。

例如，设有系统

$$G(s) = \frac{s+2}{(s+1)(s+1.8)(s^2+7s+25)}$$

画出此系统的极点、零点分布图,如图 4-14 所示。

　　系统有极点 $p_2 = -1.8$ 和零点 $z = -2$,两者接近且都在左半复平面,可以零点、极点相消。画出系统 $G(s)$ 与系统

$$G_1(s) = \frac{2}{1.8 \times 25} \cdot \frac{1}{s+1}$$

的阶跃响应曲线如图 4-15 所示,可见两系统的阶跃响应较为相似,极点 -1 为系统 $G(s)$ 的主导极点,实部为 -3.5 的一对共轭极点为非主导极点。

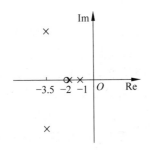

图 4-14　系统的极点、零点分布图

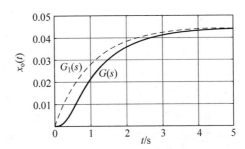

图 4-15　两个系统的阶跃响应曲线对比

4.4　瞬态响应的性能指标

　　一个控制环节或控制系统,如果能够设置不同的参数,则其在相同的激励下具有不同的瞬态响应曲线。不同类型的系统的瞬态响应更有可能差异很大。需要用统一的标准评价这些具体的瞬态响应的优劣。

　　瞬态响应曲线主要具有两个方面的特征,一个是在时间方面,一个是在幅度方面。以阶跃响应为例,一般都希望曲线最终能够收敛到某一个有限的值,而不是发散到无穷大,所以我们只讨论系统传递函数的极点都具有负实部的情况。这样的系统在受到激励后,总响应中包含两种成分,一种对应于极点,一种对应于激励。对应于极点的成分随时间衰减,可能是单调衰减,也可能是振荡衰减;随着这种成分的衰减,激励形式的成分逐渐显露出来。衰减的速度是时间上的特征。对于在响应过程中存在振荡的情况,显然振荡达到的最大幅度是需要注意的一个特征。

　　比如要控制一个直线工作台的位移,一方面我们希望在给它一个位移指令后工作台能够尽快地达到指定的位置,另一方面可能要求工作台在运动过程中最多不要超过目标某个距离,或者要求它在这个过程中不要往复移动。

　　以图 4-16 表示一条一般的阶跃响应曲线。如果曲线有过冲,则最大超调量是其幅值上的特征参数;从激励发生到曲线第一次达到稳态值的时间称为"上升时间",用 t_r 表示。如果曲线没有过冲,则最大

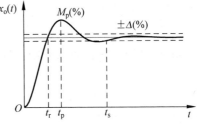

图 4-16　瞬态响应性能指标

超调量即为 0。

对欠阻尼二阶系统,可以根据式(4-16)求出它的上升时间。令

$$\sin[\omega_n \sqrt{1-\zeta^2}\, t + \pi - \angle(-\zeta + j\sqrt{1-\zeta^2})] = 0$$

可解得响应曲线第 1 次达到响应终值的时间应满足

$$\omega_n \sqrt{1-\zeta^2} \cdot t_r = \angle(-\zeta + j\sqrt{1-\zeta^2})$$

因而上升时间为

$$t_r = \frac{\pi - \arctan \dfrac{\sqrt{1-\zeta^2}}{\zeta}}{\omega_n \sqrt{1-\zeta^2}}$$

欠阻尼系统的阻尼比越小,上升时间越短,即能够更快地首次达到终值,但是由图 4-6 可见,阻尼比小的系统超调量大,在进入终值附近的误差带之前可能要振荡多次。

随着时间的延续,响应曲线逐渐趋于稳态值。如果严格按照响应函数,曲线永远也不可能达到并保持在稳态值上。因此工程上常约定一个误差范围,只要响应曲线进入了这个误差范围,就认为基本上达到了稳态值。曲线最终进入约定的误差范围的时间称为"建立时间"、"调整时间"或"过渡过程时间"等(settling time),用 t_s 表示。可见建立时间是评价一个系统响应快慢的比较具有综合性的指标。

由一阶系统的阶跃响应函数,在 3 倍和 4 倍时间常数时,响应函数的相对误差分别达到 $e^{-3} \approx 4.98\%$ 和 $e^{-4} \approx 1.83\%$,因此常取误差范围为 $\pm 5\%$ 和 $\pm 2\%$。设约定误差为 $\pm 5\%$,考虑二阶系统的建立时间。如果严格按定义,应令其响应函数等于 0.95 倍或 1.05 倍稳态值,解出时间点。参考图 4-16,设这是一个二阶系统阻尼比为某一个值时的阶跃响应曲线,如果略加大一点阻尼比,使曲线过冲后向下不再低于终值的 95%,则建立时间点会向前突跳约 1/4 个振荡周期。这就会造成两个阻尼比很接近的系统的建立时间差别却很大,显然是不合理的。欠阻尼二阶系统阶跃响应曲线振荡衰减速度取决于极点实部决定的振荡包络线,因此把振幅衰减到稳态值 5% 的时间作为建立时间才合理。

参考式(4-16),如果约定误差为 $\pm 5\%$,由

$$\frac{e^{-\zeta\omega_n t_s}}{\sqrt{1-\zeta^2}} = 0.05$$

可解得

$$t_s = -\frac{\ln 0.05 + \ln \sqrt{1-\zeta^2}}{\zeta\omega_n} \tag{4-27}$$

当 $\zeta^2 \ll 1$,建立时间

$$t_s \approx \frac{3}{\zeta\omega_n} \tag{4-28}$$

与此类似,如果约定误差为 $\pm 2\%$,可解得建立时间约为

$$t_s \approx \frac{4}{\zeta\omega_n} \tag{4-29}$$

根据式(4-27)和式(4-28)画出欠阻尼二阶系统阻尼比在 0.15～1 范围内的建立时间,如图 4-17 所示。可见根据式(4-28)计算得到的建立时间近似值虽然在阻尼比接近 1 时误

差较大,但还不至于造成颠覆性的错误。所以只要是欠阻尼系统,就可以用式(4-28)和式(4-29)估算建立时间。

注意式(4-28)及式(4-29)中的 $\zeta\omega_n$ 为系统极点实部的相反数。一阶系统的时间常数是其极点实部的负倒数,也可以把二阶系统极点实部的负倒数 $1/\zeta\omega_n$ 看作其时间常数。

在工程上还有其他表示瞬态响应性能的指标,或是指标名称相同但采用不同的参数值,比如按不同的误差大小要求规定建立时间。在实际工作中注意其具体定义即可。如果一个系统的瞬态响应同时具有小的最大超调量和建立时间,则称它的瞬态响应品质好。

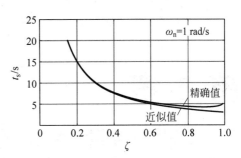

图 4-17 二阶系统建立时间随阻尼比的变化(±5%误差带)

习 题

4-1 写出下列系统的单位阶跃响应函数:

(1) $G(s)=\dfrac{1}{0.1s+1}$
(2) $G(s)=\dfrac{1}{0.1s-1}$

(3) $G(s)=\dfrac{2}{s+10}$
(4) $G(s)=\dfrac{4}{(s+2)^2}$

(5) $G(s)=\dfrac{10}{s^2+6s+5}$
(6) $G(s)=\dfrac{10}{s^2-4s-5}$

(7) $G(s)=\dfrac{2}{s^2+s+4}$
(8) $G(s)=\dfrac{2}{s^2-s+4}$

4-2 写出下列系统的极点和零点,估计系统在阶跃函数激励下的建立时间(±5%误差带)。

(1) $G(s)=\dfrac{2}{s+10}$
(2) $G(s)=\dfrac{10}{s^2+6s+5}$

(3) $G(s)=\dfrac{2}{s^2+s+4}$
(4) $G(s)=\dfrac{2}{(s^2+s+4)(s+0.1)}$

(5) $G(s)=\dfrac{9s+1}{(s^2+s+4)(s+0.1)}$
(6) $G(s)=\dfrac{s+1}{s^2+3.1s+2}$

4-3 计算欠阻尼二阶系统的阻尼比分别为 0.1、0.3、0.5、0.6、0.7、0.8 和 0.9 时阶跃响应的最大超调量。

第5章

控制系统的框图和传递函数

前面几章论述了用传递函数表示一个控制环节的数学模型,讨论了控制环节的瞬态响应特性。从本章开始讨论由控制环节构成的控制系统。

5.1 控制系统的框图

控制系统的框图是指把系统各个环节的传递函数写在方框中,再用图形符号表示系统内外信号的作用方式,包括系统的输入、输出、各环节间信号的传递及运算等。例如,图 5-1 所示为某一个系统的框图,其中 $X_i(s)$ 和 $X_o(s)$ 分别为系统的输入、输出信号,$N(s)$ 为干扰信号,$G_c(s)$、$G_a(s)$、$G_p(s)$ 和 $H(s)$ 分别为控制器、驱动器、被控对象和检测元件的传递函数。各环节都有输入信号和输出信号,用带箭头的线段表示,箭头方向表示信号传递的方向。

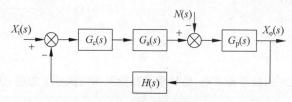

图 5-1 控制系统的框图

图中用“$\otimes$”表示求和运算,参与运算的信号的正负极性用符号“+”或“−”在各自的信号线附近或箭头所指的扇区内标出。在不引起歧义的情况下,正号可以省略。求和符号处可以输入不限个数的参与求和的信号,求和符号所在的位置可称为“求和点”。有的环节的输出信号可能会引向多个不同的去处,称这样出现分支的位置为“引出点”。当然这种情况下不同分支上的信号是完全相同的。

框图不仅可以用来表示整个控制系统的结构,也可以在研究一个控制环节时用来表示其内部的物理作用。例如图 5-2 所示为一个较复杂的质量-弹簧-阻尼系统,以重力作用下两质量块的平衡位置为各自的原点,设输入为外力 f_i,输出为质量块 m_2 的位移 x_o。

分别考虑两个质量块的受力情况,可列出微分方程

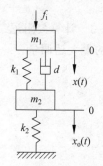

图 5-2 质量-弹簧-阻尼系统

$$\begin{cases} m_1\ddot{x} = f_i - k_1(x - x_o) - d(\dot{x} - \dot{x}_o) \\ m_2\ddot{x}_o = k_1(x - x_o) + d(\dot{x} - \dot{x}_o) - k_2x_o \end{cases}$$

设初始条件为零,对上式进行拉普拉斯变换,得

$$\begin{cases} m_1 s^2 X(s) = F_i(s) - (k_1 + ds)[X(s) - X_o(s)] \\ m_2 s^2 X_o(s) = (k_1 + ds)[X(s) - X_o(s)] - k_2 X_o(s) \end{cases} \tag{5-1}$$

画框图时,把输入 $F_i(s)$ 写在最左边,输出 $X_o(s)$ 写在最右边。根据以上两个拉普拉斯变换式的方程,可画出此系统的框图如图 5-3 所示。

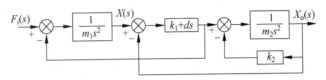

图 5-3 质量-弹簧-阻尼系统的传递函数框图

图中 $X(s)$ 与 $X_o(s)$ 求差后乘以 $k_1 + ds$,得到的是两个质量块之间的相互作用力的拉普拉斯变换。输入力 F_i 减去质量块 2 对质量块 1 的作用力,除以质量 m_1,为质量块 1 的加速度,再积分两次,得到质量块 1 的位移。将质量块 1 对质量块 2 的作用力减去质量块 2 受到的弹簧 2 的力,除以质量 m_2,再积分两次,得到质量块 2 的位移 x_o。可见用框图的形式能够把系统内外部的相互作用形象地表达出来。

再如,对于 2.1 节介绍的永磁直流电动机,由式(2-47),可画出如图 5-4 所示的框图。由图可清楚地看出:电动机的输入电压减去由于转子转动产生的反电动势后,除以电枢的阻抗,得到电枢电流;电枢电流乘以电磁力矩系数产生电磁力矩,在克服阻力矩后,除以转子的转动惯量,为转子的角加速度,积分一次,得到电动机转子转速。

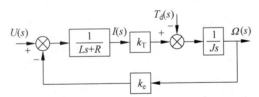

图 5-4 永磁直流电动机的传递函数框图

5.2 框图的简化和等效变换

框图不仅可以用来表示一个控制系统的结构,还可以作为分析控制系统的工具。这个过程需要对系统的框图进行简化和等效变换。

多个环节间最基本的连接方式有 3 种:串联、并联和反馈。以下讨论这 3 种连接方式下框图的简化问题。

1. 串联

设多个环节之间串联如图 5-5 所示。

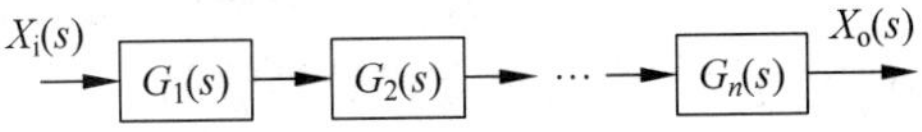

图 5-5 多个环节串联

根据传递函数的定义，显然有

$$G(s) = \frac{X_o(s)}{X_i(s)} = G_n(s) \cdots G_2(s) G_1(s) \tag{5-2}$$

注意，如果各环节都是单输入、单输出的，则式(5-2)中各环节的传递函数可以以任意顺序相乘；但是如果存在多输入、多输出的线性环节，则因为这样的环节需要用传递函数矩阵表示，所以相乘顺序不能颠倒。

2. 并联

设多个环节之间并联如图 5-6 所示。

显然有

$$G(s) = \frac{X_o(s)}{X_i(s)} = G_1(s) + G_2(s) + \cdots + G_n(s)$$

3. 反馈

设两个环节 $G(s)$ 和 $H(s)$ 形成反馈连接，如图 5-7 所示。反馈的极性为正或负都有可能，但多为负反馈，故采用符号"∓"表示。

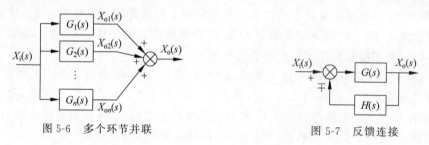

图 5-6   多个环节并联   图 5-7   反馈连接

由图 5-7 可列出方程

$$X_o(s) = G(s)[X_i(s) \mp H(s) X_o(s)]$$

整理得

$$[1 \pm G(s)H(s)]X_o(s) = G(s)X_i(s)$$

从而可以得到

$$\frac{X_o(s)}{X_i(s)} = \frac{G(s)}{1 \pm G(s)H(s)} \tag{5-3}$$

观察图 5-3 可以发现，从某些点顺着箭头方向前进，存在能够返回到出发点的路径。这样的路径称为环路。环路之间有交联，即有些环节同时属于多个不同的环路。在这种情况下如果要简化框图，还需要对框图进行等效变换。等效变换主要通过移动信号的求和点和引出点的位置来实现。

求和点的几个信号之间只是加减关系，因此可以交换求和顺序，可以组合、拆分。比如图 5-8 中的左右两部分是等效的。

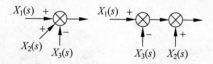

在改变信号的引出位置时，只需注意最终引出的信号与原来的信号是相同的。比如图 5-9 中的 3 种信号引出方式是等效的。

图 5-8   求和点处的等效变换

以简化图 5-3 所示的系统框图为例。第 1 步，简

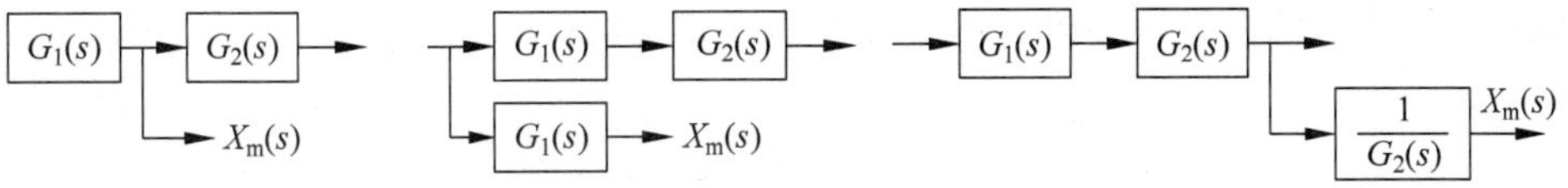

图 5-9 引出点处的等效变换

化右侧的小闭环。应用式(5-3),得到图 5-10(a)。第 2 步,$X_o(s)$ 原本反馈到中间,与 $X(s)$ 求和,把它改为反馈到第 1 个求和点,这样就可以解除两个环路的交联。为了保证变换的等效,$X_o(s)$ 应乘以 $m_1 s^2$ 后再连接到求和点,这样得到图 5-10(b)。第 3 步,对内环应用式(5-3),得到图 5-10(c)。第 4 步,再应用式(5-3),得到从 $F_i(s)$ 到 $X_o(s)$ 的传递函数:

$$G(s) = \frac{X_o(s)}{F_i(s)}$$

$$= \frac{ds + k_1}{(m_1 s^2 + ds + k_1)(m_2 s^2 + k_2) + m_1 s^2 (ds + k_1)}$$

$$= \frac{ds + k_1}{m_1 m_2 s^4 + (m_1 + m_2) ds^3 + (m_1 k_2 + m_2 k_1 + m_1 k_1) s^2 + k_2 ds + k_1 k_2}$$

(a)

(b)

(c)

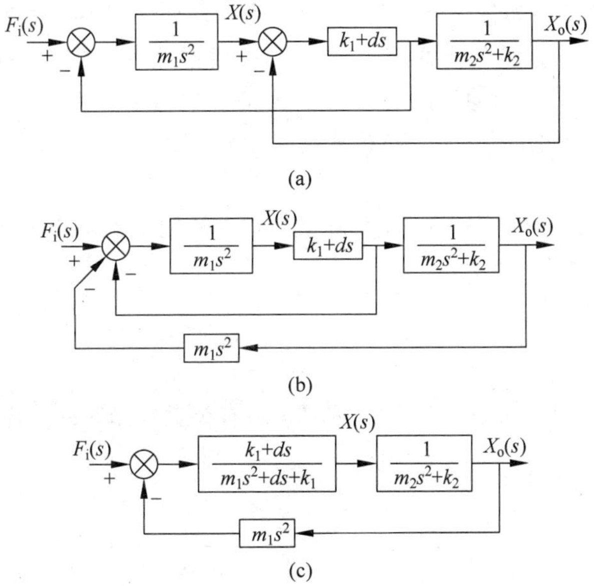

图 5-10 框图的等效变换

由此可见,可以用简化框图的方法求系统的传递函数。

5.3 梅森公式

由系统的框图求其传递函数,可以使用梅森增益公式。梅森(Samuel Jefferson Mason,1921—1974)是美国一位电子工程师,麻省理工学院教授。梅森公式是根据线性系统的信号流图求其传递函数的代数方法。系统的信号流图与框图只有表现形式上的区别,实质是一样的。在信号流图中,用节点表示信号,对应于框图中的信号线;用带箭头的线连接节点,箭头的方向表示信号流动的方向,把两节点之间的增益即对应环节的传递函数标在线上。

例如将图 5-3 所示的系统框图改为信号流图的形式,如图 5-11 所示。

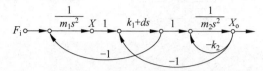

图 5-11   对应图 5-3 的信号流图

在信号流图中,将从输入节点流通到输出节点且其中不重复经过同一节点的通道称为前向通道,前向通道各环节增益之积称为前向通道增益;将闭合环路中各环节增益的乘积称为环路增益。

梅森公式为

$$G(s)=\frac{X_o(s)}{X_i(s)}=\frac{1}{\Delta}\cdot\sum_{k=1}^{N}G_k\Delta_k \tag{5-4}$$

其中,

$$\Delta=1-\sum L_a+\sum L_b L_c-\sum L_d L_e L_f+\cdots+(-1)^m\sum\cdots+\cdots \tag{5-5}$$

式(5-5)中,L_a,L_b,L_c,$\cdots$为各环路增益;$L_b L_c$ 为任何两个没有公共环节的环路的增益之积;$L_d L_e L_f$ 为任何三个没有公共环节的环路的增益之积,等等。称 Δ 为流程特征式。式(5-4)中,G_k 为第 k 条前向通道的增益;Δ_k 为将 Δ 中与第 k 条前向通道有公共环节的环路的增益置为 0 后所得的结果,称为特征式的"余因子"或"辅因子";N 为所有前向通道的个数。

例如,对图 5-11 所示的信号流图,用梅森公式求从输入到输出的传递函数。信号流图中有 3 个环路,环路增益分别为

$$L_a=-\frac{ds+k_1}{m_1 s^2},\quad L_b=-\frac{k_2}{m_2 s^2},\quad L_c=-\frac{ds+k_1}{m_2 s^2}$$

环路 L_a 和 L_c 间有公共环节 $ds+k_1$,L_b 和 L_c 间有公共环节 $\frac{1}{m_2 s^2}$,环路 L_a 和 L_b 间没有公共环节,它们环路增益的积是

$$L_a L_b=\frac{ds+k}{m_1 s^2}\cdot\frac{k_2}{m_2 s^2}$$

因此流图特征式为

$$\Delta=1+\frac{ds+k}{m_1 s^2}+\frac{k_2}{m_2 s^2}+\frac{ds+k_1}{m_2 s^2}+\frac{ds+k}{m_1 s^2}\cdot\frac{k_2}{m_2 s^2}$$

只有 1 条前向通道,其增益为

$$G_1(s)=\frac{ds+k_1}{m_1 m_2 s^4}$$

前向通道与所有的环路都有公共环节,所以 $\Delta_1=1$。则系统的传递函数为

$$G(s)=\frac{1}{\Delta}\cdot\frac{ds+k_1}{m_1 m_2 s^4}=\frac{ds+k_1}{m_1 m_2 s^4+(m_1+m_2)ds^3+(m_1 k_2+m_2 k_1+m_1 k_1)s^2+k_2 ds+k_1 k_2}$$

如果一个信号流图中有多个环路,使用梅森公式计算时会比较烦琐,但是如果环路较

少,则可能很简捷。例如对图 5-12 所示的系统,可以直接写出

$$G(s) = \frac{X_o(s)}{X_i(s)} = \frac{G_1(s)G_2(s)}{1 + G_2(s)H_2(s) + G_1(s)G_2(s)H_1(s)}$$

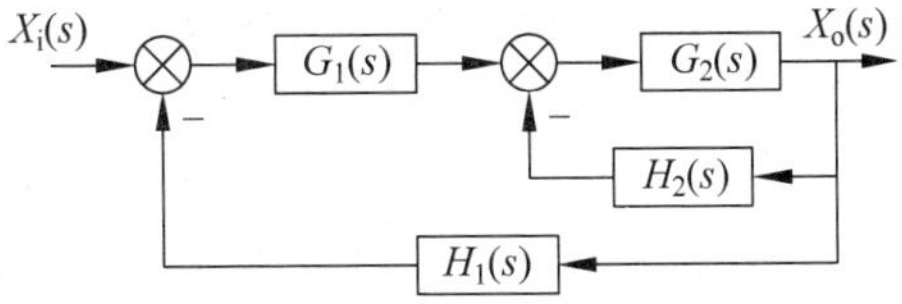

图 5-12　环路较简单的系统

综上可知,要求一个系统的传递函数,首先要写出它的微分方程或微分方程组,再对微分方程组作拉普拉斯变换,得到一个代数方程组,然后可以采用 3 种方法或经过 3 个途径之一:①用纯代数运算的方法消去方程中的中间变量,得到输入变量与输出变量间的关系;②根据拉普拉斯变换式的代数方程组画系统框图,再逐步简化框图;③使用梅森公式求得(如图 5-13 所示)。当然也可以先画框图,进行一定简化后再使用梅森公式求得。

图 5-13　求取物理系统的传递函数的途径

5.4　叠加原理和闭环控制系统的传递函数

参考图 1-5 所示的一般单输入单输出系统,加入干扰信号后,系统的框图可表示为图 5-14。其中的干扰可能施加在环上任何位置。

在同时存在输入信号和干扰信号的情况下,求输出信号。根据系统的框图,有

$$Y(s) = G_2(s)\{G_1(s)[X(s) - H(s)Y(s)] + N(s)\} \tag{5-6}$$

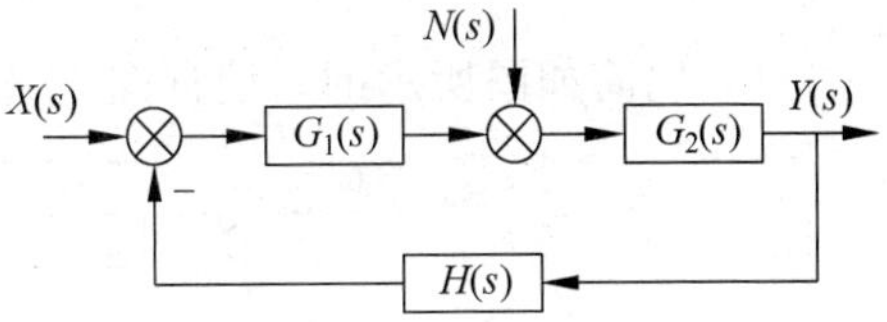

图 5-14　考虑干扰作用的单输入单输出反馈系统的框图

整理得

$$Y(s) = \frac{G_2(s)G_1(s)}{1 + G_2(s)G_1(s)H(s)}X(s) + \frac{G_2(s)}{1 + G_2(s)G_1(s)H(s)}N(s) \tag{5-7}$$

如果令 $N(s) = 0$,即只考虑输入信号引起的输出,显然从输入到输出的传递函数为

$$G_{YX}(s) = \frac{Y(s)}{X(s)} = \frac{G_2(s)G_1(s)}{1 + G_2(s)G_1(s)H(s)} \tag{5-8}$$

如果令 $X(s) = 0$,即只考虑干扰信号引起的输出,则从干扰到输出的传递函数为

$$G_{YN}(s) = \frac{Y(s)}{N(s)} = \frac{G_2(s)}{1 + G_2(s)G_1(s)H(s)} \tag{5-9}$$

总输出由输入信号乘以从输入到输出的传递函数与干扰信号乘以从干扰到输出的传递函数

叠加而成。系统框图只是对系统中信号的乘法和加法运算关系的图形化表示,因为系统是线性的,所以总输出信号是各输入信号单独作用所引起的输出信号的叠加。这就是线性系统的**叠加原理**。

在一个控制系统中,我们希望干扰引起的输出信号要尽可能小,实际输出信号要尽可能地取决于输入信号。称式(5-8)表示的从输入到输出的传递函数为"**闭环传递函数**"。

从输出信号的求解过程,即式(5-6)、式(5-7),或考虑用梅森公式求传递函数时所用的流图特征式都可以发现,只要一个系统的环路是确定的,则不论把其中哪个节点作为输入节点,把哪个节点作为输出节点,其传递函数的分母都是相同的。式(5-8)中的 $G_2(s)G_1(s)H(s)$ 是环路在反馈求和点前断开的状态下,从偏差信号到反馈信号的增益,称为"**开环传递函数**"。

习　题

5-1　对第 2 章的习题 2-1,用画框图的方法求其传递函数。

5-2　化简如图所示的系统框图,求输入-输出传递函数。

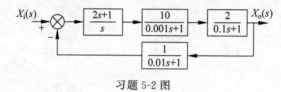

习题 5-2 图

5-3　化简如图所示的系统框图,求输入-输出传递函数。

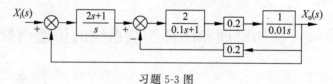

习题 5-3 图

5-4　化简如图所示的系统框图,求输入-输出传递函数。

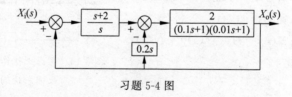

习题 5-4 图

5-5　化简如图所示的系统框图,求输入-输出传递函数。

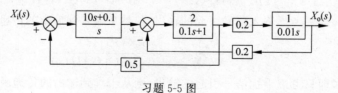

习题 5-5 图

第 6 章

反馈控制系统的工作机制和稳态误差

6.1 反馈控制系统的工作机制

在 2.1 节中，我们分析了一个温度控制箱的物理原理，它的数学模型是一个一阶常系数微分方程。本节尝试对这个比较简单的对象进行控制系统的设计，在设计过程中分析反馈控制系统的工作机制。

6.1.1 温度控制箱的自动控制框图

根据温度控制箱的微分方程(2-37)，令初始条件为零，两边作拉氏变换，有

$$mcsT(s) + k_m A T(s) = k_{pi} \frac{1}{R} u(t) + k_m A T_0(s) \tag{6-1}$$

加热/制冷功率 $P_c(t) = k_{pi}/R \cdot u(t)$，温度控制箱内外传热功率 $P_d(t) = k_m A [T_0(t) - T(t)]$。画出温度控制箱的框图如图 6-1 所示。

考虑从控制量 $U(s)$ 到箱内温度 $T(s)$ 的传递函数。由叠加原理，这时不考虑环境温度 T_0 的影响，有

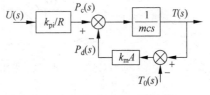

图 6-1 温度控制箱的控制框图

$$G_p(s) = \frac{T(s)}{U(s)} = \frac{k_{pi}/R}{mcs + k_m A} = \frac{k}{\tau s + 1} \tag{6-2}$$

其中增益 $k = k_{pi}/(k_m AR)$，时间常数 $\tau = mc/(k_m A)$。从控制量到箱内温度是一个一阶惯性环节。

根据方程(2-37)可知，如果箱内温度不发生变化，不管是长时间不变，还是瞬时不变，都有 $dT/dt = 0$，则

$$\frac{T(t) - T_0(t)}{u(t)} = \frac{k_{pi}}{k_m AR} = k \tag{6-3}$$

因此增益 k 的物理意义是单位控制量能够平衡的箱体内外温差，也就是单位控制电压能够维持箱体内温度比环境温度高或低多少摄氏度。由 k 的表达式可知，箱体内外传热功率系数越低，增

益越高。由 τ 的表达式可知,箱体的热容越大、箱体内外传热功率系数越低,时间常数越大。

为了实现箱内温度的自动控制,需要检测箱内的温度,假定采用一种温度传感器,它的输出电压信号为

$$u_f = k_f T \tag{6-4}$$

参考自动控制系统的一般结构(图 1-5),设用模拟电压 u_i 表示期望的箱内温度,用 $G_c(s)$ 表示温度控制器的传递函数,则可作出温度试验箱温度自动控制系统框图如图 6-2 所示。

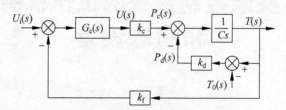

图 6-2 温度自动控制系统框图

6.1.2 尝试设计控制器

温度自动控制框图中,唯一未确定的是控制器的传递函数形式和参数。但是在尚缺乏理论指导的情况下,如何设计这个控制器?

假定温控箱的静态增益 $k = 0.1$ ℃/W,时间常数 $\tau = 100$ s,控制量 $u(t)$ 到加热/制冷功率之间的比例系数 $k_c = 100$ W/V,温度传感器的温度-电压比例系数为 $k_f = 0.1$ V/℃。

尝试设计最简单的控制器。最简单的传递函数形式是比例系数,设取

$$G_c(s) = K_P \tag{6-5}$$

暂时不考虑环境温度的影响,或者说令 $T_0 = 0$ ℃,温度控制系统框图如图 6-3 所示。

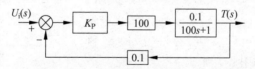

图 6-3 采用比例控制器的温度控制系统框图

此系统的输入为代表温度的电压信号,为了更直接地描述温度,依次作如图 6-4(a)、(b)所示的等效变换,把系统框图变为以温度 T_i 为输入。

假定箱内初始温度为 0 ℃,在系统的输入端施加一个温度单位阶跃信号。在阶跃刚刚发生时,箱内温度还未改变,仍然为 0 ℃,则输入信号与反馈信号之间有一个偏差。这个偏差经过图 6-4(b)中前向通道的前 3 个比例环节成为一个功率量作用在温控箱上。只要箱内温度低于系统的输入温度,就必然有一定的功率对温控箱进行加热;反之,只要箱内温度高于系统的输入温度,则必然有一定的功率对温控箱进行制冷。那么最终的结果是不是箱内温度等于系统的输入温度呢?

与直觉不同,箱内温度并不会最终等于输入温度。从系统的输入到输出的传递函数为

$$\frac{T(s)}{T_i(s)} = \frac{K_P}{100s + 1 + K_P} = \frac{K_P}{1 + K_P} \cdot \frac{1}{\frac{100}{1+K_P}s + 1} \tag{6-6}$$

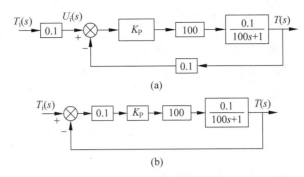

图 6-4　温度控制系统框图变换

显然,闭环系统为一阶系统,静态增益为 $K_P/(1+K_P)$,而不是 1。因此对单位阶跃输入,箱内温度的稳态值并不是 1℃。例如,假设 $K_P=1$,箱内温度的稳态值仅为 0.5℃。

在单位阶跃输入、$K_P=1$ 的情况下,假设箱内温度最终能够达到 1℃,则偏差为 0,经过 3 个比例环节加到温控箱上的功率为 0,无法维持箱内温度比环境高 1℃。如果箱内温度稳定在 0.5℃,偏差为 0.5℃,加热功率为 5 W,则恰能维持箱体内外 0.5℃的温差。

因此从这个反馈闭环的工作原理看,控制量的存在是由于偏差的存在。如果希望箱内温度尽可能地接近系统的输入值,则偏差会趋近于 0,而维持箱体内外温差需要一个确定的功率,所以 K_P 的值必须很大。从闭环系统的静态增益也可以看到,当 K_P 取更大的值时,静态增益将趋近于 1,即实际温度与期望温度趋于相等。

一个信号不再随时间变化的状态称为"静态"或"稳态"。定义系统的理想输出值减去实际输出值所得的差为输出误差,输出误差的稳态值称为"**稳态误差**"。如输入温度单位阶跃信号,则意味着理想输出为 1℃。如果 $K_P=1$,则稳态输出值为 0.5℃,稳态误差为 0.5℃;如果 $K_P=9$,则稳态输出值为 0.9℃,稳态误差为 0.1℃。另外,系统在稳态下的偏差称为"**稳态偏差**"。

另一方面,由式(6-6)可见,闭环系统的时间常数为 $100/(1+K_P)$,则按照一阶系统的瞬态响应特性,K_P 的取值越大,闭环系统的建立时间越短。例如,K_P 分别取值为 1 和 9,则 5%误差建立时间分别为 150 s 和 30 s。但这也会导出一个有违常识的结果:只要令控制器的比例系数 K_P 的取值趋于无穷大,则闭环系统的建立时间就可以无限趋近于 0。

由图 6-4 可见,当 K_P 取更大的值时,同等的偏差会产生更大的控制量。如果实际系统能够提供这个控制量,则闭环系统的响应特性自然与理论一致;如果系统由于实际情况限制,无法按照所需要的数值提供电压、力、功率等控制量,则闭环系统的实际响应特性不可能与理论相同。例如,假定令 $K_P=10^5$,则在单位阶跃输入信号施加的瞬间,控制器的输出电压应为 10 000 V,加热功率应为 1 MW,而这两个参数实际上很可能是达不到的。瞬态响应特性分析的前提条件为系统是线性的,而实际系统中必然存在最大控制量的限制而成为非线性系统,这就是理论结果和常识不一致的原因。

在这个系统的线性范围内,随控制器比例系数的增大,一方面静态增益趋近于 1,即输出与输入的稳态值更为接近,系统的准确性更好;另一方面闭环系统时间常数减小,快速性更好。这都是好的特性。

6.1.3　能实现零稳态误差的控制器

如果 6.1.2 节中描述的控制器采用比例形式,则在阶跃输入也就是期望温度为恒定值的情况下,无论比例系数取多大,系统的输出都不可能与输入严格相等,即稳态误差不可能为零。那么要使稳态误差为零,应采用什么样的控制器?

把图 6-4(b)中的控制器传递函数改写为一般形式 $G_c(s)$,如图 6-5 所示。假定采用某种形式的控制器,使得在单位阶跃输入下系统的稳态输出量严格等于输入量,则系统的稳态偏差为 0。而维持箱内外 1℃温差需要 10 W 的加热功率,这意味着控制器 $G_c(s)$ 应该在它的输入量长时间保持为 0 的情况下一直维持 0.1 V 的输出电压。

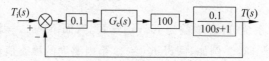

图 6-5　采用一般形式控制器的温控系统

注意,偏差信号虽然在稳态下为 0,但在施加单位阶跃信号后系统调整的过渡过程中,偏差信号并不是一直为 0,而是从 1℃开始逐渐降低到 0 的。一个积分环节在输入为 0 的情况下,输出信号会保持原来的值不变,而不必为 0。如果控制器采用积分形式,则从施加阶跃信号的那一时刻起,过渡过程中的偏差开始被积分。如果最终偏差达到 0,积分控制器也将保持一个恒定的输出值,可能能够维持箱体内外 1℃的温差,而使稳态误差为 0。

设取积分系数为 K_I,积分控制器的传递函数为

$$G_c(s) = \frac{K_I}{s} \tag{6-7}$$

系统的闭环传递函数为

$$\frac{T(s)}{T_i(s)} = \frac{K_I}{100s^2 + s + K_I} \tag{6-8}$$

这样闭环系统的传递函数是二阶的,静态增益为 1,则在阶跃输入情况下输出与输入的稳态值相等,稳态误差为 0。

设取 $K_I = 2.5 \times 10^{-3}$,则闭环系统的 $\omega_n = 0.005$,$\zeta = 1$,具有二重实极点,进入 5%误差带的调整时间约 600 s。与采用比例控制器且取比例系数为 1~9 相比,调整时间为其 4~20 倍。因此在这个例子中,采用积分控制器与采用比例控制器相比,优势是可以实现零稳态误差,劣势是系统的调整时间很长,即准确性变好,快速性变差。

6.2　反馈控制系统的稳态误差

对温度控制箱的讨论表明,反馈控制系统的稳态误差并不一定为零,而是与采用什么样的控制器,或者说与控制环路有关。本节讨论自动控制系统稳态误差的影响因素、分析计算方法和减小稳态误差的途径。

6.2.1　控制系统理想的输入-输出关系

自动控制系统的输出是某一种物理量,比如位移、转速、温度、电流或信号的频率、相位

等,输入是代表相应于输出量的电压、数字等某种
形式的信号。输出量经过检测元件变换为与输入
量相同形式的反馈信号并进行求差运算。参考
图 6-6,$G_c(s)$、$G_p(s)$ 和 $H(s)$ 分别表示控制器、被
控对象和检测元件的传递函数,输入信号代表的

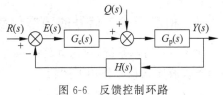

图 6-6　反馈控制环路

是期望输出,反馈信号代表的是实际输出,理想情形是两者在任何情况下都相等,表现为偏
差 ε 恒为零。

　　一般希望检测元件的输入与输出之间呈简单的线性关系,比如一个位移传感器的输出
电压与位移之间的关系可能为 $u = u_0 + kx$ 的形式,其中 k 为从位移到电压之间的比例系
数,u_0 为偏置电压。则相应的位移控制系统的输入信号应该是模拟电压,且这个电压与所
代表的位移的关系和位移传感器的完全相同。对于控制环路中像 u_0 这样的偏置量,因为
它是一个固定的值,所以在从控制的角度分析系统时可以不作考虑,则理想情况下检测器的
输入-输出间是比例关系。那么闭环系统理想的输入-输出关系也是比例关系,假设检测器
从输入到输出的比例系数为 k,则闭环系统输入为 1 时,理想输出为 $1/k$,这样偏差才等于
零,也就是闭环系统在稳态下输入到输出的比例系数为 $1/k$。

　　在系统输入变化的情况下,一般来说输出物理量不可能没有任何时间上的滞后和幅值
上的误差而与输入信号作完全相似的变化,这是由闭环系统输入-输出间的传递函数决定
的。另外,图 6-6 中有干扰信号 Q 作用于系统,一个系统也不太可能在任意形式的干扰下
输出都不受到影响。这两种因素使得控制系统理想的输入-输出关系不可能实现。

6.2.2　稳态偏差和稳态误差

　　大多数情况下理想的检测器输入、输出间是比例关系,但实际上两者不可能在任意条件
下保持为恒定的比例,比如输出信号一般相对于输入信号有滞后,因此在严格的意义上,仍
应以一个传递函数而不是一个简单的比例系数来描述检测元件。如果检测元件的输出对输
入的滞后确实很小,在用比例关系描述它也不至于对闭环系统分析的准确性造成明显影响
的情况下,可以把它简化为比例环节,即把 $H(s)$ 简化为常数 H。

　　对图 6-6 所示系统,有

$$\varepsilon(t) = r(t) - Hy(t) \tag{6-9}$$

用 ε_{ss} 表示稳态偏差,即

$$\varepsilon_{ss} = \lim_{t \to \infty} \varepsilon(t) \tag{6-10}$$

理想输出

$$y_i(t) = \frac{1}{H} r(t) \tag{6-11}$$

用 $e(t)$ 表示误差,即

$$e(t) = y_i(t) - y(t) = \frac{1}{H}[r(t) - Hy(t)] = \frac{1}{H}\varepsilon(t) \tag{6-12}$$

用 e_{ss} 表示稳态误差,得到稳态误差与稳态偏差之间的关系为

$$e_{ss} = \lim_{t \to \infty} e(t) = \frac{1}{H}\varepsilon_{ss} \tag{6-13}$$

6.2.3 相应于输入信号的稳态偏差

对图 6-6 所示系统,讨论其稳态偏差。在系统的线性范围内,根据叠加原理,总稳态偏差等于仅有输入信号作用下的稳态偏差与仅有干扰信号作用下的稳态偏差之和。本节讨论闭环系统在输入信号作用下的稳态偏差。

系统从输入到偏差的传递函数为

$$\frac{E(s)}{R(s)} = \frac{1}{1 + G_c(s)G_p(s)H(s)} \tag{6-14}$$

注意式中的"E"为"ε"的大写形式。由于开环传递函数 $G(s) = G_c(s)G_p(s)H(s)$,则可将上式改写为

$$\frac{E(s)}{R(s)} = \frac{1}{1 + G(s)} \tag{6-15}$$

偏差的拉氏变换式为

$$E(s) = \frac{1}{1 + G(s)} \cdot R(s) \tag{6-16}$$

如果偏差存在稳态值,则根据拉普拉斯变换的终值定理,稳态偏差为

$$\varepsilon_{ss} = \lim_{t \to \infty} \varepsilon(t) = \lim_{s \to 0} s \cdot \frac{1}{1 + G(s)} \cdot R(s) \tag{6-17}$$

根据式(6-17),可以讨论系统在不同类型的输入信号作用下的稳态偏差。

1. 单位阶跃输入

如果输入为单位阶跃信号,则根据式(6-17),可得稳态偏差为

$$\varepsilon_{ss} = \lim_{t \to \infty} \varepsilon(t) = \lim_{s \to 0} s \cdot \frac{1}{1 + G(s)} \cdot \frac{1}{s} = \lim_{s \to 0} \frac{1}{1 + G(s)} \tag{6-18}$$

对于开环传递函数的一般形式

$$G(s) = \frac{K \Pi_i (T_i s + 1) \Pi_j (T_j^2 s^2 + 2\zeta_j T_j s + 1)}{s^\lambda \Pi_k (T_k s + 1) \Pi_l (T_l^2 s^2 + 2\zeta_l T_l s + 1)} \tag{6-19}$$

式中形如 $Ts + 1$ 和 $T^2 s^2 + 2\zeta Ts + 1$ 的因式在当 s 趋于 0 时其值都趋于 1,故稳态偏差

$$\varepsilon_{ss} = \lim_{s \to 0} \frac{1}{1 + \dfrac{K}{s^\lambda}} \tag{6-20}$$

如果 $\lambda = 0$,则

$$\varepsilon_{ss} = \frac{1}{1 + K} \tag{6-21}$$

如果 $\lambda \geqslant 1$,则

$$\varepsilon_{ss} = 0 \tag{6-22}$$

可见开环传递函数在 $s = 0$ 即 s 平面原点处的值 $G(0)$ 决定了系统输入单位阶跃信号时的稳态偏差,是系统关于稳态误差的一个关键参数,命名其为"稳态位置误差系数":

$$K_p = G(0) = \lim_{s \to 0} \frac{K}{s^\lambda} \tag{6-23}$$

参数名称中所谓"位置"是将阶跃信号比作零时刻后保持不变的位移。则单位阶跃输入下的

稳态偏差为

$$\varepsilon_{ss} = \frac{1}{1+K_p} \tag{6-24}$$

如果系统的开环传递函数中 $\lambda=0$，则称系统为"0 型系统"；如果 $\lambda=1,2,\cdots$，则称系统为"Ⅰ型系统""Ⅱ型系统"等。单位阶跃输入下闭环系统的稳态偏差取决于系统的型次及增益：

如果系统为 0 型，则稳态位置误差系数为 K，稳态偏差为 $1/(K+1)$；

如果系统为Ⅰ型或Ⅰ型以上，则稳态位置误差系数为 ∞，稳态偏差为零。

2. 单位斜坡输入

如果输入为单位斜坡信号，则系统的稳态偏差为

$$\varepsilon_{ss} = \lim_{s\to 0} s \cdot \frac{1}{1+G(s)} \cdot \frac{1}{s^2} = \lim_{s\to 0} \frac{1}{sG(s)} = \lim_{s\to 0} \frac{1}{s \cdot \frac{K}{s^\lambda}} = \lim_{s\to 0} \frac{s^{\lambda-1}}{K} \tag{6-25}$$

可见决定单位斜坡输入下闭环系统的稳态偏差的是参数

$$K_v = \lim_{s\to 0} sG(s) \tag{6-26}$$

命名其为"稳态速度误差系数"，名称中所谓"速度"是将斜坡输入类比为以恒定速度运动的物体的位移函数。则在单位斜坡输入下系统的稳态偏差可表示为

$$\varepsilon_{ss} = \frac{1}{K_v} \tag{6-27}$$

参考式(6-19)，可知在系统输入斜坡信号的情况下：

如果系统为 0 型，则稳态速度误差系数为 0，随着时间的延续，偏差趋向于无穷大；

如果系统为Ⅰ型，则稳态速度误差系数为 K，稳态偏差为有限值；

如果系统为Ⅱ型或Ⅱ型以上，则稳态速度误差系数为 ∞，稳态偏差为零。

3. 单位加速度输入

如果输入为单位加速度信号，则系统的稳态偏差为

$$\varepsilon_{ss} = \lim_{s\to 0} s \cdot \frac{1}{1+G(s)} \cdot \frac{1}{s^3} = \lim_{s\to 0} \frac{1}{s^2 G(s)} = \lim_{s\to 0} \frac{1}{s^2 \cdot \frac{K}{s^\lambda}} = \lim_{s\to 0} \frac{s^{\lambda-2}}{K} \tag{6-28}$$

由式(6-28)可知，决定单位加速度输入下闭环系统的稳态偏差的关键是参数

$$K_a = \lim_{s\to 0} s^2 G(s) \tag{6-29}$$

命名其为"稳态加速度误差系数"，名称中所谓"加速度"是将输入信号类比为以等加速度运动的物体的位移函数。单位加速度输入下的稳态偏差可表示为

$$\varepsilon_{ss} = \frac{1}{K_a} \tag{6-30}$$

参考式(6-19)，可知在系统输入加速度信号的情况下：

如果系统为 0 型或Ⅰ型，则稳态加速度误差系数为 0，随着时间的延续，稳态偏差趋向于无穷大；

如果系统为Ⅱ型，则稳态加速度误差系数为 K，稳态偏差为有限值；

如果系统为Ⅲ型或Ⅲ型以上，则稳态加速度误差系数为 ∞，稳态偏差为零。

对开环传递函数如式(6-19)的系统,在单位阶跃、单位斜坡和单位加速度输入下,闭环系统的稳态偏差总结如表 6-1 所示。

表 6-1 单位斜坡输入下的稳态偏差

开环系统类型	0 型	Ⅰ 型	Ⅱ 型
单位阶跃输入	$\dfrac{1}{1+K}$	0	0
单位斜坡输入	∞	$\dfrac{1}{K}$	0
单位加速度输入	∞	∞	$\dfrac{1}{K}$

无论输入信号为阶跃、斜坡还是加速度形式,要使稳态偏差小,都应使 $\lim\limits_{s \to 0} G(s)$ 的值,即开环传递函数在复平面的原点处的函数值尽量大。

0 型系统对阶跃输入有有限的稳态偏差,对斜坡和加速度输入的稳态偏差则为无穷大,这意味着实际输出与理想输出的差别会随着时间的延续而增加到无穷大。Ⅰ 型系统对阶跃输入的稳态偏差为零,对斜坡输入的稳态偏差为有限值,对加速度输入的稳态偏差为无穷大。Ⅱ 型系统对阶跃和斜坡输入的稳态偏差为零,对加速度输入具有有限的稳态偏差。但是要注意,所有关于稳态偏差的判断和计算都有一个**前提条件**:闭环系统的稳态是存在的。比如对于阶跃输入,系统的输出会收敛到某一个有限的值,而不是发散。称这样的系统是"稳定"的。判断一个闭环系统是否稳定的方法在此后两章中讨论。另外,如果只以本节的分析,似乎会得到一个结论:系统的型次越高,就越能够对变化剧烈的输入信号实现小的稳态偏差,所以系统的型次越高越好。但这只是在不考虑系统的其他性能,仅评价稳态偏差时可以得到的结论。

设有一个 Ⅰ 型系统,其稳态速度误差系数 $K_v = K_1 H$,其中 K_1 为从输入到输出的前向通道中的增益,H 为反馈通道的增益或称反馈系数。参考式(6-11),如果把输入范围归一化为 $[-1,1]$,则输出范围为 $[-1/H, 1/H]$;系统相应于单位斜坡输入的稳态偏差为 $1/(K_1 H)$,稳态误差为 $1/(K_1 H^2)$,稳态误差与最大输出范围的比值(即相对误差)为 $1/(K_1 H)$。所以增大前向通道的增益 K_1 或增大反馈系数 H 对降低稳态偏差和相对误差的作用是相同的。但要注意,理想输出等于输入除以反馈系数,所以如果输入信号的范围不变,增大反馈系数时,输出范围会减小。例如一个用模拟电压作为输入信号的转速控制系统,模拟电压的范围是 $[-10,10]$ V,如果原来的输出转速范围为 $[-10,10]$ r/s,当把反馈系数增大到原来的 10 倍时,稳态偏差和相对误差都降低为原来的 1/10,输出转速范围变为 $[-1,1]$ r/s。但如果不改变反馈系数,而是把前向通道的增益增大到原来的 10 倍时,则输出转速的范围并不发生变化。

如果反馈通道的传递函数 $H(s)$ 能够简化为常数 H,则图 6-6 所示系统可等效变换为图 6-7。图 6-7 中反馈通道的增益为 1,这样的系统称为"**单位反馈系统**";输入信号乘以比例系数 $1/H$ 后才与反馈信号求差,即意味着理想的稳态输出值为输入值的 $1/H$ 倍。也可以采用另一个变量 $y_i(t) = r(t)/H$,进一步简化单位反馈系统的形式,并且这时闭环系统的输入量和输出量具有相同的量纲和单位。

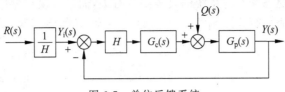

图 6-7　单位反馈系统

6.2.4　干扰引起的稳态偏差

干扰可以包括各种不同的妨碍控制环路实现其准确度的因素,比如外来的作用力、控制系统的主动动作导致的反作用以及环路中的电噪声等。扰动可能作用在控制环路中的任何位置。

考虑图 6-6 所示系统中扰动导致的稳态偏差。扰动作用 Q 到偏差 ε 的传递函数为

$$\frac{E(s)}{Q(s)} = -\frac{G_p(s)H(s)}{1 + G_c(s)G_p(s)H(s)} \tag{6-31}$$

如果扰动为单位阶跃函数,则有

$$E(s) = -\frac{G_p(s)H(s)}{1 + G_c(s)G_p(s)H(s)} \cdot \frac{1}{s} \tag{6-32}$$

稳态偏差

$$\varepsilon_{ss} = \lim_{s \to 0} s \cdot \frac{-G_p(s)H(s)}{1 + G_c(s)G_p(s)H(s)} \cdot \frac{1}{s} \tag{6-33}$$

如果系统的开环传递函数为 0 型,则

$$\varepsilon_{ss} = \frac{G_p(0)H(0)}{1 + G_c(0)G_p(0)H(0)} \tag{6-34}$$

稳态偏差为一个有限的值,不可能为零。

如果系统为 I 型,因为检测元件一般为比例型,所以积分可能出现在 $G_c(s)$ 中,也可能出现在 $G_p(s)$ 中。如果积分在 $G_p(s)$ 中,且设

$$\lim_{s \to 0} G_p(s) = \frac{k_2}{s} \tag{6-35}$$

则

$$\varepsilon_{ss} = \lim_{s \to 0} \frac{-H(s) \cdot \dfrac{k_2}{s}}{1 + G_1(s) \cdot \dfrac{k_2}{s} \cdot H(s)} = \frac{-1}{G_c(0)} \tag{6-36}$$

稳态偏差为有限值。如果积分在 $G_c(s)$ 中,且设

$$\lim_{s \to 0} G_c(s) = \frac{k_1}{s} \tag{6-37}$$

则

$$\varepsilon_{ss} = \lim_{s \to 0} \frac{-G_p(s)H(s)}{1 + \dfrac{k_1}{s} \cdot G_p(s)H(s)} = 0 \tag{6-38}$$

可见在扰动作用下的稳态偏差与系统的具体结构有关,而不仅仅与型次有关。

考虑扰动到偏差的一般传递函数(6-31),设扰动为单位阶跃、单位斜坡或单位加速度的形式,即

$$N(s) = \frac{1}{s^\nu} \tag{6-39}$$

其中 $\nu = 1, 2, 3$,则稳态偏差为

$$
\begin{aligned}
\varepsilon_{ss} &= \lim_{s \to 0} s \cdot \frac{-G_p(s)H(s)}{1 + G_c(s)G_p(s)H(s)} \cdot \frac{1}{s^\nu} \\
&= \lim_{s \to 0} \frac{-H(s)G_p(s)s}{s + sG_c(s)G_p(s)H(s)} \cdot \frac{1}{s^{\nu-1}} \\
&= \lim_{s \to 0} \frac{-1}{G_c(s)} \cdot \frac{1}{s^{\nu-1}} \tag{6-40}
\end{aligned}
$$

因此,在阶跃、斜坡和加速度扰动下,要使系统的稳态偏差为 0, $G_c(s)$ 中必须分别包含 1 次、2 次和 3 次以上的积分项。

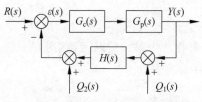

图 6-8   干扰作用于反馈通道

如果扰动作用于反馈通道,如图 6-8 所示,则这种扰动往往是检测元件的误差和噪声。分别写出 $Q_1(s)$ 和 $Q_2(s)$ 到输出 $Y(s)$ 的传递函数:

$$\frac{Y(s)}{Q_1(s)} = -\frac{G(s)}{1 + G(s)} \tag{6-41}$$

$$\frac{Y(s)}{Q_2(s)} = -\frac{G_c(s)G_p(s)}{1 + G_c(s)G_p(s)H(s)} \tag{6-42}$$

为了减小相应于输入信号的稳态偏差,根据式(6-17),希望 $\lim\limits_{s \to 0} |G(s)|$ 的取值要大。而只要 $\lim\limits_{s \to 0} |G(s)| \gg 1$,对于 Q_1,输出误差就与之近似相等;对于 Q_2,输出误差近似于 $Q_2/H(0)$。两个误差都不可能为零。增大 $H(0)$ 可以减小 Q_2 导致的输出误差,但是输出量的范围也减小到原来的 $1/H(0)$,所以并不能减小相对误差。Q_1 和 Q_2 是某种检测误差,系统不可能分辨反馈信号中的真值和误差,所以作用于反馈通道的干扰对稳态误差的影响是不可能消除的。

根据以上分析,可总结减小系统稳态偏差的方法如下:

(1) 相应于输入信号,应提高系统开环传递函数的型次,提高开环增益;

(2) 对于作用于系统前向通道的扰动引起的稳态偏差,应提高偏差点与扰动作用点之间这部分环节的积分次数和增益;

(3) 尽量减小在反馈通道引入的误差、干扰和噪声。

6.2.5   内模原理

对应于输入和干扰的稳态偏差也可以分析如下。把各传递函数写为有理分式的形式,即

$$G_p(s) = \frac{N_p(s)}{D_p(s)}, \quad G_c(s) = \frac{N_c(s)}{D_c(s)}, \quad H(s) = \frac{N_h(s)}{D_h(s)} \tag{6-43}$$

首先分析输入对应的稳态偏差。将式(6-43)代入输入-偏差传递函数式(6-14),得

$$\frac{E(s)}{R(s)} = \frac{D_c(s)D_p(s)D_h(s)}{D_c(s)D_p(s)D_h(s) + N_c(s)N_p(s)N_h(s)} \tag{6-44}$$

设输入信号的拉普拉斯变换为 $R(s) = N_R(s)/D_R(s)$,则系统的稳态偏差为

$$\varepsilon_{ss} = \lim_{s \to 0} s \cdot \frac{D_c(s)D_p(s)D_h(s)}{D_c(s)D_p(s)D_h(s) + N_c(s)N_p(s)N_h(s)} \cdot \frac{N_R(s)}{D_R(s)} \tag{6-45}$$

以阶跃和斜坡形式的干扰为例,其拉普拉斯变换的分子为常数,分母 $D_R(s)$ 包含 s 因子,因而使稳态偏差可能不为零。一般情况下多项式 $N_c(s)N_p(s)N_h(s)$ 存在常数项,因而在闭环系统稳定的前提下,只要 $D_c(s)D_p(s)D_h(s)$ 包含因式 $D_R(s)$,即可消去 $D_R(s)$,使 $\varepsilon_{ss} = 0$。即要使对应于输入信号的稳态偏差为零,应使输入信号的拉普拉斯变换式的分母成为开环传递函数的分母的因式。

再分析前向通道中的干扰引起的稳态偏差。将式(6-43)代入干扰-偏差传递函数式(6-31),得

$$\frac{E(s)}{Q(s)} = \frac{-G_p(s)H(s)}{1 + G_c(s)G_p(s)H(s)} = \frac{-D_c(s)N_p(s)N_h(s)}{D_c(s)D_p(s)D_h(s) + N_c(s)N_p(s)N_h(s)} \tag{6-46}$$

设干扰信号的拉普拉斯变换为 $Q(s) = N_Q(s)/D_Q(s)$,则在干扰作用下,系统的稳态偏差为

$$\varepsilon_{ss} = \lim_{s \to 0} s \cdot \frac{-D_c(s)N_p(s)N_h(s)}{D_c(s)D_p(s)D_h(s) + N_c(s)N_p(s)N_h(s)} \cdot \frac{N_Q(s)}{D_Q(s)} \tag{6-47}$$

只要 $D_c D_c(s)N_p(s)N_h(s)$ 包含因式 $D_Q(s)$,即可使 $\varepsilon_{ss} = 0$。即要使干扰引起的系统的稳态偏差为零,应把干扰信号的拉普拉斯变换式的分母作为 $G_c(s)$ 的分母的因式,或者作为 $G_p(s)H(s)$ 的分子的因式。由于 $G_p(s)$ 和 $H(s)$ 分别是被控对象和检测元件的传递函数,不能随意更改,所以为了使稳态偏差为零,只能把干扰信号的拉普拉斯变换的分母作为控制器的分母的一个因式。

总之,一个闭环稳定的系统,要使相应于输入的稳态偏差为零,应使输入信号的拉普拉斯变换的分母成为开环传递函数的分母的一个因式;要使前向通道中的干扰导致的稳态偏差为零,应使干扰信号的拉普拉斯变换的分母成为控制器传递函数的分母的一个因式。这被称为"**内模原理**"。

习　题

6-1　有力反馈控制系统如图所示,要求输出力 f 的范围为 $[-10, 10]$ N。反馈通道为力传感器的传递函数,其输出为以 V 为单位的模拟电压。

(1) 系统的输入电压 u 应在什么范围内?

(2) 开环系统是什么类型? 稳态位置、速度、加速度偏差系数分别是多少?

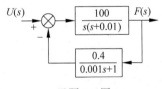

习题 6-1 图

6-2　计算如图所示各系统分别在单位阶跃、单位斜坡、单位加速度输入和单位阶跃、单位斜坡干扰作用下的稳态偏差。

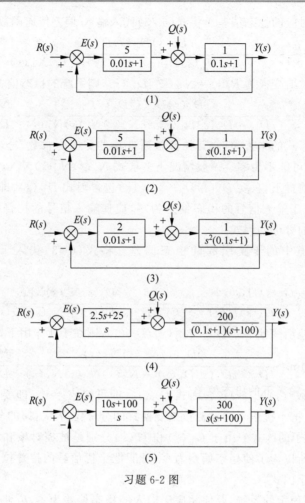

(1)

(2)

(3)

(4)

(5)

习题 6-2 图

6-3　计算如图所示系统分别在单位阶跃、单位斜坡、单位加速度输入和单位阶跃、单位斜坡干扰作用下的稳态偏差。

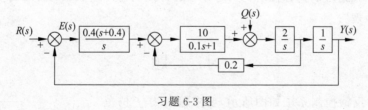

习题 6-3 图

第7章

系统的稳定性与
劳斯-赫尔维茨判据

7.1 闭环系统的稳定性问题

第6章分析了相应于输入量的稳态偏差,得出的结论是要减小稳态偏差,就应该增加开环系统的型次,增大开环增益。以下分析一个实例。

如图 7-1 所示的闭环控制系统,其中参数 K 可调,考虑在单位阶跃输入下的稳态偏差。

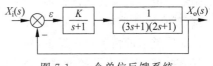

图 7-1 一个单位反馈系统

系统为 0 型系统,稳态位置偏差系数为 $G(0)=K$,单位阶跃输入下的稳态偏差为 $1/(1+K)$。如果 K 分别取值为 2、5、10 和 20,按照算式,稳态偏差应分别为 $1/3$、$1/6$、$1/11$ 和 $1/21$。

用 MATLAB 软件对此系统进行仿真,画出时域响应曲线,如图 7-2 所示。

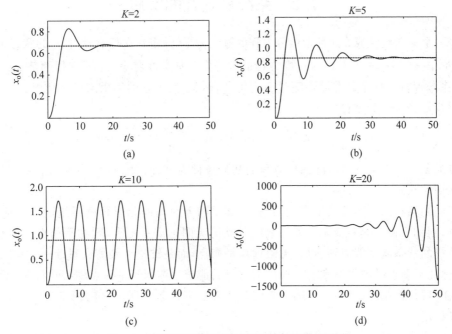

图 7-2 K 取不同值时闭环系统的单位阶跃响应

　　由图 7-2 可见,K 取值为 2 和 5 时,闭环系统的输出信号有振荡,但振荡幅度逐渐减小,输出值收敛到某一常数,但稳态值均小于 1,稳态偏差值与理论结果一致。K 取值为 10 时,系统的输出并不收敛,而是维持等幅度振荡,并不存在稳态值。振荡波形的平均值比前两种情况有提高,与 1 的差值与理论稳态偏差一致,但显然这时计算出的稳态偏差值已经没有实际意义了。K 值取 20 时,系统的输出振荡发散,也没有稳态值,如果细究其振荡波形围绕的中心值,则会发现其与 1 的差值也与理论稳态偏差一致,但也已经没有实际意义。

　　这就表明讨论闭环系统的稳态偏差是需要有前提条件的。这个前提条件就是闭环系统应该是"稳定"的。上述例子的前两种情况,闭环系统是"稳定"的;第 4 种情况,系统是"不稳定"的;第 3 种情况,系统是"临界稳定"的。关于系统稳定性的较严格的定义见 7.2 节。

　　闭环系统的不稳定表现是怎么发生的? 下面通过两个例子说明。

　　比如有一个温度反馈闭环控制的恒温箱,温度传感器的电压极性被接反了。假设设定温度为 20℃,箱内实际初始温度为 21℃,温度传感器反馈的值却是 19℃,则系统判断温度偏低,应予加热。结果实际温度升高,温度反馈值降低,系统陷入恶性循环。实际温度将持续升高直到设备损坏或触发高温保护。

　　再如一个角位置反馈控制系统,通过驱动电动机正转、反转,并使用传感器检测角位移使转轴到达期望的角位置。假定设定角位置为 0°,初始实际角位置为 1°。传感器反馈后,控制器令电动机反转以使转轴回到 0°。假定电动机非常灵敏,而传感电路的响应滞后比较严重,就有可能造成实际角度已经到达 -1°,反馈信号才刚刚小于 0°,控制器才令电动机正转。此后类似的情况再次发生,使实际最大角度达到 2°。以此类推,转轴的角位置在 0°附近反复振荡,而且振荡幅度越来越大。当然实际系统会受限于某种因素,使得振幅不会无限增大。

7.2　系统稳定性的实质

　　令一个 n 阶线性或非线性常微分方程的输入为零,给定它在任意瞬时 t_0 的状态 $\boldsymbol{x}(t_0) = [x(t_0), \dot{x}(t_0), \cdots, x^{(n-1)}(t_0)]$,则方程的解确定。如果在状态 $\boldsymbol{x}_0$ 下方程的解 $\boldsymbol{x}(t, \boldsymbol{x}_0) = \boldsymbol{x}_0$,即系统保持在这个状态而不随时间变化,则称 $\boldsymbol{x}_0$ 为方程的**平衡点**或平衡解。

　　对线性齐次微分方程

$$\frac{\mathrm{d}^n x}{\mathrm{d}t^n} + a_1 \frac{\mathrm{d}^{n-1} x}{\mathrm{d}t^{n-1}} + \cdots + a_{n-1} \frac{\mathrm{d}x}{\mathrm{d}t} + a_n x = 0 \tag{7-1}$$

平衡点为 $\boldsymbol{x}_0 = [0, 0, \cdots, 0]$,即如果方程的初始条件为零,函数 $x(t) = 0$ 为方程的解,系统将保持在初始状态。

　　考虑初始状态稍稍偏离平衡点的情况,如果随着时间的无限延续系统的状态能够回到平衡点,则称平衡点是**稳定**的;如果系统的状态无限远离平衡点,则称平衡点是**不稳定**的;如果系统的状态既不能回到、也不无限远离平衡点,而是维持在平衡点附近一个有限的范围内,则称此平衡点是**临界稳定**的。偏离平衡点后能够逐渐回到平衡点的特性称为"**渐近稳定性**"。在"现代控制理论"中常采用"李雅普诺夫稳定性",它所定义的稳定包括了渐进稳定和临界稳定。

　　一个非线性系统可能有多个平衡点,每个平衡点都可能是稳定或不稳定的,因此对非线性系统,应讨论每个平衡点而不是整个系统的稳定性。例如一根无质量的刚性杆,一端用铰链支承,另一端固定一个质点,构成一个单摆,这个系统在重力场中有两个平衡点,分别在铰支点的正上方和正下方。令质点稍稍偏离下方的平衡点,如果有阻尼的话,单摆最终会回到这个平衡点;如果令质点稍稍偏离上方的平衡点,则其不可能再回到并保持在这个平衡点。下方的平衡点是稳定的,上方的平衡点是不稳定的。

联系第 4 章论述的线性系统的时域响应特性与其极点的关系,可作如下分析。

只要闭环系统的传递函数存在正实部极点,则在非零初始条件下,方程的解中对应于正实部极点的项必然随着时间以指数形式发散或其振荡幅度以指数形式发散,系统的状态将无限远离平衡点,系统不稳定。

如果闭环系统所有极点的实部均为负值,则即使系统的初始状态不为零,微分方程的解中各项也都会随时间以指数衰减形式或其振荡幅度以指数衰减形式向 0 收敛,最终系统的状态会回到平衡点,系统是稳定的,或者说是渐近稳定的。

如果闭环系统中没有正实部极点,但存在实部为零的极点,则再分为两种情况:

第 1 种情况,零实部的极点不是多重极点,则系统的状态保持原值或等幅振荡,这属于临界稳定。例如某系统的闭环传递函数为

$$T(s) = \frac{1}{s^2 + 1}$$

系统的微分方程为

$$\ddot{x} + x = f$$

传递函数的极点为 $0 \pm i$,系统是零阻尼的二阶系统。如果输入为零而初值 $[x(0), \dot{x}(0)]$ 不为零,则方程的解为一个有初始相位的正弦或余弦函数,系统将会持续等幅振荡。

第 2 种情况,如果零实部极点为多重极点,则系统的状态是否会随时间发散与初值有关。例如某系统的传递函数为

$$T(s) = \frac{1}{s^2}$$

系统的微分方程为

$$\ddot{x} = f$$

传递函数的极点是 0,且为二重极点。在输入为零的情况下:

如果初值为 $x(0) = x_0$,$\dot{x}(0) = 0$,则方程的解为 $x = x_0$,任意状态 $[x_0, 0]$ 都是系统的平衡点;

如果初值为 $x(0) = x_0$,$\dot{x}(0) = \varepsilon_1$,则方程的解为 $x = \varepsilon_1 t + x_0$,随着时间线性趋向于正无穷或负无穷(参考 3.1.2 节的式(3-16))。

如果在由 x 和 $\dot{x}$ 构成的平面的 x 轴上任一点 $(x_0, 0)$ 附近随机取一点 $(x_0 + \varepsilon_0, \varepsilon_1)$ 作为初始条件,方程的解为 $x = \varepsilon_1 t + x_0 + \varepsilon_0$。如果恰好 $\varepsilon_1 = 0$,则方程的解属于临界稳定,但由于取到 $\varepsilon_1 = 0$ 的概率为 0,所以方程的解以概率 1 线性趋向于正无穷或负无穷。在系统没有正实部极点但有零实部重极点的情况下,不能简单地以"稳定性"描述平衡解的性质。

在实际系统中,显然一般应避免闭环系统存在正实部或零实部极点。振荡器是一种常见但特殊的非线性控制系统。振荡器的功能是在没有输入信号的情况下产生振荡波形,显然要求它是不稳定的系统。在振幅为零附近,系统应该是不稳定的,这样振荡幅度才能逐渐

增大。振幅最后或者受限于物理条件发生饱和,或者被控制器调节至期望值而不再无限增大。

总之,线性闭环系统稳定的充要条件是所有闭环极点的实部均小于零,或者说所有极点均位于 s 平面的左半平面。

考查图 7-1 所示的系统,其闭环传递函数为

$$T(s) = \frac{K}{6s^3 + 11s^2 + 6s + 1 + K}$$

闭环特征方程为

$$6s^3 + 11s^2 + 6s + 1 + K = 0 \qquad (7\text{-}2)$$

即闭环系统的齐次微分方程为

$$6\frac{\mathrm{d}^3 x_\circ}{\mathrm{d}t^3} + 11\frac{\mathrm{d}^2 x_\circ}{\mathrm{d}t^2} + 6\frac{\mathrm{d}x_\circ}{\mathrm{d}t} + (1+K)x_\circ = 0$$

表 7-1 列出了 K 取不同值时闭环系统的极点。

表 7-1 K 的取值与对应的闭环极点

K	极点 1	极点 2、3	闭环稳定性
2	-1.3698	$-0.2318 \pm 0.5579i$	稳定
5	-1.5991	$-0.1171 \pm 0.7821i$	稳定
10	-1.8333	$\pm i$	临界稳定
20	-2.1335	$0.1501 \pm 1.2720i$	不稳定

7.3 劳斯-赫尔维茨判据

线性系统的特征多项式 $P(s)$ 总可以分解为多个一次或二次因式之积,即 $P(s) = \Pi_i(s+a_i)\Pi_j(s^2+b_js+c_j)$,其中的二次因式不能再分解为两个实系数一次因式,即它对应于共轭复数极点。如果一个系统的极点均具有负实部,则对于 $s+a_i$ 型的因式,应有 $a_i > 0$;对于 $s^2+b_js+c_j$ 型的因式,其对应的极点为 $(-b_j \pm j\sqrt{4c_j - b_j^2})/2$,考虑其实部,应有 $b_j > 0$,又由于应有 $b_j^2 - 4c_j < 0$,则得到 $c_j > b_j^2/4 > 0$。即所有一次、二次因式的系数均应为正数,则此系统的特征多项式的每一个系数均应为正数。这是系统稳定的必要条件。

如果已知一个系统的闭环传递函数,要判断系统是否稳定,原本应该求出系统的每一个极点,看是否所有极点的实部均为负值。这对于低阶系统(比如二阶系统)是可行的,对于高阶系统,如果用数学软件求其数值解,也是可行的。但是高阶系统特征值的求解存在一个理论上的限制,即阿贝尔-鲁菲尼(Abel-Ruffini)定理。保罗·鲁菲尼(Paolo Ruffini,1765—1822)是意大利数学家和医生,于 1799 年发表了一般五次代数方程不可解的证明,这个证明被认为不充分。后于 1813 年发表了证明的修订版,但仍未被所有数学家所认可。尼尔斯·亨利克·阿贝尔(Niels Henrik Abel,1802—1829)是挪威数学家,他于 1824 年证明了五次或五次以上的代数方程没有一般的代数解,即由该方程的系数经过有限次加减乘除以及开整数次方运算表示的解。阿贝尔-鲁菲尼定理决定了稳定性理论不可能建立在对高阶代数方程求解的基础上。

劳斯(Edward Routh,1831—1907,英国数学家)于 1876 年提出了一个不需要解出多项式方程即可判断方程是否有根位于右半复平面的判据。赫尔维茨(Adolf Hurwitz,1859—1919,

德国数学家)于 1895 年独立提出了一个等价的判据。这个判据被合称为"劳斯-赫尔维茨判据",它是先对多项式方程的系数作某种排列,再进行计算以判定右半平面解的个数的方法。

对多项式方程

$$a_n s^n + a_{n-1} s^{n-1} + \cdots + a_1 s + a_0 = 0 \tag{7-3}$$

劳斯的方法如下:

假设 $a_n > 0$。如果 $a_n < 0$,则先把原方程所有的系数乘以一个负数,比如 -1。根据上述系统稳定的必要条件,如果系统稳定,所有的系数都应该大于 0,所以如果这时发现有系数小于或等于 0,则可直接判定系统有极点在右半复平面或虚轴上。

然后把方程的系数作如下排列:

$$
\begin{array}{cccc}
s^n & a_n & a_{n-2} & a_{n-4} & \cdots \\
s^{n-1} & a_{n-1} & a_{n-3} & a_{n-5} & \cdots
\end{array}
$$

再对这两行系数进行运算,得到第 3 行数。以后每一新行都由对其上两行数据进行运算得到,最终得到劳斯阵列:

$$
\begin{array}{cccc}
s^n & a_n(b_{11}) & a_{n-2}(b_{12}) & a_{n-4}(b_{13}) & \cdots \\
s^{n-1} & a_{n-1}(b_{21}) & a_{n-3}(b_{22}) & a_{n-5}(b_{23}) & \cdots \\
s^{n-2} & b_{31} & b_{32} & \cdots & \\
s^{n-3} & b_{41} & b_{42} & \cdots & \\
\vdots & \vdots & & & \\
s^1 & b_{n,1} & & & \\
s^0 & b_{n+1,1} & & &
\end{array} \tag{7-4}
$$

其中第 3 行以后每个元素的运算方法为

$$b_{ij} = -\frac{1}{b_{i-1,1}} \begin{vmatrix} b_{i-2,1} & b_{i-2,j+1} \\ b_{i-1,1} & b_{i-1,j+1} \end{vmatrix}$$

劳斯判据:方程(7-3)所有的根都在左半复平面的充要条件是劳斯阵列(7-4)的第 1 列全部为正数。第 1 列数从上到下符号改变的次数等于方程处于右半复平面的根的个数。

例 7-1 某系统的闭环特征方程为 $s^5 + 2s^4 + 3s^3 + 5s^2 + 4s + 6 = 0$,为五次方程。首先检查各项的系数,均大于 0,满足所有极点位于左半复平面的必要条件。再列出劳斯阵列

$$
\begin{array}{ccc}
s^5 & 1 & 3 & 4 \\
s^4 & 2 & 5 & 6 \\
s^3 & 1/2 & 0 & \\
s^2 & 5 & 6 & \\
s^1 & -3/5 & 0 & \\
s^0 & 6 & &
\end{array}
$$

第 1 列不全为正数,可以判定系统不稳定。并且第 1 列前 4 个数为正数,第 5 个数变为负数,第 6 个数又变为正数,符号改变了两次,说明系统有两个极点位于右半复平面。用数学软件可解得这个系统的 5 个极点分别为:$p_1 = -1.78$,$p_{2,3} = 0.46 \pm 1.26\mathrm{i}$,$p_{4,5} = -0.57 \pm 1.24\mathrm{i}$。

例 7-2 对于方程(7-2),其中 $K=2$,劳斯阵列为

$$
\begin{array}{ccc}
s^3 & 6 & 6 \\
s^2 & 11 & 3 \\
s^1 & \dfrac{48}{11} & \\
s^0 & 3 &
\end{array}
$$

第 1 列均为正数,系统稳定。

例 7-3 对于方程(7-2),其中 $K=10$,计算劳斯阵列发现,第 3 行第 1 个元素为 0,这会导致计算第 4 行元素时发生"除以 0"的问题。在这种情况下把 0 当作一个极小的正数 ε,继续完成下面几行数据的计算:

$$
\begin{array}{ccc}
s^3 & 6 & 6 \\
s^2 & 11 & 11 \\
s^1 & 0(\varepsilon) & \\
s^0 & 11 &
\end{array}
$$

由于 ε 是正数,劳斯阵列第 1 列均为正数,因此系统没有极点位于右半复平面。但实际 ε 代表的是 0,说明系统有极点位于虚轴上。

例 7-4 某系统的闭环特征方程为 $s^5+2s^4+3s^3+4s^2+5s+6=0$,计算劳斯阵列如下。第 4 行第 1 个元素为 0,设其为极小的正数 ε,继续完成计算。

$$
\begin{array}{cccc}
s^5 & 1 & 3 & 5 \\
s^4 & 2 & 4 & 6 \\
s^3 & 1 & 2 & \\
s^2 & 0(\varepsilon) & 6 & \\
s^1 & -\infty & & \\
s^0 & 6 & &
\end{array}
$$

由于把第 4 行的"0"看作正数,第一列数的符号改变了两次,表明系统有两个极点位于右半复平面。

对阶次比较低的系统的稳定性,可以推出比较简单的结论如下:

对一阶方程 $a_1 s+a_0=0$,其中 $a_1>0$,显然极点为负值的充要条件是 $a_0>0$。

对二阶方程 $a_2 s^2+a_1 s+a_0=0$,其中 $a_2>0$,劳斯阵列为

$$
\begin{array}{ccc}
s^2 & a_2 & a_0 \\
s^1 & a_1 & \\
s^0 & a_0 &
\end{array}
$$

所以二阶系统稳定的充要条件是其特征多项式的所有系数都大于 0。

对三阶方程 $a_3 s^3+a_2 s^2+a_1 s+a_0=0$,其中 $a_3>0$,劳斯阵列为

$$
\begin{array}{ccc}
s^3 & a_3 & a_1 \\
s^2 & a_2 & a_0 \\
s^1 & \dfrac{a_1 a_2 - a_0 a_3}{a_2} & \\
s^0 & a_0 &
\end{array}
$$

所以三阶系统稳定的充要条件是其特征多项式的系数 $a_3>0$、$a_2>0$、$a_0>0$ 且 $a_1a_2>a_0a_3$。

例如对闭环特征方程(7-2)，要使系统稳定，应有

$$\begin{cases} 1+K>0 \\ 6(K+1)<11\times6 \end{cases}$$

即当 $K\in(-1,10)$ 时，系统稳定。

对特征方程(7-3)，赫尔维茨方法首先要构造 n 阶赫尔维茨行列式：

$$D=\begin{vmatrix} a_{n-1} & a_{n-3} & a_{n-5} & \cdots & 0 & 0 \\ a_n & a_{n-2} & a_{n-4} & \cdots & 0 & 0 \\ 0 & a_{n-1} & a_{n-3} & \cdots & 0 & 0 \\ \vdots & \vdots & \vdots & \ddots & \vdots & \vdots \\ \vdots & \vdots & \vdots & \cdots & a_1 & 0 \\ \vdots & \vdots & \vdots & \cdots & a_2 & a_0 \end{vmatrix}$$

其中主对角线元素从左上角到右下角依次为 $a_{n-1},a_{n-2},\cdots,a_1,a_0$，每一列元素从上到下按照系数 a_i 的下标递增排列，不存在的系数置为 0。

赫尔维茨判据：方程(7-3)所有的根都在左半复平面的充要条件是行列式 D 的各阶主子行列式均大于 0，即

$$D_1=a_{n-1}>0,D_2=\begin{vmatrix} a_{n-1} & a_{n-3} \\ a_n & a_{n-2} \end{vmatrix}>0,D_3=\begin{vmatrix} a_{n-1} & a_{n-3} & a_{n-5} \\ a_n & a_{n-2} & a_{n-4} \\ 0 & a_{n-1} & a_{n-3} \end{vmatrix}>0,\cdots,D_n=D>0$$

考虑劳斯阵列中的元素 b_{ij} 与赫尔维茨各主子行列式的关系：

主子行列式 D_1 的值即劳斯阵列的第 1 列第 2 个元素 b_{21}；

主子行列式的比值 D_2/D_1 为劳斯阵列第 1 列第 3 个元素：

$$\frac{D_2}{D_1}=\frac{1}{a_{n-1}}\begin{vmatrix} a_{n-1} & a_{n-3} \\ a_n & a_{n-2} \end{vmatrix}=b_{31}$$

主子行列式的比值 D_3/D_2 为劳斯阵列第 1 列第 4 个元素，对 D_3 按第 3 行作行列式展开得

$$D_3=a_{n-3}\begin{vmatrix} a_{n-1} & a_{n-3} \\ a_n & a_{n-2} \end{vmatrix}-a_{n-1}\begin{vmatrix} a_{n-1} & a_{n-5} \\ a_n & a_{n-4} \end{vmatrix}=a_{n-3}a_{n-1}b_{31}-a_{n-1}^2b_{32}$$

则有

$$\frac{D_3}{D_2}=a_{n-3}-\frac{a_{n-1}b_{32}}{b_{31}}=b_{41}$$

如此等等。因此劳斯判据与赫尔维茨判据是等价的。

习　　题

7-1　下列为几个系统的闭环传递函数，判断各系统是否稳定；在输入量为 0、输出量的初值不为 0 的情况下，输出量如何变化？

(1) $C(s) = \dfrac{1}{(s+1)(0.1s+1)}$ (2) $C(s) = \dfrac{1}{(s-1)(0.1s+1)}$

(3) $C(s) = \dfrac{1}{s(s+1)}$ (4) $C(s) = \dfrac{1}{s^2+s+4}$

(5) $C(s) = \dfrac{1}{s^2-s+4}$ (6) $C(s) = \dfrac{1}{(s^2+4)(s+1)}$

7-2 下列为几个单位反馈闭环系统的开环传递函数,用劳斯判据判断闭环系统的稳定性。

(1) $G(s) = \dfrac{10}{(s+1)(0.1s+1)}$ (2) $G(s) = \dfrac{10(0.3s+1)}{(s+1)(0.1s+1)^2}$

(3) $G(s) = \dfrac{5}{s(s+1)(0.1s+1)}$ (4) $G(s) = \dfrac{20}{s(s+1)(0.1s+1)}$

(5) $G(s) = \dfrac{20(0.3s+1)}{s(s+1)(0.1s+1)}$ (6) $G(s) = \dfrac{3s+1}{s^2(s+4)(s+1)}$

第8章

奈奎斯特稳定性判据

劳斯-赫尔维茨判据是根据一个系统的闭环特征方程判断其稳定性。对一个正在进行控制形式试探和参数设计的闭环系统,反复求取其闭环传递函数并用劳斯判据判别其稳定性并不方便。另外,一个系统是不是稳定属于性质上的问题,但是两个都稳定的系统,其稳定的程度可以不同。例如,一个系统在两组不同的控制参数下都是稳定的,但其中一组只要控制参数或被控对象的传递函数稍微变化一点系统就可能变得不稳定,而在另一组控制参数下则可以容忍系统发生相对较大的变化而仍然保持稳定,则第二组参数下系统的稳定性相对较好。用劳斯判据计算系统的相对稳定性是可行的,但是计算过程比较烦琐。所以劳斯判据在一个控制系统的设计方面并不容易应用。20 世纪 30 年代,一个不需要系统的闭环传递函数,只需要其开环传递函数就可以判断闭环稳定性,并且能够评价系统的相对稳定性的判据被提出,称为"奈奎斯特判据"。

8.1 映 射 定 理

奈奎斯特判据的推导需要利用"映射定理",本节对其进行说明。

关于传递函数的一般形式,参考式(3-64),如果允许因式中的系数为复数,则一个实系数二次多项式可以分解为两个一次多项式之积。式(3-64)可以改写为以下形式:

$$G(s) = \frac{c\prod\limits_{j=1}^{m}(s-z_j)}{\prod\limits_{i=1}^{n}(s-p_i)} \tag{8-1}$$

其中 z_j 和 p_i 分别为系统的零点和极点,可以是实数,也可以是复数;如果是复数,则式中必然还有一个与其共轭的复数零点或极点。

映射定理所表达的是 s 平面上的一条封闭曲线,经过一个关于 s 的复变函数 $F(s)$ 的映射,在 $F(s)$ 复平面上所具有的特征。为了说明映射定理,可以把式(8-1)分解为简单的情形分别进行分析。

1. $F(s) = s - z$

即只考虑 1 个零点,其中 z 为复数。显然这个映射只是对复变量 s 进行了一次坐标平移。如图 8-1(a)所示,在 s 平面上按照顺时针方向画一条封闭曲线 C,经过 $F(s)$ 映射后,在

$F(s)$ 平面上的曲线 C' 如图 8-1(b)所示。图中[s]和[F]分别表示 s 平面和 F 平面。

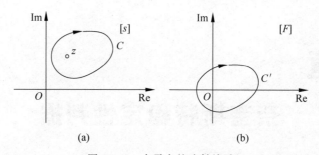

图 8-1　一个零点的映射关系

（a）s 平面上的顺时针封闭曲线；（b）映射到 F 平面上的曲线

如果 C 包围 z，则曲线 C' 包围原点一周，且其走向仍为顺时针方向；如果 C 不包围 z，则 C' 不包围原点。或者说如果 C 包围 z，则 C' 从起点到终点相对于原点的相位增量为 -2π；如果 C 不包围 z，则 C' 相对于原点的相位增量为 0。C' 是封闭曲线，可以把其上任意一点指定为起点。如果 C 穿过零点 z，则 C' 穿过原点；因为原点的相位可以取任意值，所以此处约定曲线 C 不穿过零点 z。

2. $F(s) = \prod\limits_{j=1}^{m} (s - z_j)$

$F(s)$ 共有 m 个零点，设曲线 C 包围了其中 k 个。几个复数相乘所得结果的相位为所有因子的相位的和，所以曲线 C' 从起点到终点相对于原点的相位增量为单独考虑曲线 C 经过每一个因式 $s - z_j$ 映射后相位增量之和。没有被曲线 C 包围的零点对最终相位增量的贡献为 0，被曲线 C 包围的每一个零点对相位增量的贡献为 -2π，因此 C' 的总相位增量应为 $-2k\pi$，或者说曲线 C' 顺时针包围原点 k 周。

例如，函数 $F(s) = (s+2.5)(s^2+2s+2) = (s+2.5)(s+1+\mathrm{i})(s+1-\mathrm{i})$ 有 3 个零点，在图 8-2(a)中，封闭曲线 U—V—W—X—U 包围了 $-1+\mathrm{i}$ 和 $-1-\mathrm{i}$ 两个零点，这条曲线经过 $F(s)$ 映射，成为图 8-2(b)的曲线 U'—V'—W'—X'—U'，顺时针包围原点两周。

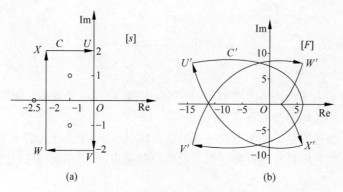

图 8-2　封闭曲线包围多个零点

（a）零点分布与封闭曲线；（b）映射到 F 平面上的曲线

3. $F(s) = 1/(s-p)$

$F(s)$ 只有 1 个极点，p 为复数。参考图 8-3，$1/(s-p)$ 的相位是 $(s-p)$ 的相位的负值，所以根据前述关于 $F(s)$ 只有 1 个零点的情况的讨论，如果曲线 C 不包围极点 p，则 C' 不包围原点；如果 C 包围 p，则曲线 C' 逆时针包围原点一周，或者说 C' 从起点到终点相对于原点的相位增量为 2π。另外，如果 C 穿过极点 p，则 $F(p)$ 的除数为 0，相位不确定，所以规定曲线 C 不得穿过极点 p。

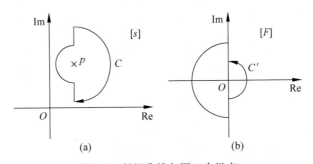

图 8-3　封闭曲线包围 1 个极点

（a）极点分布与封闭曲线；（b）映射到 F 平面上的曲线

4. $F(s) = 1 \bigg/ \prod\limits_{i=1}^{n} (s - p_i)$

$F(s)$ 共有 n 个极点，设曲线 C 包围了其中 l 个。C' 从起点到终点相对于原点的相位增量为单独考虑 C 经过每一个 $1/(s-p_i)$ 映射后的相位增量之和。因此 C' 的相位增量应为 $2l\pi$，或者说 C' 逆时针包围原点 l 周。

例如

$$F(s) = \frac{1}{(s+2)(s^2 - 2s + 2)} = \frac{1}{(s+2)(s-1+i)(s-1-i)}$$

有 3 个极点，在图 8-4(a) 中，封闭曲线 U—V—W—X—U 包围了 $1+i$ 和 $1-i$ 两个极点，这条曲线经过 $F(s)$ 映射，成为图 8-4(b) 所示的曲线 U'—V'—W'—X'—U'，逆时针包围原点两周。

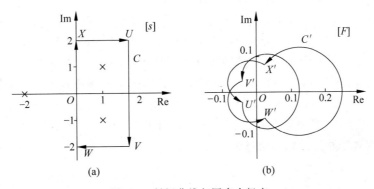

图 8-4　封闭曲线包围多个极点

（a）极点分布与封闭曲线；（b）映射到 F 平面上的曲线

综合以上第 2 和第 4 点可知,对于式(8-1)所表示的传递函数,s 平面上顺时针方向的封闭曲线如果包围了 $G(s)$ 的 k 个零点和 l 个极点,则映射在 $G(s)$ 平面上的曲线逆时针包围原点 $l-k$ 周。这就是映射定理。

8.2 奈奎斯特判据

奈奎斯特判据,又称斯特雷克-奈奎斯特判据,分别由德国电气工程师菲力克斯·斯特雷克(Felix Strecker,1892—1951)于 1930 年在西门子公司和瑞典及美国电气工程师哈里·奈奎斯特(Harry Nyquist,1889—1976)于 1932 年在贝尔电话实验室独立发现。

图 8-5 所示为单输入单输出反馈控制系统传递函数框图的一般形式。设

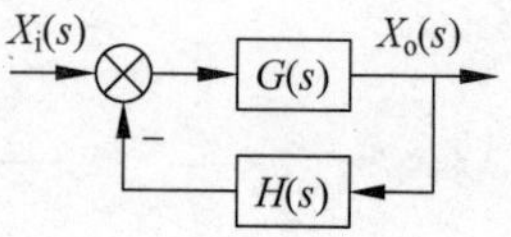

图 8-5 反馈控制系统

$$G(s) = \frac{N_1(s)}{D_1(s)}, \quad H(s) = \frac{N_2(s)}{D_2(s)}$$

其中 $N_1(s)$、$D_1(s)$、$N_2(s)$ 和 $D_2(s)$ 均为 s 的多项式。

系统的开环传递函数为

$$G(s)H(s) = \frac{N_1(s)N_2(s)}{D_1(s)D_2(s)} \tag{8-2}$$

系统的闭环传递函数为

$$\frac{G(s)}{1+G(s)H(s)} = \frac{\dfrac{N_1(s)}{D_1(s)}}{1+\dfrac{N_1(s)N_2(s)}{D_1(s)D_2(s)}} = \frac{N_1(s)D_2(s)}{D_1(s)D_2(s)+N_1(s)N_2(s)} \tag{8-3}$$

取函数 $F(s)$ 为系统的闭环特征函数,即

$$F(s) = 1+G(s)H(s) = \frac{D_1(s)D_2(s)+N_1(s)N_2(s)}{D_1(s)D_2(s)} \tag{8-4}$$

$F(s)$ 为开环传递函数加 1,其分子为系统的闭环特征多项式,分母为系统的开环特征多项式;或者说 $F(s)$ 的极点为系统的开环极点,零点为系统的闭环极点。

1. 虚轴上没有开环极点和闭环极点的情况

如图 8-6 所示,在 s 平面上沿虚轴从 $-\mathrm{j}\infty$ 到 $+\mathrm{j}\infty$ 作直线,再以原点为圆心,在右半平面上作半径无穷大的半圆从 $+\mathrm{j}\infty$ 绕回到 $-\mathrm{j}\infty$,构成顺时针方向的封闭曲线。这条曲线形如字母"D",包围了整个右半平面上任何可能存在的零点和极点,称其为 D 曲线。

考虑 D 曲线经过 $F(s)$ 映射,在 $F(s)$ 平面上的曲线 D' 包围原点的方向和圈数。设开环系统有 r 个右半平面极点,闭环系统有 c 个右半平面极点,根据式(8-4)可知,$F(s)$ 有 r 个右极点和 c 个右零点,全部被曲线 D 包围。根据映射定理,曲线 D' 逆时针包围原点的圈数为 $r-c$,或者说相对于原点的相位增量为

$$\Delta\phi = (r-c) \cdot 2\pi \tag{8-5}$$

由于 $F(s) = 1+G(s)H(s)$,所以曲线 D' 包围原点的圈数也就是 D 曲线经过开环传递函数 $G(s)H(s)$ 映射得到的曲线包围 $(-1, \mathrm{j}0)$ 点的圈数,如图 8-7 所示。把 D 曲线经过开环传递函数映射得到的曲线称为开环"奈奎斯特图"。

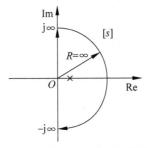

图 8-6　包围右半平面的曲线

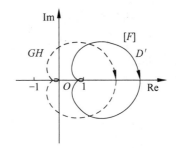

图 8-7　D 曲线经过 $F(s)$ 映射得到的
D' 曲线和经过开环传递函数
映射得到的奈奎斯特图

因为假定虚轴上没有闭环极点,所以闭环系统稳定的充要条件是闭环传递函数在右半 s 平面上没有极点,即 $c=0$。则闭环系统稳定的充要条件转换为:系统的开环奈奎斯特图逆时针包围 $(-1,j0)$ 点的圈数等于开环系统在右半平面上的极点的个数。

根据式(8-5)可知,如果一个系统开环传递函数有 r 个右半平面极点,开环奈奎斯特图相对于 $(-1,j0)$ 点的相位增量为 $\Delta\phi$,则可知闭环右极点的个数为

$$c = r - \frac{\Delta\phi}{2\pi} \tag{8-6}$$

在大部分情况下,开环系统在右半平面没有极点,这样的系统稳定的充要条件为其开环奈奎斯特图不包围 $(-1,j0)$ 点。

对于如何画出一个系统的奈奎斯特图,下一节再讨论,本节只讨论奈奎斯特判据。

例 8-1　一个闭环控制系统,开环传递函数为

$$G(s) = \frac{15}{(s+1)(s+2)(s+3)}$$

它的奈奎斯特图如图 8-8 所示。开环传递函数没有右极点,奈奎斯特图逆时针包围 $(-1,j0)$ 点的圈数为 0,或者说奈奎斯特图从起点到终点相对于 $(-1,j0)$ 点的相位增量为 0,因此闭环系统稳定。

例 8-2　一个闭环控制系统,开环传递函数为

$$G(s) = \frac{15}{(s-1)(s+2)(s+3)}$$

它的奈奎斯特图如图 8-9 所示。开环传递函数有 1 个右极点,奈奎斯特图顺时针包围 $(-1,j0)$ 点一周,或者说奈奎斯特图从起点到终点相对于 $(-1,j0)$ 点的相位增量为 -2π,因此闭环系统不稳定。并且,根据式(8-6)可知,闭环右极点的个数为 $c=1-(-2\pi)/2\pi=2$。

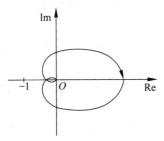

图 8-8　例 8-1 的奈奎斯特图

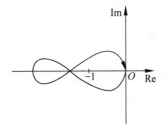

图 8-9　例 8-2 的奈奎斯特图

2. 虚轴上有闭环极点的情况

如果闭环传递函数在虚轴上有极点,则 D 曲线会穿过这些极点,或者说穿过式(8-4)表示的闭环特征函数 $F(s)$ 的零点。尽管映射定理要求曲线不得穿过零点或极点以避免映射曲线出现相位不确定的情况,但显然在 D 曲线穿越零点的情况下 D' 曲线会穿过原点,开环奈奎斯特图会穿过 $(-1,j0)$ 点。反过来说,如果一个系统的开环奈奎斯特图穿过 $(-1,j0)$ 点,则闭环系统有极点位于虚轴上。如果这些极点都是单极点,则系统是临界稳定的;如果这些极点中有多重极点,则系统是不稳定的。总之,一般来说,不希望出现开环奈奎斯特图穿过 $(-1,j0)$ 点的情况。

3. 虚轴上有开环极点的情况

系统在虚轴上有开环极点最常见的情况是开环为Ⅰ型及Ⅰ型以上系统,系统在原点有极点。D 曲线会穿过虚轴上的开环极点,在通过开环传递函数进行映射时出现以 0 为除数,D' 曲线相位不确定的情况。

例 8-3　一个单位反馈系统,开环传递函数为

$$G(s) = \frac{10}{s(0.1s+1)(0.05s+1)}$$

D 曲线穿过原点时,经过 $G(s)$ 映射,得到的点应为

$$G(0+j0) = \frac{10}{0+j0}$$

它是一个幅值无穷大、相位不确定的复数。用 MATLAB 软件画出其奈奎斯特图,如图 8-10 所示,可见曲线并不封闭,"包围原点几周"也就无从说起。

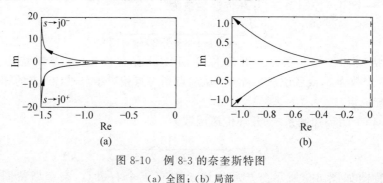

图 8-10　例 8-3 的奈奎斯特图
(a) 全图;(b) 局部

要解决这个问题,只有修改 D 曲线,使其不穿过开环极点。如图 8-11 所示,可以令 D 曲线从极点的左边或右边以半圆绕过去。这样就避免了"除以 0"的问题,映射曲线将具有确定的相位。

作 D 曲线的目的是把所有可能的闭环传递函数右极点全部包围进去。如果使用修改后的 D 曲线,奈奎斯特判据所能判断的只是修改后的曲线包围的范围内有几个闭环极点。因此,如果修改的 D 曲线从开环极点的右边绕过去,而这个半圆与虚轴之间有闭环极点(右极点),则实际闭环系统是不稳定的,但用奈奎斯特判据却可能得到"稳定"的结果。与此类似,如果修改的 D 曲线从开环极点的左边绕过去,而这个半圆与虚轴之间有闭环极点(左极点),则如果用奈奎斯特判据得到"闭环不稳定"的结果,也可能是因为误把半圆之内的左极点当作了右极点,而实际系统闭环是稳定的。

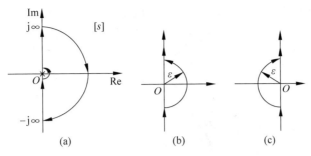

图 8-11　D 曲线的修改

（a）从极点右边绕过的曲线全图；（b）从极点右边绕过的曲线局部；（c）从极点左边绕过的曲线局部

因此，为了避免做出错误的判断，修改的 D 曲线在开环极点处所绕的半圆的半径必须趋于零，即只把开环极点这一个点绕过去。可以证明，闭环极点不可能与开环极点重合，因而使用修改后的 D 曲线虽然绕过了开环极点，但不会做出关于稳定性的错误判断，证明如下。参考开环传递函数（8-2）和闭环传递函数（8-3），假设 p 既为开环极点也为闭环极点，则有

$$\begin{cases} D_1(p)D_2(p)=0 \\ D_1(p)D_2(p)+N_1(p)N_2(p)=0 \end{cases}$$

则必然

$$N_1(p)N_2(p)=0$$

即 p 既为开环传递函数的极点，又为其零点。这会发生零点极点相消，因此根本不存在开环传递函数和闭环传递函数具有相同极点的可能性。

如果令修改的 D 曲线从虚轴上的开环极点的右侧绕过，相当于把这些开环极点作为"左极点"处理；如果令 D 曲线从左侧绕过，则相当于把这些极点作为"右极点"处理。

综合以上 3 点关于虚轴上有无开环和闭环极点的情况的讨论，可总结奈奎斯特判据如下：根据开环传递函数在虚轴上有无极点，采用 D 曲线或以无穷小半径绕过虚轴上极点的修改的 D 曲线，经过开环传递函数映射得到奈奎斯特图，闭环系统稳定的充要条件为奈奎斯特图逆时针包围 $(-1,\mathrm{j}0)$ 点的圈数等于被 D 曲线或修改后的 D 曲线所包围的开环极点的个数，或者说奈奎斯特图相对于 $(-1,\mathrm{j}0)$ 点的相角增量等于那些被包围的开环极点的个数乘以 2π；如果映射曲线穿过 $(-1,\mathrm{j}0)$ 点，则闭环系统是临界稳定或不稳定的。

8.3　奈奎斯特图的作图及判据应用

1. 一阶系统

如有负反馈系统如图 8-12 所示，判断闭环系统的稳定性。

开环系统为一阶，其传递函数为

$$G(s)=\frac{K}{Ts+1}$$

默认 $T>0$，因此开环传递函数右极点的个数为 0。为了判断闭环系统的稳定性，需要作出开环传递函数的奈奎斯特图。

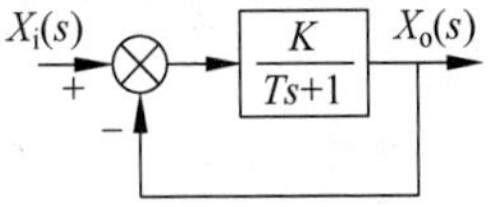

图 8-12　开环为一阶系统的负反馈系统

对于 D 曲线的大半圆上的点,$|s| \to \infty$,因此 $|G(s)| \to 0$,即开环传递函数把 D 曲线的大半圆映射到原点。对 D 曲线处于虚轴上的部分,即 $s = \mathrm{j}\omega$,有

$$G(\mathrm{j}\omega) = \frac{K}{1 + \mathrm{j}T\omega} = \frac{K(1 - \mathrm{j}T\omega)}{1 + T^2\omega^2} \tag{8-7}$$

也可以把 $G(\mathrm{j}\omega)$ 用模和辐角的形式表示,如果 $K > 0$,

$$G(\mathrm{j}\omega) = \frac{K}{\sqrt{1 + T^2\omega^2}} \angle (-\arctan T\omega) \tag{8-8}$$

如果 $K < 0$,

$$G(\mathrm{j}\omega) = \frac{|K|}{\sqrt{1 + T^2\omega^2}} \angle (\pi - \arctan T\omega)$$

确定 $G(\mathrm{j}\omega)$ 的辐角时应注意其实部和虚部的正负符号,按照其所在象限正确表示。

例如对 $K > 0$ 的情况,奈奎斯特图上的几个特殊点如表 8-1 所示。

表 8-1　一阶系统奈奎斯特图上的特征点

ω	0	$1/T$	∞	$-1/T$	$-\infty$
$G(\mathrm{j}\omega)$	$K\angle 0$	$\dfrac{K}{\sqrt{2}}\angle\left(-\dfrac{\pi}{4}\right)$	$0\angle\left(-\dfrac{\pi}{2}\right)$	$\dfrac{K}{\sqrt{2}}\angle\dfrac{\pi}{4}$	$0\angle\dfrac{\pi}{2}$

随着 ω 取值的变化,对应于 $G(\mathrm{j}\omega)$ 的点的轨迹形成奈奎斯特图,如图 8-13 所示。参考式(8-7),$\pm\omega$ 所对应的 $G(\mathrm{j}\omega)$ 与 $G(-\mathrm{j}\omega)$ 的实部相等,虚部相反,在复平面上的两个点关于实轴对称。图线上任意一点与点 $(K/2, \mathrm{j}0)$ 的距离为

$$K\sqrt{\left(\frac{1}{1 + T^2\omega^2} - \frac{1}{2}\right)^2 + \left(\frac{-T\omega}{1 + T^2\omega^2}\right)^2} = \frac{K}{2}$$

所以一阶系统的奈奎斯特图是一个圆,与虚轴在原点处相切。

在 $K > 0$ 的情况下,无论 K 取何值,奈奎斯特图逆时针围绕 $(-1, \mathrm{j}0)$ 点的圈数都是 0;开环传递函数右半平面上的极点个数为 0,故根据奈奎斯特判据,闭环系统总是稳定的。

如果 $K < 0$,则其奈奎斯特图如图 8-14 所示,注意其方向是顺时针的。

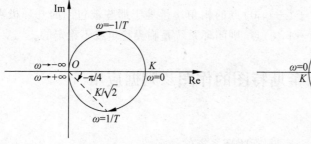
图 8-13　一阶系统的奈奎斯特图($K > 0$)

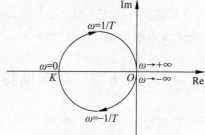
图 8-14　一阶系统的奈奎斯特图($K < 0$)

如果 $-1 < K < 0$,则奈奎斯特图相对于 $(-1, \mathrm{j}0)$ 的相角增量为 0,等于右极点个数乘以 2π,闭环系统稳定。

如果 $K < -1$,则奈奎斯特图会顺时针包围 $(-1, j0)$ 点一周,或者说相对于 $(-1, j0)$ 的相角增量为 -2π,不等于右极点个数乘以 2π,因此闭环系统不稳定。而且根据式(8-6)可知,闭环右极点的个数为 $c = 0 - (-2\pi)/2\pi = 1$。

当 $K < 0$ 时,图 8-12 所示系统可等效变换为图 8-15。注意环路部分的反馈极性变成了正的。环外的部分不影响闭环系统的稳定性。由上面的分析可知,只要 $-1 < K < 0$,闭环系统就是稳定的。所以正反馈的系统不一定是不稳定的。

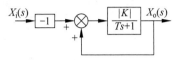

图 8-15　等效的正反馈系统($K < 0$)

2. 二阶系统

设系统如图 8-16 所示,其开环传递函数为二阶系统:

$$G(s) = \frac{K}{s^2 + 2\zeta\omega_n s + \omega_n^2} \tag{8-9}$$

其中 $\omega_n > 0$,大多数情况下 $\zeta > 0$。作其奈奎斯特图,讨论闭环系统稳定性与 K 值的关系。

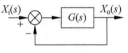

图 8-16　负反馈系统

当 $G(s)$ 的自变量 s 在 D 曲线的大半圆上取值时,$|s| \to \infty$,有 $|G(s)| \to 0$;当 s 在虚轴上取值时,有

$$
\begin{aligned}
G(j\omega) &= \frac{K}{\omega_n^2 - \omega^2 + j \cdot 2\zeta\omega_n\omega} \\
&= \frac{K(\omega_n^2 - \omega^2 - j \cdot 2\zeta\omega_n\omega)}{(\omega_n^2 - \omega^2)^2 + (2\zeta\omega_n\omega)^2} \\
&= \frac{K}{\sqrt{(\omega_n^2 - \omega^2)^2 + (2\zeta\omega_n\omega)^2}} \angle \phi
\end{aligned} \tag{8-10}
$$

其中当 $\omega \geq 0$ 时,ϕ 的取值为

$$
\phi = \begin{cases}
-\arctan\dfrac{2\zeta\omega_n\omega}{\omega_n^2 - \omega^2}, & 0 \leq \omega < \omega_n \\[2mm]
-\dfrac{\pi}{2}, & \omega = \omega_n \\[2mm]
-\pi + \arctan\dfrac{2\zeta\omega_n\omega}{\omega^2 - \omega_n^2}, & \omega > \omega_n
\end{cases} \tag{8-11}
$$

计算曲线上的几个特殊点,如表 8-2 所示。由式(8-10)第 2 行可见,$\pm\omega$ 对应的 $G(j\omega)$ 与 $G(-j\omega)$ 的实部相等,虚部相反,因此奈奎斯特图关于实轴对称。

表 8-2　二阶系统奈奎斯特图上的特征点

ω	0	ω_n	∞
$G(j\omega)$	$\dfrac{K}{\omega_n^2} \angle 0$	$\dfrac{K}{2\zeta\omega_n^2} \angle \left(-\dfrac{\pi}{2}\right)$	$0 \angle (-\pi)$

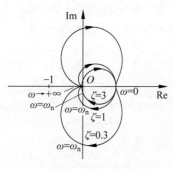

图 8-17　二阶系统的奈奎斯特图

用 MATLAB 作出 $\omega_n = 1\ \text{s}^{-1}$，$K = 1$，阻尼比分别为 0.3、1 和 3 时的奈奎斯特图，如图 8-17 所示。可见 ω 在 $(0, +\infty)$ 范围内对应的曲线位于第四、第三象限，当 $\omega \to +\infty$ 时，曲线以相位 $-\pi$，即从实轴负半轴方向趋向原点。

由于 $\zeta > 0$，因此开环传递函数右极点的个数为 0；由图 8-17 可见，只要 $K > 0$，无论 K 取何值，奈奎斯特图都不可能包围 $(-1, \text{j}0)$ 点。因此在 $\zeta > 0$，$K > 0$ 的情况下，闭环系统总是稳定的。而且 $K < 0$ 情况下的奈奎斯特图与 $K > 0$ 情况下的图形关于原点中心对称，因此只要 $K > -\omega_n^2$，奈奎斯特图相对 $(-1, \text{j}0)$ 点的相位增量就是 0，闭环系统就是稳定的。

3. Ⅰ型系统

设一个Ⅰ型系统的开环传递函数为

$$G(s) = \frac{K}{s(Ts + 1)}$$

其中 $K > 0$，作其奈奎斯特图。

对 $s = \text{j}\omega$，有

$$G(\text{j}\omega) = \frac{K}{-T\omega^2 + \text{j}\omega} = \frac{1}{\omega} \cdot \frac{K(-T\omega - \text{j}1)}{T^2\omega^2 + 1}$$

当 $\omega > 0$ 时，有

$$G(\text{j}\omega) = \frac{1}{\omega} \cdot \frac{K}{\sqrt{T^2\omega^2 + 1}} \angle \left(-\pi + \arctan\frac{1}{T\omega} \right)$$

当 $\omega = 0$ 时，会有以 0 为除数的问题，但

$$G(\text{j}0^+) = -KT - \text{j}\infty = \infty \angle (-\pi/2)$$

当 $\omega \to +\infty$ 时，

$$G(\text{j}\omega) \to 0 \angle (-\pi)$$

即这个传递函数的奈奎斯特图对应 $\omega > 0$ 的部分存在于第三象限，起点在负虚轴方向无穷远处，终点为原点，且是从负实轴方向接近的。

由 $G(\text{j}\omega)$ 的表达式可见，$G(-\text{j}\omega)$ 与 $G(\text{j}\omega)$ 的实部相等，虚部相反。以 $K = 10$，$T = 1$ 为例，作其奈奎斯特图如图 8-18 所示。

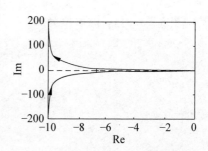

图 8-18　一个Ⅰ型系统的奈奎斯特图

4. 一般系统奈奎斯特图的特征

考虑如下一般形式的传递函数的奈奎斯特图的特征，其中分子、分母多项式的所有系数都大于或等于 0，$n \geqslant m$：

$$G(s) = \frac{b_m s^m + b_{m-1} s^{m-1} + \cdots + b_1 s + b_0}{s^\lambda (s^{n-\lambda} + a_{n-1} s^{n-\lambda-1} + \cdots + a_1 s + a_0)} \tag{8-12}$$

D 曲线的大半圆部分上的点对应的复数的模为无穷大，即 $|s| \to \infty$。对传递函数分母阶次高于分子即 $n > m$ 的情形，由式（8-12）可得，D 曲线的大半圆映射后

$$\left. |G(s)| \right|_{s \to \infty} \approx \left. \left| \frac{b_m s^m}{s^n} \right| \right|_{s \to \infty} = 0$$

即大半圆映射到原点。对 $n=m$ 的情形，$|G(s)|\to b_m$，即大半圆映射到实轴上某个点。

D 曲线处于虚轴上的部分对应复数 $s=\mathrm{j}\omega$，其中 $\omega\in(-\infty,+\infty)$。对 $\omega=0^+$，有

$$G(\mathrm{j}0^+)=\frac{b_0}{a_0(\mathrm{j}0^+)^\lambda}=\infty\angle\left(-\lambda\,\frac{\pi}{2}\right)$$

即如果从 $\omega=0^+$ 开始画奈奎斯特图，则起点的相位为开环传递函数的型次与 $-\pi/2$ 之积。注意这并不意味着奈奎斯特图总是开始于实轴或虚轴上的某个点，因为可能 $G(\mathrm{j}0^+)$ 的实部或虚部为 $\pm\infty$，而虚部或实部为有限的值。如上述 I 型系统的例子。

对 $\omega\to\infty$ 且 $n>m$ 的情况，

$$G(\mathrm{j}\omega)\to\frac{b_m(\mathrm{j}\omega)^m}{(\mathrm{j}\omega)^n}=0\angle(n-m)\left(-\frac{\pi}{2}\right)$$

即曲线到达原点时的辐角等于传递函数分母与分子阶次之差与 $-\pi/2$ 之积。

把式(8-12)的分子和分母多项式分别分解为一次及二次实系数因式之积，则又可以表示为

$$G(s)=\frac{c\,\Pi_k(s-z_k)\,\Pi_l(s^2-2\sigma_l s+\omega_l^2)}{s^\lambda\,\Pi_i(s-p_i)\,\Pi_j(s^2-2\sigma_j s+\omega_j^2)} \tag{8-13}$$

其中的因式 s 只是一次因式的一种特殊形式。考虑取 $s=\pm\mathrm{j}\omega$ 的情况下式(8-13)中的两种因式如下：

对一次因式 $s-r$，取 $s=\pm\mathrm{j}\omega$ 时分别得到 $-r\pm\mathrm{j}\omega$；

对二次因式 $s^2-2\sigma s+p^2$，取 $s=\pm\mathrm{j}\omega$ 时分别得到 $p^2-\omega^2\mp\mathrm{j}\cdot2\sigma\omega$。

因此式(8-13)的分子和分母中所有因式对 $s=\pm\mathrm{j}\omega$ 都会得到实部相等、虚部相反的结果，或者说模相等、辐角相反。

复数相乘的结果为各因子的模相乘、辐角相加，复数相除的结果为模相除、辐角相减。所以 $G(\mathrm{j}\omega)$ 与 $G(-\mathrm{j}\omega)$ 的模相等、辐角相反。或者说任何传递函数的奈奎斯特图都关于实轴对称。这一结果已在本节前面的内容中得到体现。

5. 0 型三阶系统

设图 8-16 中的传递函数

$$G(s)=\frac{4}{s^3+2s^2+3s+4}$$

用奈奎斯特判据判断系统的稳定性。

开环系统有几个右极点？这里可以使用劳斯判据判断开环右极点的个数。列出劳斯阵列

$$
\begin{array}{c|cc}
s^3 & 1 & 3 \\
s^2 & 2 & 4 \\
s^1 & 1 & \\
s^0 & 4 &
\end{array}
$$

第一列数字全部为正数，因此开环传递函数没有右极点。

奈奎斯特图关于实轴对称，所以只需要画出对应 $\omega\geqslant0$ 的曲线部分，再作对称曲线即可。首先计算奈奎斯特图上的几个特殊点：

$$\omega=0,\quad G(\mathrm{j}0)=1\angle0$$

$$\omega\to\infty,\quad G(\mathrm{j}\omega)\approx\frac{4}{(\mathrm{j}\omega)^3}\to0\angle\left(-\frac{3}{2}\pi\right)$$

ω 从 0 到 $+\infty$,奈奎斯特曲线起始于正实轴,终止于原点,且到达原点时曲线应来自虚轴正半轴方向,相位趋于 $-3\pi/2$。$G(j\omega)$ 的幅值和相位都是随 ω 连续变化的,因此曲线总体上应该依次经过第四、第三和第二象限。抛开这个具体的例子,一般地说,相位的连续变化当然并不意味着单调变化,而是取决于具体传递函数的零点和极点分布。曲线穿过实轴负半轴的位置非常重要,因为曲线是从 $(-1,j0)$ 点的左边还是右边经过将决定闭环系统的稳定性。以下尝试解出曲线穿过负实轴的位置。

奈奎斯特图与实轴的交点发生在 $G(j\omega)$ 的虚部为 0 时。由

$$G(j\omega) = \frac{4}{(j\omega)^3 + 2(j\omega)^2 + 3(j\omega) + 4}$$

$$= \frac{4}{4 - 2\omega^2 + j(3\omega - \omega^3)}$$

$$= \frac{4[4 - 2\omega^2 - j(3\omega - \omega^3)]}{(4 - 2\omega^2)^2 + (3\omega - \omega^3)^2} \tag{8-14}$$

令分子的虚部为 0,即 $3\omega - \omega^3 = \omega(3 - \omega^2) = 0$,解得 $\omega = 0$ 或 $\omega = \pm\sqrt{3}$。其中 $\omega = 0$ 对应的点即曲线的起点,位于正实轴。而 $G(\sqrt{3}j) = G(-\sqrt{3}j) = -2$,因此奈奎斯特曲线是从 $(-1,j0)$ 点的左侧穿过负实轴的。

由以上 3 个特殊点的计算和对曲线趋势的判断,可以大致勾画出这个系统的开环传递函数在 $\omega > 0$ 的部分,即 D 曲线上正半虚轴部分对应的奈奎斯特图。由于 $\omega < 0$ 部分的奈奎斯特图与 $\omega > 0$ 的部分关于实轴对称,因此整体奈奎斯特图应大致如图 8-19(a)所示。用 MATLAB 画出的精确的奈奎斯特图则如图 8-19(b)所示。通过对几个关键点的计算和总体趋势的判断画出的奈奎斯特图并不精确,但足以用于进行系统稳定性的判别。

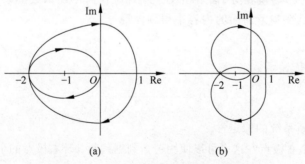

图 8-19 一个 0 型三阶系统的奈奎斯特图

(a) 示意图;(b) 精确图形

此系统的开环传递函数没有右极点,如果闭环系统稳定,奈奎斯特图相对 $(-1,j0)$ 点的相位增量应为 0。现奈奎斯特图以顺时针方向绕 $(-1,j0)$ 点两周,因此闭环系统不稳定。

事实上,只要开环奈奎斯特图顺时针方向包围 $(-1,j0)$ 点,闭环系统就不稳定。因为由式(8-6),闭环右极点的数量等于开环右极点的数量与奈奎斯特图顺时针包围 $(-1,j0)$ 点的圈数之和,所以只要开环奈奎斯特图以顺时针方向包围原点,闭环右极点的数量就至少有包围的圈数那么多个。

6. 虚轴上有开环极点的情况

8.3 节已经论述,当有开环极点位于虚轴上时,则应修改 D 曲线,绕过这些极点。参考图 8-11,可以用 $s=\varepsilon e^{j\theta}$ 来描述小半圆部分的轨迹,ε 为半圆的半径,其中 $\varepsilon \to 0$,θ 为相角。需要考虑的是用 $s=\varepsilon e^{j\theta}$ 代替 $s=0$ 后,这一段小半圆经过开环传递函数映射所得的轨迹。

设图 8-16 所示系统中,

$$G(s)=\frac{10}{s(0.1s+1)(0.05s+1)}$$

作其奈奎斯特图,判断系统的稳定性。

系统的开环传递函数在原点有一个极点,为 Ⅰ 型三阶系统,没有零点。可以判断,$\omega=0^{+}$ 对应的模为无穷大,相位为 $-\pi/2$;传递函数的分母为三阶,分子为 0 阶,故 $\omega \to \infty$ 时奈奎斯特图以 $-3\pi/2$ 相角到达原点。

将 $s=\varepsilon e^{j\theta}$ 代入 $G(s)$ 的表达式,注意当 $\varepsilon \to 0$ 时,有

$$G(s) \approx \frac{10}{\varepsilon e^{j\theta}}=\infty e^{-j\theta}$$

设令小半圆从原点右侧绕过,即 θ 从 $-90°$ 增大到 $90°$,则小半圆经过开环传递函数映射为半径无穷大、相角从 $90°$ 减小到 $-90°$ 的半圆。

为了求奈奎斯特图与实轴的交点,令 $s=j\omega$,有

$$G(j\omega)=\frac{10}{j\omega(0.1j\omega+1)(0.05j\omega+1)}$$

$$=\frac{10[-0.15\omega^2-j(1-0.005\omega^2)]}{\omega^2(1+0.01\omega^2)(1+0.0025\omega^2)}$$

令 $G(j\omega)$ 的虚部为零,即 $\omega(1-0.005\omega^2)=0$,解得 $\omega=0$ 或 $\omega=\pm 10\sqrt{2}\,\mathrm{s}^{-1}$。显然与负实轴相交处应为后者。将 $\omega=10\sqrt{2}\,\mathrm{s}^{-1}$ 代入 $G(j\omega)$,求得 $G(j10\sqrt{2})=-1/3$,即交点为 $(-1/3,j0)$。定性画出系统的奈奎斯特图,如图 8-20(a) 所示。开环传递函数只有左极点和原点处的极点,小半圆从原点右边绕过,没有把原点处的极点包围进 D 曲线,相当于把它当作了左极点。奈奎斯特图没有包围 $(-1,j0)$ 点,故闭环系统稳定。

也可以让小半圆从原点左边绕过。这时 θ 从 $-90°$ 减小到 $-270°$,则开环传递函数把小半圆映射为半径无穷大、相角从 $90°$ 增大到 $270°$ 的半圆,如图 8-20(b) 所示。从原点左边绕,把原点处的极点包围进了 D 曲线,把它当成了右极点;奈奎斯特图逆时针围绕 $(-1,j0)$ 点一周,故结论仍是闭环系统稳定。

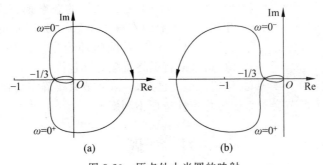

图 8-20　原点处小半圆的映射

(a) 小半圆从原点右边绕;(b) 小半圆从原点左边绕

对Ⅱ型以上系统,仍用上述方法处理。如果令小半圆从原点右边绕过,则其为逆时针方向,映射得到的大半圆为顺时针方向;如果令小半圆从原点左边绕过,则大半圆为逆时针方向。

7. 包含延迟环节的情况

延迟环节的传递函数为 $G(s) = e^{-\tau s}$,其中 τ 为延迟时间。令 $s = j\omega$,有

$$G(j\omega) = e^{-j\tau\omega} = \cos\tau\omega - j\sin\tau\omega = 1\angle(-\tau\omega)$$

其模恒为 1,相角则随 ω 改变。即 D 曲线处于虚轴上的部分映射为单位圆,且方向为顺时针,$\omega = 0$ 时映射点为 $(1, j0)$,$\omega \to \infty$ 时映射点的相角为 $-\infty$。

把 D 曲线上大半圆的部分表示为 $s = R\cos\theta + j \cdot R\sin\theta$,其中 $R \to +\infty$,θ 从 $\pi/2$ 减小到 $-\pi/2$。则对应的传递函数为

$$G(s) = \exp(-\tau R\cos\theta) \cdot \exp(-j \cdot \tau R\sin\theta)$$

当 $\theta = \pm\pi/2$ 时,$G(s)$ 的模为 1,相角为 $\mp\infty$;在 θ 从 $\pi/2$ 减小到 $-\pi/2$ 的过程中,$G(s)$ 的模为 0,即大半圆映射到原点,相角由 $-\infty$ 增大到 $+\infty$。可以想象,在 $\theta = \pm\pi/2$ 处映射点的模分别发生了急速的收缩和扩攻。

总体上,将延迟环节的奈奎斯特图示意于图 8-21。

设有一个系统,开环通道为一个一阶系统串联一个延迟环节,开环传递函数为

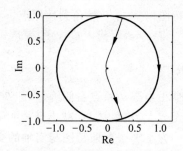

图 8-21 延迟环节的奈奎斯特图(示意)

$$G(s) = \frac{K}{Ts + 1} \cdot e^{-\tau s}$$

这个传递函数不是有理分式的形式,但仍可以作其奈奎斯特图,用奈奎斯特判据判断闭环系统的稳定性。

计算奈奎斯特图上的几个特征点,如表 8-3 所示。

表 8-3　特征点

ω	0	$1/T$	∞
$G(j\omega)$	$K\angle 0$	$\dfrac{K}{\sqrt{2}}\angle\left(-\dfrac{\pi}{4} - \dfrac{\tau}{T}\right)$	$0\angle(-\infty)$

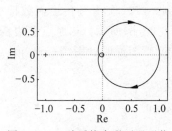

图 8-22　一阶系统串联延迟环节后的奈奎斯特图

考虑 $G(j\omega)$,当 ω 从 0 增大到 $+\infty$ 时,一阶环节的幅值由 K 减小到 0,相位由 0 减小到 $-\pi/2$;延迟环节 $e^{-\tau s}$ 在这个范围内的模为 1,但相位由 0 减小到 $-\infty$,所以一阶环节与延迟环节串联后,最小相位由 $-\pi/2$ 变为 $-\infty$。比如 $K = 1, T = 1, \tau = 0.1$,系统的奈奎斯特图如图 8-22 所示。开环传递函数的右极点个数为 0,图示的奈奎斯特图没有包围 $(-1, j0)$ 点,系统闭环稳定。但如果持续增大 K 的值,奈奎斯特图终将顺时针包围 $(-1, j0)$ 点,系统闭环将不稳定。前文已述,一阶环节只要静态增益为正,闭环都是稳定的,可见串联延迟环节会对系统的稳定性造成不利影响。

习　题

用奈奎斯特稳定性判据判断第 7 章习题 7-2 中系统的稳定性。

第9章

系统的频率响应特性

9.1 频率响应特性

令一个系统的输入为正弦信号,且频率和幅值都恒定,经过无限长时间后,如果系统输出的正弦信号的幅值和相对输入信号的相位趋于恒定,则系统对这个频率的正弦信号的响应幅值和相位是确定的。但系统对于不同频率的正弦输入,响应的幅值和相位很可能不同。输出信号的幅值和相位随频率的变化规律称为这个系统的频率响应特性。这里的系统一般指线性系统。

设线性系统的传递函数为

$$G(s) = \frac{c \Pi_k (s - z_k) \Pi_l (s^2 - 2\sigma_l s + \omega_l^2)}{\Pi_i (s - p_i) \Pi_j (s^2 - 2\sigma_j s + \omega_j^2)} \tag{9-1}$$

输入信号为正弦函数 $\sin\omega t$,其拉普拉斯变换为

$$X_i(s) = \frac{\omega}{s^2 + \omega^2}$$

输出信号的拉普拉斯变换为

$$X_o(s) = G(s) \cdot \frac{\omega}{s^2 + \omega^2}$$

$$= \frac{c \Pi_k (s - z_k) \Pi_l (s^2 - 2\sigma_l s + \omega_l^2)}{\Pi_i (s - p_i) \Pi_j (s^2 - 2\sigma_j s + \omega_j^2)} \cdot \frac{\omega}{s^2 + \omega^2} \tag{9-2}$$

$X_o(s)$ 可展开为

$$X_o(s) = \frac{a_c s + a_s}{s^2 + \omega^2} + \frac{a_{11}}{s - p_1} + \frac{a_{12}}{s - p_2} + \cdots + \frac{a_{21}}{(s - p_1)^2} + \frac{a_{22}}{(s - p_2)^2} + \cdots +$$

$$\frac{b_{11} s + c_{11}}{s^2 - 2\sigma_1 s + \omega_1^2} + \frac{b_{12} s + c_{12}}{s^2 - 2\sigma_2 s + \omega_2^2} + \cdots +$$

$$\frac{b_{21} s + c_{21}}{(s^2 - 2\sigma_1 s + \omega_1^2)^2} + \frac{b_{22} s + c_{22}}{(s^2 - 2\sigma_2 s + \omega_2^2)^2} + \cdots + \cdots \tag{9-3}$$

其中分母为 $(s - p_i)^r$、$(s^2 - 2\sigma_j s + \omega_j^2)^r$ 的项对应于存在 r 重极点的情况,第一项对应于对正弦激励的响应。与系统的极点相关的各种形式的分式的像原函数参考附录表 A-1 及

式(3-16)。如果系统存在正实部极点,则系统的响应中必然有幅值随时间至少以自然指数的形式发散的分量;如果系统存在实部为 0 的极点,则响应中会出现常值,或与输入频率无关的等幅振荡。因此只有在系统的极点都具有负实部的条件下,式(9-3)中除了相应于正弦输入信号的响应,其他分式对应的像原函数都随时间衰减到 0,系统的输出才能够成为与输入相关的、幅值和相位都恒定的正弦函数。

下面求解 a_c 和 a_s 的值。由

$$X_o(s)(s^2+\omega^2)=G(s) \cdot \frac{\omega}{s^2+\omega^2} \cdot (s^2+\omega^2)$$

得 $(a_c s+a_s)\big|_{s=j\omega}=G(s)\omega\big|_{s=j\omega}$,即

$$ja_c\omega+a_s=G(j\omega)\omega$$

设 $G(j\omega)=G_R(j\omega)+jG_I(j\omega)$,其中 $G_R(j\omega)$ 和 $G_I(j\omega)$ 均为实函数,则

$$\begin{cases} a_s=G_R(j\omega)\omega \\ a_c=G_I(j\omega) \end{cases} \tag{9-4}$$

则稳态响应

$$\begin{aligned}
x_\infty(t) &= L^{-1}\left[G_I(j\omega)\frac{s}{s^2+\omega^2}+G_R(j\omega)\frac{\omega}{s^2+\omega^2}\right] \\
&= G_I(j\omega)\cos\omega t+G_R(j\omega)\sin\omega t \\
&= \sqrt{G_I(j\omega)^2+G_R(j\omega)^2} \cdot \sin\{\omega t+\angle[G_R(j\omega)+jG_I(j\omega)]\} \tag{9-5}
\end{aligned}$$

式(9-5)意味着系统对正弦激励信号 $\sin\omega t$ 的稳态响应仍为正弦形式,两者的角频率相等,响应与激励的幅值之比等于系统的传递函数在 $s=j\omega$ 处的复数值的模,响应与激励的相位差等于系统的传递函数在 $s=j\omega$ 处的复数值的相角。即系统的频率响应特性可表示为

$$\begin{cases} A(\omega)=|G(j\omega)| \\ \phi(\omega)=\angle G(j\omega) \end{cases} \tag{9-6}$$

其中,$A(\omega)$ 为幅值增益与频率的关系,简称幅频特性;$\phi(\omega)$ 为相位差与频率的关系,简称相频特性。

用任一角频率为 ω 的正弦信号激励一个系统,系统稳态响应信号的幅值和相位都可以应用式(9-6)求得。

$G(j\omega)$ 称为系统的**频率响应函数**。显然,频率响应函数是令系统传递函数的自变量在虚轴上取值得到的以角频率为自变量的复函数,也就是作奈奎斯特图时虚轴经过传递函数映射所得到的结果。或者说,$G(s)$ 是定义在整个复平面上的复数曲面,$G(j\omega)$ 是垂直于复平面且通过虚轴的平面与这个复数曲面的交线。

频率响应函数既可以频率为自变量,也可以角频率为自变量,在控制上多用角频率。有时为了表达简洁,在不引起混淆的前提下把角频率简称为频率。

9.2 伯 德 图

奈奎斯特图就是系统频率响应特性的一种图形化表示,图上任一点相对于原点的距离和相角即某一角频率下系统的响应相对于激励的幅值增益和相位差,只是这一点对应的角频率一般是不直观的。实际信号的角频率都大于或等于 0,以角频率为横轴,分别以幅值增

益和相位为纵轴作出幅频、相频特性,则可以清晰地表示出系统的响应特性随角频率的变化。如果角频率和幅值增益都取对数坐标,则这样的图形称为"伯德图"(Bode plot,Bode diagram)。伯德图由亨德里克·韦德·伯德(Hendrik Wade Bode,1905—1982,美国工程师、研究员、发明家、作家和科学家)构想于 20 世纪 30 年代。

伯德图由幅频和相频两副图上下排列而成,横轴取角频率或频率的对数坐标。相频图的纵轴以度或弧度为单位。幅频图的纵轴则对幅值增益取以 10 为底的对数并乘以 20,单位为"分贝"(dB),即

$$L(\omega) = 20\lg|G(\mathrm{j}\omega)| \tag{9-7}$$

"分贝"的来源如下:一个信号 x,其功率定义为 x^2。为了对比两个信号强度的高低,对它们的功率求比值;由于功率比的可能范围很大,故对功率比求以 10 为底的对数。设基准信号的功率为 1,则对信号 x 的强度的评价为 $\lg x^2 = 2\lg|x|$,单位命名为"贝"(bel,简写为 B)。这是为了纪念亚历山大·格雷厄姆·贝尔(Alexander Graham Bell,1847—1922,苏格兰著名的科学家、发明家、工程师和创新者,被认为发明了第一部实用电话)。"贝"这个单位太大,常用它的 1/10 作单位,即"分贝"(decibel,简写为 dB),因此求对数后前面的乘数改为 20。

以下讨论伯德图的作图方法,其中默认 $\omega \geqslant 0$。

1. 微分环节和积分环节

微分环节的传递函数为 $G(s) = s$,频率响应函数为 $G(\mathrm{j}\omega) = \mathrm{j}\omega$。显然频率响应函数的模正比于角频率,相位为 $+90°$。取几个角频率的值,计算其对应幅值增益的分贝数,见表 9-1,画出其伯德图如图 9-1 所示。

表 9-1　微分环节的幅频特性

角频率 $\omega/(\mathrm{rad/s})$	0.1	1	10	100
幅值增益 $L(\omega)/\mathrm{dB}$	-20	0	20	40

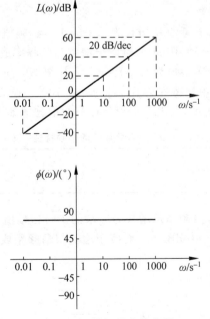

图 9-1　微分环节的伯德图

由表 9-1 及图 9-1 可见,角频率每增大为原来的 10 倍,幅值增益提高 20 dB。幅频特性表现为直线,直线的斜率为 20 dB/10 倍频,可记作"20 dB/dec"。注意这样的斜率实际对应于增益与角频率成正比的关系。

设某积分环节的传递函数为 $G(s)=k_1/s$,其频率响应函数为 $G(\mathrm{j}\omega)=k_1/(\mathrm{j}\omega)$,幅频特性为 $|G(\mathrm{j}\omega)|=k_1/\omega$,相频特性为 $\angle G(\mathrm{j}\omega)=-90°$。设 $k_1=5$,计算几个角频率处的幅值增益分贝值,如表 9-2 所示,画出积分环节的伯德图如图 9-2 所示。

表 9-2   积分环节的幅频特性

角频率 $\omega/(\mathrm{rad/s})$	0.1	1	10	100
幅值增益 $L(\omega)/\mathrm{dB}$	34	14	-6	-26

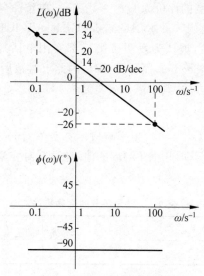

图 9-2   积分环节的伯德图

由表 9-2 及图 9-3 可见,角频率每增长为原来的 10 倍,幅值增益降低 20 dB。幅频特性表现为直线,直线的斜率为 -20 dB/dec,对应于增益与角频率成反比的关系。

设某二重积分环节的传递函数为 $G(s)=k/s^2$,其频率响应函数为 $G(\mathrm{j}\omega)=-k/\omega^2$,幅频特性为 $|G(\mathrm{j}\omega)|=k/\omega^2$,相频特性为 $\angle G(\mathrm{j}\omega)=-180°$。设 $k=5$,计算几个角频率处的幅值增益分贝值,如表 9-3 所示,画出二重积分环节的伯德图如图 9-3 所示。

表 9-3   积分环节的幅频特性

角频率 $\omega/(\mathrm{rad/s})$	0.1	1	10	100
幅值增益 $L(\omega)/\mathrm{dB}$	54	14	-26	-66

由表 9-3 及图 9-3 可见,角频率每增长为原来的 10 倍,幅值增益降低 40 dB。幅频特性表现为直线,直线的斜率为 -40 dB/dec,对应于增益与角频率成平方反比的关系。

2. 一阶系统

设一阶系统的传递函数为

$$G(s)=\frac{1}{Ts+1}$$

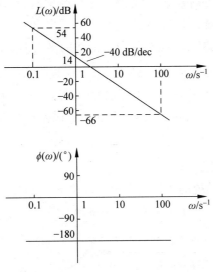

图 9-3　二重积分环节的伯德图

其频率响应特性如式(8-8)所示。计算几个角频率处系统的增益和相位,如表 9-4 所示,画出伯德图如图 9-4 所示。

表 9-4　一阶系统的频率特性

ω	$\dfrac{0.01}{T}$	$\dfrac{0.1}{T}$	$\dfrac{0.3}{T}$	$\dfrac{1}{T}$	$\dfrac{3}{T}$	$\dfrac{10}{T}$	$\dfrac{100}{T}$	$\dfrac{\infty}{T}$
$\mid G(\mathrm{j}\omega)\mid$	1.000	0.995	0.958	$1/\sqrt{2}$	0.316	0.100	0.010	0
$20\lg\mid G(\mathrm{j}\omega)\mid$ /dB	-0.00	-0.04	-0.37	-3.01	-10.00	-20.04	-40.00	$-\infty$
$\angle G(\mathrm{j}\omega)$ /(°)	-0.57	-5.71	-16.70	-45	-71.57	-84.29	-89.43	-90

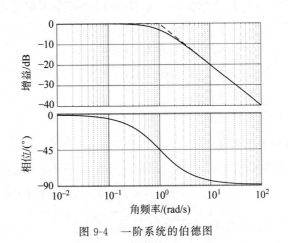

图 9-4　一阶系统的伯德图

由式(8-8)可见,当 $\omega<1/T$ 时,有 $T^2\omega^2<1$,$\mid G(\mathrm{j}\omega)\mid\approx K$,增益近乎常数;当 $\omega>1/T$ 时,有 $T^2\omega^2>1$,$\mid G(\mathrm{j}\omega)\mid\approx K/(T\omega)$,增益近乎与角频率成反比关系。所以一阶系统的幅频特性曲线可以近似以两段直线段拼接:当角频率低于 $1/T$ 时,线段斜率为 0;当角频率

高于 $1/T$ 时,线段斜率为 -20 dB/dec。如图 9-4 中的虚线,称为幅频特性折线图。线段的转折点在 $\omega = 1/T$ 处,称为转角频率。

一阶系统幅频折线图相对于精确幅频特性曲线的最大误差出现在转角频率处:增益的精确值为 $1/\sqrt{2}$,或 -3 dB;在折线图上则为 1,或 0 dB。两者间的相对误差约 30%。在测量领域中,数值上 30% 的误差基本上是不可接受的,但是在控制领域,由于控制系统必须具备适应一定程度的系统参数变化的能力,这个程度的误差至少在粗略分析和设计系统时是完全可以接受的。

3. 二阶系统

以式(8-9)表示的二阶系统的频率响应特性如式(8-10)和式(8-11)所示。

设 $\omega_n = 1$ s^{-1},$K=1$,令 ζ 分别等于 0.1、0.3、0.5、0.7、1.0,画出伯德图如图 9-5 所示。

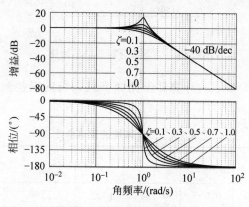

图 9-5　二阶系统的伯德图

由计算系统增益的表达式(8-10)可知:

当 $\omega \ll \omega_n$ 时,有 $(\omega_n^2 - \omega^2)^2 \gg (2\zeta\omega_n\omega)^2$,$|G(j\omega)| \approx K/\omega_n^2$,增益近乎常数;

当 $\omega \gg \omega_n$ 时,仍有 $(\omega_n^2 - \omega^2)^2 \gg (2\zeta\omega_n\omega)^2$,但 $|G(j\omega)| \approx K/\omega^2$,增益近乎与角频率的平方成反比关系,幅频关系的斜率约为 -40 dB/dec;

当 $\omega = \omega_n$ 时,$|G(j\omega)| = K/(2\zeta\omega_n^2)$,即在自然角频率处的增益等于角频率为 0 处的增益的 $1/(2\zeta)$ 倍,阻尼比越低,增益越高。

可将图 9-5 与图 8-17 互相对照。

4. 传递函数具有零点的系统

例如一个系统的传递函数为 $G(s) = K_D s + K_P = K_D(s + K_P/K_D)$,具有零点 $-K_P/K_D$。系统的频率响应函数为 $G(j\omega) = K_D(j\omega + K_P/K_D)$,幅频、相频特性为

$$\begin{cases} A(\omega) = K_D\sqrt{\omega^2 + \left(\dfrac{K_P}{K_D}\right)^2} \\ \phi(\omega) = \arctan\dfrac{K_D}{K_P}\omega \end{cases} \tag{9-8}$$

计算几个角频率处的增益和相位,如表 9-5 所示,画出伯德图如图 9-6 所示。

表 9-5　频率特性

$\dfrac{K_D}{K_P}\omega$	0.01	0.1	0.3	1	3	10	100	∞
$A(\omega)/K_P$	1.000	1.005	1.044	$\sqrt{2}$	3.162	10.05	100.00	∞
$20\lg\dfrac{A(\omega)}{K_P}/\mathrm{dB}$	0.00	0.04	0.37	3.01	10.00	20.04	40.00	∞
$\phi(\omega)/(°)$	0.57	5.71	16.70	45	71.57	84.29	89.43	90

由系统的频率特性式(9-8)可见,当 $\omega < K_P/K_D$ 时,有 $A(\omega) \approx K_P$,增益近乎常数;当 $\omega > K_P/K_D$ 时,有 $A(\omega) \approx K_D\omega$,增益近乎与角频率成正比关系。此系统的幅频特性曲线可以近似以两段直线段拼接:当角频率低于 K_P/K_D 时,线段斜率为 0;当角频率高于 K_P/K_D 时,线段斜率为 20 dB/dec,如图 9-6 中的虚线所示。

5. 延迟环节

如式(3-63)所示,延迟环节的传递函数为 $G(s)=\mathrm{e}^{-s\tau}$,其中 τ 为输出相对于输入延迟的时间,则延迟环节的频率响应函数为 $G(\mathrm{j}\omega)=\mathrm{e}^{-\mathrm{j}\tau\omega}$,幅频特性 $A(\omega)=|G(\mathrm{j}\omega)|=1$,相频特性 $\phi(\omega)=-\tau\omega$。不同角频率的正弦信号输入到一个延迟时间固定的系统,输出正弦信号的幅值与输入相等,而相位滞后量则正比于信号角频率的大小。这种相频特性称为"线性相位"。

设延迟时间 $\tau = 1$ s,延迟环节的伯德图如图 9-7 所示。在角频率 1 rad/s 处,相位滞后为 1 rad,即约 57.3°;在角频率 10 rad/s 处,相位滞后为 10 rad,即约 573°。由于伯德图的横轴为角频率的对数坐标,所以相位滞后随角频率的增长下降得越来越快。

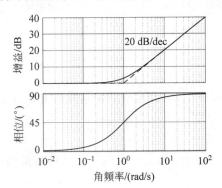

图 9-6　只有一个零点的系统的伯德图

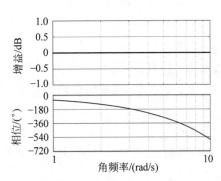

图 9-7　延迟环节的伯德图

6. 一般系统

一般系统的传递函数可表示如下,其中包含了可能存在的串联的延迟环节,且原点处的极点已单独用 $1/s^\lambda$ 表示:

$$G(s) = \frac{c\,\Pi_k(s-z_k)\,\Pi_l(s^2-2\sigma_l s+\omega_l^2)}{s^\lambda\,\Pi_q(s-p_q)\,\Pi_r(s^2-2\sigma_r s+\omega_r^2)} \cdot \mathrm{e}^{-\tau s} \tag{9-9}$$

令 $s=\mathrm{j}\omega$,即可得到系统的频率响应函数

$$G(\mathrm{j}\omega) = \frac{c\,\Pi_k(\mathrm{j}\omega-z_k)\,\Pi_l(\omega_l^2-\omega^2-\mathrm{j}2\sigma_l\omega)}{(\mathrm{j}\omega)^\lambda\,\Pi_q(\mathrm{j}\omega-p_q)\,\Pi_r(\omega_r^2-\omega^2-\mathrm{j}2\sigma_r\omega)} \cdot \mathrm{e}^{-\mathrm{j}\tau\omega} \tag{9-10}$$

系统的幅频特性为

$$A(\omega) = \frac{|c| \cdot \Pi_k |j\omega - z_k| \cdot \Pi_l |\omega_l^2 - \omega^2 - j2\sigma_l\omega|}{\omega^\lambda \Pi_q |j\omega - p_q| \cdot \Pi_r |\omega_r^2 - \omega^2 - j2\sigma_r\omega|}$$

即系统的幅频特性是其各串联环节的幅频特性之积。由于

$$20\lg A(\omega) = 20\lg|c| + \sum_k 20\lg|j\omega - z_k| + \sum_l 20\lg|\omega_l^2 - \omega^2 - j2\sigma_l\omega| +$$

$$20\lambda\lg\frac{1}{\omega} + \sum_q 20\lg\frac{1}{|j\omega - p_q|} + \sum_r 20\lg\frac{1}{|\omega_r^2 - \omega^2 - j2\sigma_r\omega|} \quad (9\text{-}11)$$

因此在对数幅频特性图上,只要把系统各串联环节的对数增益值叠加即可得到系统总的对数幅频特性。

系统的相频特性为

$$\phi(\omega) = \angle c + \sum_k \angle(j\omega - z_k) + \sum_l \angle(\omega_l^2 - \omega^2 - j2\sigma_l\omega) +$$

$$\angle\frac{1}{(j\omega)^\lambda} + \sum_q \angle\frac{1}{j\omega - p_q} + \sum_r \angle\frac{1}{\omega_r^2 - \omega^2 - j2\sigma_r\omega} - \tau\omega \quad (9\text{-}12)$$

即系统的相频特性是其各串联环节的相频特性之和,在伯德图上只要把各串联环节的相位值叠加即可得到系统总的相频特性。

例 9-1　某系统的开环传递函数如下,作其伯德图。

$$G(s) = \frac{1000(s+2)}{s(s^2 + 5s + 100)(0.005s + 1)}$$

解：此开环传递函数为 I 型系统,故频率较低时相位趋于 $-90°$;分母比分子的阶次高 3 次,故频率较高时相位趋于 $-270°$。系统可以分解为 5 个串联的环节,分别为

(1) 积分环节,$G_1(s) = 1/s$;

(2) 一阶环节,$G_2(s) = 1/(0.005s + 1)$;

(3) 二阶环节,其自然角频率为 10 rad/s,阻尼比为 0.25,分配增益使其静态增益为 1:

$$G_3(s) = \frac{100}{s^2 + 5s + 100}$$

(4) $G(s)$ 分子中的因式,把增益 2 提到括号外,改写为 $G_4(s) = 0.5s + 1$,其转角角频率为 2 rad/s;

(5) 常值增益 $G_5(s) = 2000/100 = 20$。

在以上分解中,对所有静态增益为常值的环节分配合适的增益,把其静态增益修改为 1,这样当角频率趋于 0 时,这些环节的增益均为 0 dB;对积分、二重积分等环节,令其增益系数为 1,这样在 $\omega = 1\ s^{-1}$ 处,这些环节的增益为 0 dB。这样处理后更容易画出幅频特性折线图。

环节(1)以斜率 -20 dB/dec 通过(1 rad/s,0 dB)点,相位恒为 $-90°$。

环节(2)的转角角频率为 200 rad/s,幅频折线斜率由 0 变为 -20 dB/dec;转角频率处相位为 $-45°$,总体上从低频到高频相位由 $0°$ 变化到 $-90°$。

环节(3)的转角角频率为 10 rad/s,幅频折线斜率由 0 变为 -40 dB/dec,但由于阻尼比低,在转角角频率附近幅频曲线有峰值,近似折线会有大的误差;转角角频率处相位为 $-90°$,

由于阻尼比低,转角角频率处相位变化会比较剧烈,相位总体上由 0°变化到−180°。

环节(4)的转角角频率为 2 rad/s,幅频折线斜率由 0 变为＋20 dB/dec;此处相位为＋45°,总体上相位由 0°变化到＋90°。

环节(5)的分贝值为 26 dB,相位恒为 0°。

对数幅频折线图上,由于除了常数环节(5)外,其他各环节在 $\omega=1$ rad/s 处的增益均为 0 dB,因此总的幅频折线在此处等于环节(5)的增益 26 dB。以这个点作为基准,把各环节幅频折线叠加即可得到系统的对数幅频折线图。相比幅频折线,相频曲线的估算难度和估算误差都较大,但仍可画出大致的变化趋势。此系统的手绘伯德图如图 9-8 所示,图中方括号内的数字表示对应折线段的斜率,如[−20]表示斜率为−20 dB/dec。用 MATLAB 软件绘制精确伯德图,如图 9-9 所示。手绘伯德图的意义主要是把握其总体形势,以分析系统特性。

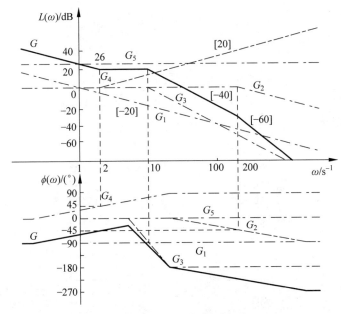

图 9-8　例 9-1 的伯德图(折线)

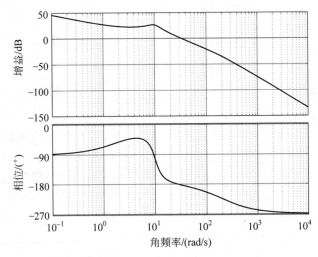

图 9-9　例 9-1 的伯德图

9.3 最小相位系统

考查如下两个系统的频率响应特性：

$$G_1(s) = \frac{T_1 s + 1}{T_2 s + 1}, \quad G_2(s) = \frac{-T_1 s + 1}{T_2 s + 1}$$

有

$$G_1(j\omega) = \frac{1 + jT_1\omega}{1 + jT_2\omega}, \quad G_2(j\omega) = \frac{1 - jT_1\omega}{1 + jT_2\omega}$$

幅频特性

$$|G_1(j\omega)| = |G_2(j\omega)| = \frac{\sqrt{1 + T_1^2 \omega^2}}{\sqrt{1 + T_2^2 \omega^2}}$$

相频特性

$$\begin{cases} \angle G_1(j\omega) = \arctan T_1\omega - \arctan T_2\omega \\ \angle G_2(j\omega) = -\arctan T_1\omega - \arctan T_2\omega \end{cases} \tag{9-13}$$

即这两个系统的幅频特性相同，相频特性不同。例如，$T_1 = 1$ s，$T_2 = 0.1$ s，画出两个系统的伯德图，如图 9-10 所示。

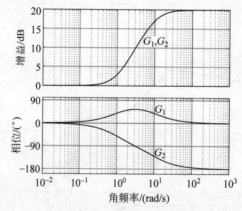

图 9-10 最小相位系统与非最小相位系统的伯德图

由式(9-13)可知，$G_1(j\omega)$ 的分子和分母的相位会正负抵消一部分，系统 $G_2(j\omega)$ 分子和分母的相位则互相叠加，所以在任一频率处，系统 G_2 的相位的绝对值都比 G_1 的大。

如果一个系统所有的极点都在 s 左半平面或虚轴上，即式(9-12)中实极点 $p_q \leqslant 0$，共轭复数极点的实部 $\sigma_r \leqslant 0$，则所有极点对应的因式对系统相位的贡献为负值，且随角频率的增大而减小。如果这个系统的所有零点也都在 s 左半平面或虚轴上，即实零点 $z_k \leqslant 0$，共轭复数零点的实部 $\sigma_l \leqslant 0$，则所有零点对应的因式对系统相位的贡献一般为正值，且随角频率的增大而增大。正负相位会相互抵消一部分。但是如果这个系统有右半平面零点，例如 $z_1 > 0$，因式 $j\omega - z_1$ 的相位为 $\pi - \arctan \omega / z_1$，这些右零点对应的因式的相位会随着角频率的增大而减小，则系统总的相位从低频到高频会滞后得更多。

所有零点和极点都在左半平面或虚轴上的系统称为"最小相位系统"，否则称为"非最小相位系统"。例如上述 G_1 系统是最小相位的,G_2 系统是非最小相位的。两个系统如果仅仅是有某些零点的实部的正负符号不同,或者说有某些零点在 s 平面上是关于虚轴对称的,那么由式(9-11)可知,它们的幅频特性是相同的,只用幅频特性无法区分这两个系统,但是它们的相频特性不同。如果已知一个系统是最小相位系统,则其幅频特性对应唯一的相频特性;或者,由实测得到的幅频、相频特性,可以确定唯一的传递函数。

设某最小相位系统的频率响应特性函数如下,注意其中 z_k、p_q、σ_l、σ_r 均小于或等于 0:

$$G(j\omega) = \frac{c\,\Pi_k\,(j\omega - z_k)\,\Pi_l\,(\omega_l^2 - \omega^2 - j2\sigma_l\omega)}{\Pi_q\,(j\omega - p_q)\,\Pi_r\,(\omega_r^2 - \omega^2 - j2\sigma_r\omega)} \tag{9-14}$$

其中的一次因式 $j\omega - z_k$:

当 $0 < \omega \ll |z_k|$ 时,此因式可近似为 $-z_k$,对数幅频折线图的斜率为 0 dB/dec,相位为 $0°$;

当 $\omega \gg |z_k|$ 时,此因式可近似为 $j\omega$,对数幅频折线图的斜率为 20 dB/dec,相位为 $90°$。

再如因式 $1/(\omega_r^2 - \omega^2 - j2\sigma_r\omega)$:

当 $0 < \omega \ll |\omega_r|$ 时,此因式可近似为 $1/\omega_r^2$,对数幅频折线图的斜率为 0 dB/dec,相位为 $0°$;

当 $\omega \gg |\omega_r|$ 时,此因式可近似为 $-1/\omega^2$,对数幅频折线图的斜率为 -40 dB/dec,相位为 $-180°$。

若将所有因式的对数幅频折线图叠加、相位叠加,可知最小相位系统的对数幅频折线图每一段折线的斜率总是 20 dB/dec 的整数倍,每 20 dB/dec 的斜率对应 $90°$ 的相位,即相位 ϕ 与斜率 k 的关系为

$$\phi = k \cdot \frac{90°}{20 \text{ dB/dec}} \tag{9-15}$$

注意这个关系只是表示幅频折线斜率与相位之间的趋向性关系,因为以上分析的是频率特性曲线上角频率远离转角频率的部分。在转角频率附近,估计相位值应主要参考一阶、二阶因式的 $\pm 45°$、$\pm 90°$ 相频关系。

例 9-2　设通过实验测试得到某最小相位系统的伯德图如图 9-11 所示,估计此系统的传递函数。

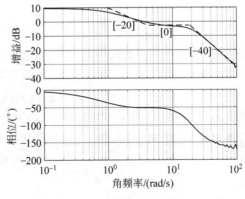

图 9-11　例 9-2 的伯德图

系统在低频下相位趋于 0°,对数幅频折线的斜率为 0 dB/dec,幅值增益约为 9.5 dB,即静态增益为 3 倍。

系统在角频率接近 100 rad/s 处,相位趋于 −180°,并且幅频关系曲线的渐近线斜率为 −40 dB/dec,说明系统传递函数分母的阶次比分子高 2。

系统在 1~10 rad/s 附近幅频曲线先下降,又变得相对平缓,下降的斜率明显低于频率较高时的 −40 dB/dec,且相位在 0°~−90° 之间,判断这里先后有两个转角频率,幅频斜率先变为 −20 dB/dec,再拐平。用斜率分别为 0、−20 dB/dec 和 −40 dB/dec 的几条线段去逼近幅频曲线,几条线段交点处的角频率即为转角频率,分别约为 1 rad/s、4 rad/s 和 20 rad/s。

在角频率 20 rad/s 处,幅频折线的斜率由 0 直接转为 −40 dB/dec,这里对应有两个极点。但是,这两个极点是两个实数重极点还是一对共轭复数极点?如果不对幅频、相频数据用计算机进行处理是很难估算得比较准确的。这条幅频曲线没有明显的高峰,姑且认为两个极点是实数重极点。综合以上分析,可以估计此系统的传递函数为

$$G(s) = \frac{3(0.25s + 1)}{(s + 1)(0.05s + 1)^2}$$

当然,如果要估计得更准确,可以编写计算程序,搜索与实测曲线符合得最好的系统参数。有的数学软件如 MATLAB 中,有辨识系统参数的工具可以利用。

9.4　系统开环频率特性的关键参数

1. 稳态误差系数

设一个系统的开环传递函数及其频率响应函数分别如式(9-9)和式(9-10)所示。当传递函数的 s 趋于 0 时,有

$$G(s) \rightarrow \frac{c\,\Pi_k(-z_k)\,\Pi_l\omega_l^2}{\Pi_q(-p_q)\,\Pi_r\omega_r^2} \cdot \frac{1}{s^\lambda} \tag{9-16}$$

由稳态误差系数的定义式(6-23)、式(6-26)和式(6-29),对于 λ 分别为 0、1、2,式(9-16)中 $1/s^\lambda$ 前的系数分别为 0 型、I 型、II 型系统的稳态位置、速度、加速度误差系数。

相应于 s 趋于 0,式(9-10)中 ω 趋于 0,这时频率响应函数

$$G(j\omega) \rightarrow \frac{c\,\Pi_k(-z_k)\,\Pi_l\omega_l^2}{\Pi_q(-p_q)\,\Pi_r\omega_r^2} \cdot \frac{1}{(j\omega)^\lambda} \tag{9-17}$$

即当 $\omega \rightarrow 0$ 时,或者说当角频率低于系统所有的转角角频率时,这一段对数幅频线段的斜率为 −20λ dB/dec。如果系统最低的转角角频率高于 1 rad/s,则这段线段覆盖了角频率 $\omega = 1$ rad/s;在式(9-17)中,对任一整数 λ,都有 $|1/(j1)^\lambda| = 1$,因此这段幅频线段在 $\omega = 1$ rad/s 处的数值(不是分贝值)为系统的稳态误差系数。比如,如果 $\lambda = 1$,则这个值为系统的稳态速度误差系数。如果系统最低的转角角频率低于 1 rad/s,则这段线段不覆盖角频率 $\omega = 1$ rad/s,需要把线段延长才能覆盖,因此它的延长线在 $\omega = 1$ rad/s 处的数值为系统的某个稳态误差系数。

2. 稳定性裕量

例如某系统的开环传递函数如下,分析系统的稳定性:

$$G(s) = \frac{10}{s(0.2s+1)(0.02s+1)}$$

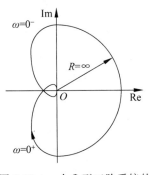

图 9-12　一个 I 型三阶系统的
奈奎斯特图

系统为 I 型、三阶,且分子为 0 阶,因此对 $s = j0^+$,相位为 $-90°$,对 $s \to +j\infty$,相位为 $-270°$。由此可定性画出系统的奈奎斯特图如图 9-12 所示,这里令修改的 D 曲线小半圆从原点的右侧绕过。

为了应用奈奎斯特稳定性判据,需要求出奈奎斯特曲线与负实轴的交点,设交点处角频率为 $\omega_{-\pi}$,由系统的相频特性,应有

$$-\frac{\pi}{2} - \arctan 0.2\omega_{-\pi} - \arctan 0.02\omega_{-\pi} = -\pi$$

则 $\arctan 0.2\omega_{-\pi} + \arctan 0.02\omega_{-\pi} = \pi/2$,即 $\arctan 0.2\omega_{-\pi}$ 与 $\arctan 0.02\omega_{-\pi}$ 互余,求得 $\omega_{-\pi} = 5\sqrt{10}$ rad/s。代回 $G(j\omega)$ 的表达式,求得 $G(j\omega_{-\pi}) = 0.1818$。奈奎斯特图与实轴的交点在 $(-1, j0)$ 点的右侧,相对相位增量为 0,又知开环传递函数没有右极点,故闭环系统稳定。

在伯德图上,$\omega_{-\pi} \approx 15.8$ rad/s,增益分贝值为 -14.8 dB。即在相位 $-180°$ 对应的角频率处,增益在 0 dB 以下。$G(j\omega_{-\pi})$ 的值与 -1 的大小关系,或者说 $20\lg |G(j\omega_{-\pi})|$ 是大于还是小于 0 dB,显然是标志系统稳定性的关键特征。在此例中,开环传递函数的增益最多可以增大到当前值的 $1/0.1818 \approx 5.5$ 倍之内,而仍然可以保持闭环系统稳定。

称系统开环相频特性曲线上相位为 $-180°$ 处对应的角频率为"**相位交越频率**",即上述的 $\omega_{-\pi}$;在相位交越频率处开环增益的倒数 $1/|G(j\omega_{-\pi})|$ 称为"**增益裕量**",可用符号 k_g 表示。比如此例中增益裕量为 5.5 倍,或者 14.8 dB。增益裕量是一个相对稳定性指标,即它不仅可以表示系统是稳定的还是不稳定的,还能表示稳定或不稳定的程度。如果为系统保留一定的稳定性裕量,就可以保证系统在各环节的参数有一定程度变化的情况下仍然是稳定的。

另外,把奈奎斯特图原点和 $(-1, j0)$ 点附近的区域放大,如图 9-13 所示,可以看到,如果希望系统具有较大的稳定性裕量,那么奈奎斯特曲线应远离 $(-1, j0)$ 点。所谓"远离",既可以用曲线与负实轴的交点与 $(-1, j0)$ 点的距离来衡量,也可以用曲线与单位圆的交点所具有的相角来衡量。图中,随着角频率的增大,曲线从单位圆外进入单位圆,即增益由大于 1 变成小于 1。曲线与单位圆的交点对应的角频率称为"**增益交越频率**"或"增益穿越频率""增益剪切频率"等,常用符号 ω_c 表示;在此频率处频率响应的相位与 $-180°$ 的差称为"**相位裕量**",常用符号 γ 表示,即

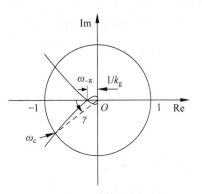

图 9-13　稳定性裕量参数

$$\begin{cases} |G(j\omega_c)| = 1 \\ \gamma = \angle G(j\omega_c) + 180° \end{cases} \tag{9-18}$$

若要计算系统的相位裕量,显然应先解出增益交越频率的值。这通常需要求解高次代

数方程,比如此例中应求解

$$|G(\mathrm{j}\omega_c)| = \frac{10}{\omega_c\sqrt{1+0.04\omega_c^2}\sqrt{1+(0.02\omega_c)^2}} = 1$$

用数学软件当然可以求出精确解,但存在较简单的近似求解方法。画出开环系统的伯德图如图 9-14 所示,其中幅频特性画为折线图。可以利用折线图求出增益交越频率的近似解,再求相位裕量。注意增益为 1 对应于 0 dB,增益交越频率在伯德图上就是幅频曲线穿越 0 dB 时的角频率。

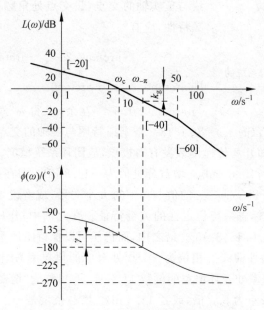

图 9-14　伯德图上的稳定性裕量参数

此系统的稳态速度偏差系数为 10,最低的转角频率为 5 rad/s,因此在伯德图幅频折线图上 1 rad/s 处的增益为 10。注意不需要把增益转换为分贝值进行计算。在 1~5 rad/s 的频率范围内,幅频线段的斜率为 −20 dB/dec,这意味着增益与角频率成反比关系。因此可以推算在 5 rad/s 处的增益下降为 2。在 5~50 rad/s 的频率范围内,幅频线段的斜率为 −40 dB/dec,这意味着增益与角频率的平方成反比关系。可以估计,增益交越频率在这一频率范围内。根据关系式 $2\times(5/\omega_c)^2 = 1$,解得 $\omega_c \approx 7.07$ rad/s,而

$$\angle G(\mathrm{j}\omega_c) = -90° - \arctan 1.414 - \arctan 0.1414 = -152.8°$$

因此相位裕量为 $\gamma = 27.2°$。

用数学软件可求得增益交越频率的精确值为 6.22 rad/s,相位裕量为 31.7°,可见近似解的误差并不大。

有的系统有多个增益交越频率或相位交越频率,比如系统

$$G_1(s) = \frac{7}{s(s^2 + 0.3s + 9)}$$

其奈奎斯特图和伯德图分别如图 9-15 和图 9-16 所示,从伯德图中可见,随着角频率的增大,增益曲线有 3 次穿越 1 倍。

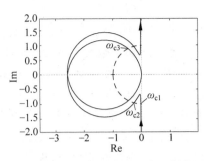

图 9-15 多次穿越单位圆的奈奎斯特图

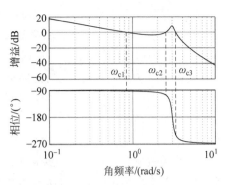

图 9-16 多次穿越 0 dB 的伯德图

再如非最小相位系统

$$G_2(s) = \frac{4(s+3)}{s(s^2 - 0.6s + 9)}$$

其奈奎斯特图和伯德图分别如图 9-17 和图 9-18 所示。

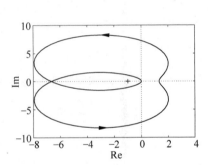

图 9-17 一个非最小相位系统的
奈奎斯特图

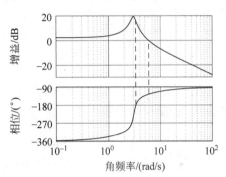

图 9-18 一个非最小相位系统的伯德图

可见在系统存在多个穿越点,或者系统是非最小相位系统的情况下,如果用伯德图判断系统的稳定性、判断稳定性裕量是正值还是负值,并不简单明了。在这些情况下,结合使用奈奎斯特图才更为直观。

9.5 开环与闭环频率响应特性的关系

控制系统的闭环传递函数已在 5.4 节中讨论。参考图 5-14 和式(5-8),可以写出系统的闭环频率响应函数为

$$G_{YX}(j\omega) = \frac{G_2(j\omega)G_1(j\omega)}{1 + G_2(j\omega)G_1(j\omega)H(j\omega)} \tag{9-19}$$

当 $|G_2(j\omega)G_1(j\omega)H(j\omega)| \gg 1$ 时,有

$$G_{YX}(j\omega) \approx \frac{G_2(j\omega)G_1(j\omega)}{G_2(j\omega)G_1(j\omega)H(j\omega)} = \frac{1}{H(j\omega)} \tag{9-20}$$

当 $|G_2(j\omega)G_1(j\omega)H(j\omega)| \ll 1$ 时,有

$$G_{YX}(j\omega) \approx G_2(j\omega)G_1(j\omega) \tag{9-21}$$

注意 $G_2(j\omega)G_1(j\omega)H(j\omega)$ 是开环频率响应函数。

　　式(9-20)表明,在那些使得开环增益远大于1的角频率处,闭环频率响应函数近似于反馈通道频率响应函数的倒数,而与前向通道的频率响应函数或传递函数关系不大。因此,要保证闭环系统的输出与输入保持准确的关系,要求反馈通道(通常主要由各种传感器构成)的传递函数保持精确。这里的"精确"主要指传感器的零位输出值和输入-输出比例因子在各种环境条件下的数值稳定性。并且,往往希望闭环系统能够在大的频率范围内实现输出对输入的准确响应,这就要求传感器自身在宽的频率范围内增益和相位的变化要小。在开环增益远大于1的情况下,前向通道的参数变化对系统闭环响应的影响不大,这正是系统能够根据反馈信号自动调整控制量的结果。

　　式(9-21)表明,在那些使得开环增益远小于1的角频率处,闭环频率响应函数近似于前向通道的频率响应函数。这与彻底没有反馈通道的系统的特性是相同的。即在这样的频率范围内,闭环系统的输出响应近似于无反馈的系统的输出响应,闭环无效。这是因为,开环增益远小于1时,反馈信号与闭环系统的输入信号相比在大小上可以忽略,近乎没有反馈。

　　设在图5-14所示的系统中,各环节的传递函数如下:

$$G_1(s) = \frac{16(s+5)}{s}, \quad G_2(s) = \frac{200}{(s+10)^2}, \quad H(s) = \frac{0.1}{0.01s+1}$$

画出前向通道 $G_1(s)G_2(s)$、反馈通道 $H(s)$、开环系统 $G_1(s)G_2(s)H(s)$ 和闭环系统 $G_{YX}(s)$ 的伯德图如图9-19所示。

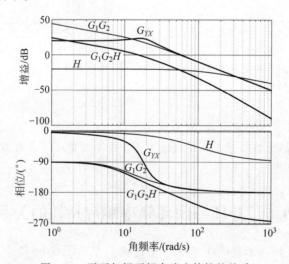

图 9-19　开环与闭环频率响应特性的关系

　　由图可见,当频率处于开环幅频曲线高于 0 dB 线的范围内时,闭环幅频增益约为 20 dB,为反馈增益 −20 dB 的相反数;当频率处于开环幅频曲线低于 0 dB 线的范围内时,闭环幅频曲线与前向通道的相近甚至重合。当开环幅频曲线处于 0 dB 线附近时,以上两条规律有较大的误差。按照这两条规律,不需要求出闭环传递函数即可大致画出闭环频率响应曲线。实际上,此例的闭环传递函数为

$$C(s) = \frac{G_1(s)G_2(s)}{1+G_1(s)G_2(s)H(s)} = \frac{3200(s+5)(s+100)}{(s+4.6)(s+103.5)(s^2+11.92s+18.33^2)}$$

其中的零点-5、-100与极点-4.6、-103.5相近,近似抵消,所以可以判断闭环传递函数
近似于一个自然角频率为 18.33 rad/s 的二阶系统。这一点可以在图 9-19 上得到验证。

在开环增益为 1 处,即增益交越频率附近,不能直观地确定
闭环增益,因为这时恰恰违反式(9-20)和式(9-21)的增益条件。
但是可以用如下方法计算增益交越频率处的闭环增益和相位,分
析其中的规律。设已经把系统变换为单位反馈系统的形式,如
图 9-20 所示,用 $G(s)$ 表示开环传递函数,用 $C(s)$ 表示闭环传递函数。在开环幅频特性的
增益交越频率处,增益为 1,相角为 $\gamma-180°$,其中 γ 为相位裕量。由单位反馈系统的闭环传
递函数

图 9-20　单位反馈系统

$$C(s) = \frac{G(s)}{1+G(s)}$$

有

$$C(j\omega_c) = \frac{G(j\omega_c)}{1+G(j\omega_c)} = \frac{1\angle(\gamma-180°)}{1+1\angle(\gamma-180°)}$$

由此可以计算在增益交越频率处的闭环增益和相位。计算结果如图 9-21 所示。

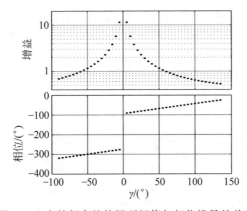

图 9-21　交越频率处的闭环幅值与相位裕量的关系

图 9-21 中的增益为倍数。随着相位裕量绝对值的减小,闭环增益增大,如果相位裕量
为 0°,则闭环增益在增益交越频率处为无穷大(图中未画出)。如果 $\gamma = \pm60°$,闭环增益
$|C(j\omega_c)| = 1$;如果 $|\gamma| > 60°$,$|C(j\omega_c)| < 1$。因此,如果相位裕量在$(-60°,60°)$的范围
内,闭环幅频曲线必然有峰。当然这并不意味着闭环幅频曲线的峰值位于增益交越角频率
处。参考图 9-21 可以把增益交越频率附近的闭环频率响应曲线画得准确些。

9.6　系统闭环频率响应的特征参数

由频率响应特性的涵义可知,一个系统的闭环频率响应特性的意义是闭环系统输出对
不同频率的正弦激励信号的幅值增益和相位差。闭环系统的输出是物理量,比如位移、角速
度、温度、压力等。设有一个闭环系统,通过驱动一部直线电动机实现位移控制。输入要求

位移的幅值为 10 mm。对角频率为 0 rad/s 的信号或者说直流输入信号，系统的实际响应可能就是 10 mm；对角频率为 2π rad/s 的输入信号，系统响应的幅值可能是 9.95 mm，而且还有 5° 的相位滞后；对角频率为 20π rad/s 的输入信号，系统响应的幅值是 7 mm，并且相位滞后 90°；对角频率为 200π rad/s 的输入信号，系统响应的幅值是 0.1 mm，并且几乎与输入反相。显然，闭环系统的频率响应特性能够直接反映系统的部分性能。因此我们可以从闭环系统的频率响应特性上探究反映系统性能的指标参数。

设一个系统，其闭环传递函数为

$$C(s) = \frac{1}{(T_1 s + 1)(T_2 s + 1)}$$

其中 $s = -1/T_1$ 为主导极点。显然，在闭环幅频曲线上，$1/T_1$ 为频率从低到高的第一个转角频率。如果不考虑其他非主导极点的影响，则在这个角频率处，幅值增益为静态增益的 $1/\sqrt{2} \approx 0.707$ 倍，或者说比静态增益下降了 3 dB。从信号的功率的角度来看，这个角频率处的功率为 0 频率处的一半，称为"半功率点"，也就是滤波器电路中所称的"**截止频率**"或 **−3 dB 带宽**。在截止频率之前，闭环响应的幅值尚能保持在直流响应的 70% 以上；在截止频率之后，响应幅值快速衰减。可以非常粗略地认为截止频率是系统能否响应输入信号的一个界限。

大多数控制系统需要能够响应频率为 0 的信号，即直流信号，但有些应用不需要响应或受限于实际条件难以响应直流信号。例如一个振动试验台，如果要求它能够产生具有一定幅值但频率趋于零的正弦振动加速度，就需要极长的行程，这很难实现。

设一个系统，其闭环传递函数为

$$C(s) = \frac{\omega_n^2}{s^2 + 2\zeta\omega_n s + \omega_n^2}$$

其幅频响应函数为

$$A(\omega) = |G(j\omega)| = \frac{\omega_n^2}{\sqrt{(\omega_n^2 - \omega^2)^2 + (2\zeta\omega_n\omega)^2}} \tag{9-22}$$

闭环系统的静态增益为 1。参考图 9-5 可知，当系统的阻尼比较小时，幅频曲线有峰值。显然峰值的高度和所在的频率是需要关注的。为此，对式（9-22）求导，得

$$\frac{dA(\omega)}{d\omega} = -\frac{\omega_n^2}{2} \cdot \frac{8\zeta^2\omega_n^2\omega - 4\omega(\omega_n^2 - \omega^2)}{[(\omega_n^2 - \omega^2)^2 + (2\zeta\omega_n\omega)^2]^{\frac{3}{2}}}$$

令 $dA(\omega)/d\omega = 0$，即 $\omega(2\zeta^2\omega_n^2 - \omega_n^2 + \omega^2) = 0$，可解得 $\omega = 0$ 或 $\omega = \pm\omega_n\sqrt{1-2\zeta^2}$。后者只有当 $1 - 2\zeta^2 \geq 0$ 即 $\zeta < 1/\sqrt{2}$ 时才是实数，称其中的正数解为"**谐振角频率**"，记为 ω_r，即

$$\omega_r = \omega_n\sqrt{1-2\zeta^2} \tag{9-23}$$

这时它对应的幅频曲线的峰值称为"**谐振峰值**"，表示为

$$M_r = A(\omega_r) = \frac{1}{2\zeta\sqrt{1-\zeta^2}} \tag{9-24}$$

如果 $\zeta = 1/\sqrt{2}$，则有 $\omega_r = 0$，即与第 1 个解合一。所以对 $\zeta \geq 1/\sqrt{2}$，$\omega = 0$ 时幅频函数在角频率范围 $(-\infty, +\infty)$ 内取极大值；对 $\zeta < 1/\sqrt{2}$，$\omega = 0$ 时幅频函数取局部极小值。

注意在自然角频率 ω_n 处,幅值增益为 $1/(2\zeta)$,低于谐振峰值。即在外界激励下,系统的响应并不是在其固有频率处的幅值最大。当然,当 $\zeta \to 0$ 时,固有频率与谐振频率会趋于相等。画出谐振峰值与阻尼比的关系曲线,如图 9-22 所示。

令 $A(\omega) = 1/\sqrt{2}$,可解得二阶系统的截止角频率为

$$\omega_b = \omega_n \sqrt{\sqrt{2 - 4\zeta^2 + 4\zeta^4} + 1 - 2\zeta^2} \qquad (9\text{-}25)$$

画出截止角频率与自然角频率的比值与阻尼比的关系曲线,如图 9-23 所示。

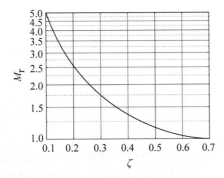

图 9-22　二阶系统谐振峰值与阻尼比的关系

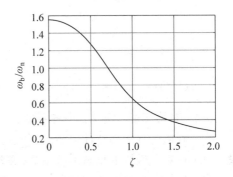

图 9-23　二阶系统截止角频率与自然角频率的比值与阻尼比的关系

根据二阶系统的相频特性式(8-11),可解得相位为 $-45°$ 和 $-135°$ 时的角频率,为

$$\omega_{q1,q2} = \omega_n\left(\sqrt{1 + \zeta^2} \pm \zeta\right) \qquad (9\text{-}26)$$

这两个角频率间有关系 $\omega_{q2} - \omega_{q1} = 2\zeta\omega_n$,从而有

$$Q = \frac{1}{2\zeta} = \frac{\omega_n}{\omega_{q2} - \omega_{q1}} \qquad (9\text{-}27)$$

其中 Q 称为系统的品质因数。因此通过测试一个未知参数的二阶系统的频率响应曲线,得到相位分别为 $-90°$、$-45°$、$-135°$ 所对应的角频率,即可通过式(9-27)确定这个系统的阻尼比和 Q 值。这是用测试系统的谐振峰值和 -3 dB 频率确定这两个参数之外的另一种方法。

二阶系统频率特性上的上述特征参数示于图 9-24。

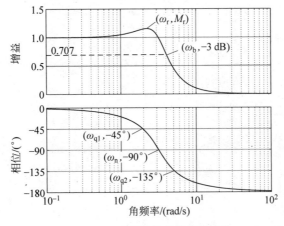

图 9-24　二阶系统的频域特征参数

上述谐振角频率、谐振峰值、截止角频率这 3 个参数不限用于二阶系统，而是可用于一般系统。这几个参数都是从幅频特性上取值的。也可以从相频特性上取特征频率，比如 $-90°$ 相位所对应的频率。

习　题

9-1　有传递函数如下所列的系统，写出输入为 $\sin\omega t$，ω 分别为 0.3 rad/s，1 rad/s 和 3 rad/s 时各系统的稳态输出响应函数。

(1) $G(s) = \dfrac{2}{s+1}$　　　　　(2) $G(s) = \dfrac{2}{s^2+s+1}$

(3) $G(s) = \dfrac{2}{s^2+3s+1}$　　　(4) $G(s) = \dfrac{s+2}{s^2+s+1}$

9-2　对第 7 章习题 7-2 中各系统：

(1) 画出开环频率特性伯德图；

(2) 计算各系统的稳态偏差系数、增益交越频率、相位裕量、相位交越频率和增益裕量；

(3) 根据开环伯德图画出近似的闭环伯德图，用 MATLAB 或其他数学软件画图检验，并求出闭环系统的截止频率，如果有谐振峰，求谐振频率和谐振峰值。

第10章

闭环时域特性与
开环频域特性的关系

一个闭环系统性能的优劣,用其阶跃响应的调整时间、最大超调量和稳态偏差这些时域参数来评价是最直观的,闭环系统的稳定性、响应的快速性和准确性都可以从中体现出来。但是在分析和设计系统的过程中,必须先计算开环传递函数才能得到闭环传递函数,然后才能得到闭环时域响应。即分析的目标是闭环时域特性,能够直接处理的是开环传递函数。一个闭环控制系统的开环频率特性、闭环频率特性和闭环时域响应特性之间应该有确定的关系,因为所有这些特性都取决于系统的开环和闭环传递函数。如果能够根据对闭环时域响应特性的要求确定对开环传递函数或开环频率特性的要求,那么就能够建立直接由开环频率特性分析和设计闭环控制系统的方法。开环频率特性、闭环频率特性与闭环时域特性之间的关系是这一方法的内核,也是理解经典控制方法的关键。

10.1 系统时域与频域特性的定性分析

如果一个系统的闭环传递函数的主导极点为一个实极点,那么闭环系统的时域响应特性近似于具有相同极点的一阶系统。因此要审视一阶系统的时域响应特性与频率响应特性。设此一阶系统的传递函数为

$$C(s) = \frac{1}{Ts + 1}$$

闭环系统的阶跃响应的建立时间为 $t_{s(5\%)} = 3T$,响应曲线无过冲;闭环频率特性的截止角频率为 $\omega_b = 1/T$。即一阶系统的建立时间与截止角频率成反比关系,要求响应时间短,等价于要求闭环截止频率高。

如果一个系统的闭环传递函数的主导极点为一对共轭复极点,则闭环系统的时域响应特性近似于具有相同极点的欠阻尼二阶系统。设此二阶系统的传递函数为

$$C(s) = \frac{\omega_n^2}{s^2 + 2\zeta\omega_n s + \omega_n^2}$$

其阶跃响应的最大超调量与阻尼比的关系如图 4-8 所示,可见如果不希望超调量太大,比如不超过 20%,阻尼比应在 0.45 以上。由图 4-17 可知,对确定的 ω_n,阻尼比在 0.5～1 之间时,建立时间是比较短的。因此,大致上阻尼比在 0.5～1 范围内且自然角频率高的系统,建

立时间短而且超调量比较小。

　　由谐振峰值与阻尼比的关系式(9-24)以及图 9-22 可知,阻尼比大于 0.5 时,谐振峰值低于 1.2。由截止频率与自然频率和阻尼比的关系式(9-25)、图 9-23 可知,如果阻尼比在 0.5～1 之间,则截止频率为自然频率的 0.64～1.3 倍。因此,建立时间短且超调量小的二阶系统,在频率特性上的表现为截止频率高并且谐振峰值在 1～1.2 之间。

　　将阻尼比取几种不同的值,计算其截止角频率、谐振角频率和谐振峰值等频率响应参数,及阶跃激励下的最大超调量和建立时间这两个时域瞬态响应参数,列于表 10-1。

表 10-1　二阶系统的频率特性参数和阶跃响应参数

阻尼比 ζ	截止角频率 ω_b	谐振角频率 ω_r	谐振峰值 M_r	最大超调量 M_p	建立时间(5%) t_s
0	$1.544\omega_n$	ω_n	∞	100%	∞/ω_n
0.2	$1.510\omega_n$	$0.959\omega_n$	2.552	52.7%	$15.08/\omega_n$
0.5	$1.272\omega_n$	$0.707\omega_n$	1.155	16.3%	$6.28/\omega_n$
0.707	ω_n			4.3%	$4.73/\omega_n$
1	$0.644\omega_n$	0	1	0	$4.74/\omega_n$
2	$0.267\omega_n$		1	0	$11.46/\omega_n$

　　对比表中 $\zeta=0.2$ 与 $\zeta=0.707$ 两种情况,可见虽然前者的截止角频率比后者高约 50%,但其阶跃响应的建立时间却是后者的 3 倍多,超调量也很大。截止角频率的高低可以表示系统对激励能够作出比较大的响应的频率范围,但如果把截止角频率作为衡量系统响应速度快慢的唯一指标则是错误的。因为频率特性是系统的稳态响应特性,而在控制上既要求高的响应频带,也要求达到稳态所用的时间短,且瞬态响应过程中没有大的超调量。

　　二阶系统的阻尼比为 2 时,阶跃响应虽然没有过冲,但与阻尼比为 0.707 或 1 的系统相比,其建立时间长得多。因为这时系统可视为由两个一阶系统串联而成,其中时间常数大的那个系统主导了截止角频率及建立时间。

　　从表中数据看,在相等的自然角频率下,阻尼比在 0.7～1 范围内的系统具有最短的建立时间,并且最大超调量不超过 5%,因此把系统的阻尼比设定在这个范围附近应作为系统设计的指导性原则。在频率特性上则要求一个系统既具有高的截止角频率,又不具有高的谐振峰。

　　在实际应用中,有的闭环控制系统允许一定的超调量,比如一个调节电动机转速的自动控制系统,在改变转速的过程中,可能允许存在转速超过目标值一定的量。有的系统是不允许有超调现象的,比如一台数控机床,如果位置控制上有超调,则被加工的零件的尺寸就可能超过允许的偏差;一个控制细胞培养温度的系统,如果温度控制有超调,则可能导致细胞死亡。不允许有超调,意味着要求闭环系统的主导极点为实极点。

　　总之,无论闭环系统的主导极点是一个实极点还是一对共轭复极点,如果要求系统的建立时间短且超调量小,就意味着要求闭环系统截止频率高且谐振峰值低。

　　由 9.5 节所述开环与闭环频率特性的关系可知,闭环幅频曲线大致在开环增益穿越角频率处发生转折,因此闭环截止角频率应与开环增益穿越角频率相近。由图 9-21 可以判断,在相位裕量小的情况下,闭环的谐振峰值大。因此,要求闭环截止角频率高,意味着要求开环增益穿越角频率高;要求闭环谐振峰值低,意味着要求开环系统具有足够的相位裕量。

10.2　系统时域与频域参数的定量关系

10.2.1　一个典型系统

先研究一个特定系统。设一个单位反馈系统的开环传递函数为

$$G(s) = \frac{\omega_n^2}{s(s + 2\zeta\omega_n)} \tag{10-1}$$

则系统的闭环传递函数具有二阶系统的标准形式：

$$C(s) = \frac{\omega_n^2}{s^2 + 2\zeta\omega_n s + \omega_n^2}$$

令开环传递函数的参数 ω_n 为常数,而参数 ζ 在一定范围内取值,则可得到自然角频率固定而阻尼比不同的闭环传递函数。由式(10-1),令

$$|G(j\omega_c)| = \left| \frac{\omega_n^2}{j\omega_c(j\omega_c + 2\zeta\omega_n)} \right| = 1$$

可解得开环系统的增益穿越角频率为

$$\omega_c = \omega_n \sqrt{\sqrt{1 + 4\zeta^4} - 2\zeta^2} \tag{10-2}$$

再将增益穿越角频率的数值代入开环系统的相频特性函数,则最终可得到开环系统的相位裕量。

二阶系统的谐振峰值如式(9-24)所示,截止角频率如式(9-25)所示,欠阻尼条件下的最大超调量如式(4-18)所示。欠阻尼条件下进入 5% 误差带的建立时间如式(4-28)所示,对过阻尼的情况,则可通过数值计算得到。

以参数 ζ 为横轴,画出 $\omega_n t_s$ 的变化曲线如图 10-1 所示。显然,闭环阻尼比在 0.5～1.2 范围内时,系统具有较短的建立时间。

画出增益交界角频率与自然角频率之比 ω_c/ω_n、闭环截止角频率与自然角频率之比 ω_b/ω_n 及闭环截止角频率与开环增益穿越角频率之比 ω_b/ω_c 随阻尼比的变化曲线,如图 10-2 所示。截止角频率与增益穿越角频率之比在 1.1～1.6 之间。

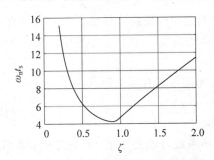

图 10-1　二阶系统 5% 误差带建立时间
与阻尼比的关系

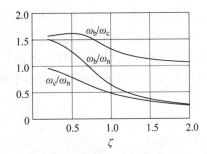

图 10-2　截止角频率与增益穿越
角频率相近

画出开环系统的相位裕量与闭环阻尼比及谐振峰值的关系曲线,如图 10-3 和图 10-4 所示。由图 10-3 可见,如果希望闭环阻尼比在 0.5～1.2 之间,则相位裕量应在 50°～80°之

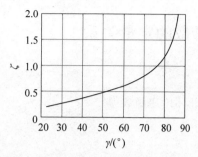

图 10-3 闭环阻尼比与相位裕量的关系

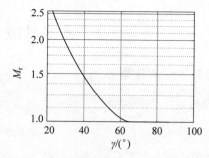

图 10-4 闭环谐振峰值与相位裕量的关系

间；这个相位裕量范围对应的闭环谐振峰值在 1～1.15 之间。

图 10-5 显示了阶跃响应的最大超调量与闭环谐振峰值的关系。例如，如果要求最大超调量不超过 10%，则谐振峰值应小于 1.05。

图 10-6 显示了闭环截止角频率与建立时间的关系。两者之间不是单调关系，并非截止频率越高，建立时间越短。参见图 9-23，大的 ω_b/ω_n 值对应低的阻尼比，这样的系统在阶跃激励下，响应曲线上升得更快，但是需要反复振荡多次才能进入与阻尼比适当时同等的误差范围。

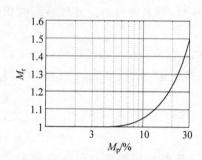

图 10-5 闭环谐振峰值与最大
超调量的关系

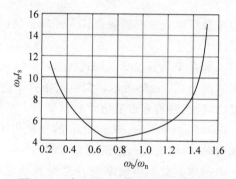

图 10-6 建立时间与截止角频率的关系

以上曲线显示了式(10-1)所表示的系统性能参数之间的关系。虽然这个系统具有一定的代表性，但还不能武断地把这些关系曲线应用到其他系统。为了对更多样的系统的时域和频域参数之间的关系进行归纳，做如下工作。

设化为单位反馈形式的最小相位系统的开环传递函数具有如下形式：

$$G(s) = \frac{k(s+q)(s+r)}{s^\lambda(s+a)(s^2+bs+c)} \tag{10-3}$$

其中 $a,b,c,q,r,k>0$，λ 在 $\{0,1,2\}$ 中取值。即开环系统可能是 0 型、Ⅰ型或Ⅱ型系统，具有两个零点和 3 个非零极点，系统最低为三阶，最高为五阶。对除 k 以外的参数随机取值，可以得到传递函数各不相同的系统。其他参数给定后，调整 k 的取值，使得 $|G(\mathrm{j}1)|=1$，则可以把开环系统的增益穿越角频率设为 1 rad/s，当然也可能系统具有多个增益穿越角频率，1 rad/s 只是其中一个。用这种方法随机生成许多个系统，计算出系统的相位裕量、闭环谐振角频率、谐振峰值、截止角频率、建立时间和最大超调量，分析这些参数之间的关系。

10.2.2　谐振峰值与相位裕量的关系

画出开环系统的相位裕量与闭环谐振峰值之间的关系如图 10-7 所示,图中用"+"标出了数据点。可见两者之间的关系比较有规律,但也有个别系统的谐振峰值离主要的分布线较远,例如图中 A 点。

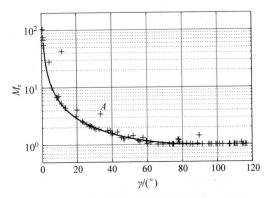

图 10-7　相位裕量-闭环谐振峰值分布关系

A 点对应的系统(简称为系统 A,余同)的开环传递函数为

$$G(s) = \frac{0.7547(s+2.428)(s+2.344)}{(s+0.7705)(s^2+0.1511s+4.998)}$$

闭环传递函数为

$$C(s) = \frac{0.7547(s+2.428)(s+2.344)}{(s+1.013)(s^2+0.6636s+8.044)}$$

系统 A 的伯德图如图 10-8 所示,单位阶跃响应如图 10-9 所示。此系统的开环低频增益仅仅略大于 1,导致闭环静态增益约为 0.53,与理想值 1 差距很大。闭环谐振峰值是幅频曲线上的最大值与闭环静态增益的比值,此系统不理想的静态增益导致了比正常系统高近 2 倍的谐振峰值。即此系统谐振峰高的原因主要是开环低频增益太低。另外,从减小系统稳态误差的角度,低的开环低频增益当然也是应该要避免的。

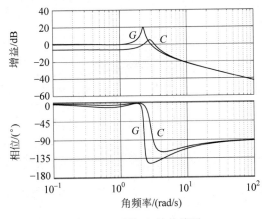

图 10-8　系统 A 的伯德图

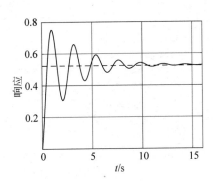

图 10-9　系统 A 的单位阶跃响应

排除类似 A 点的数据点,可归纳出闭环谐振峰值与开环相位裕量的关系如下,对应于图 10-7 中的实线:

$$M_r = \frac{1}{\sin\gamma}, \quad 0° < \gamma < 90°$$ (10-4)

10.2.3 最大超调量与相位裕量的关系

画出闭环阶跃响应的最大超调量与开环相位裕量的分布关系,如图 10-10 所示。可见较为明显的分布规律,但也有如 B、C 点这样距离分布密集区很远的点。

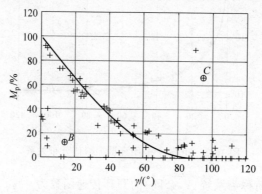

图 10-10 最大超调量-相位裕量分布关系

B 点属于一个相位裕量小、最大超调量也小的系统,它的开环传递函数为

$$G(s) = \frac{17.512(s + 16.32)(s + 0.3959)}{s(s + 0.1573)(s^2 + 1.118s + 305.3)}$$

闭环传递函数为

$$C(s) = \frac{17.512(s + 16.32)(s + 0.3959)}{(s^2 + 1.057s + 0.351)(s^2 + 0.2186s + 322.4)}$$

系统 B 有伯德图如图 10-11 所示,单位阶跃响应如图 10-12 所示。此系统的开环幅频曲线在 1 rad/s 处向下穿越 0 dB 线,由于在 17.4 rad/s 处有一个低阻尼的谐振峰,造成第 2 次向下穿越 0 dB 线,且在此处相位裕量仅 14°。但是从单位阶跃响应曲线上看,最大超调量仅约 12%。

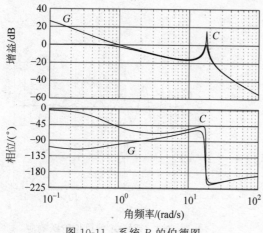

图 10-11 系统 B 的伯德图

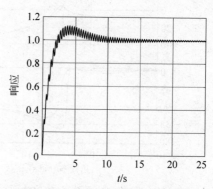

图 10-12 系统 B 的单位阶跃响应

闭环传递函数的分母中存在具有极低阻尼比的因式 $s^2+0.2186s+322.4$,对应于闭环系统的高谐振峰和阶跃响应曲线上衰减很慢的高频振荡。超调量小的原因是这个低阻尼振荡分量在阶跃响应中所占的权重不大,最大超调量并不是由这一对极点决定的,也与开环系统在这个谐振频率附近的相位及相位裕量没有大的关系。当然,这个在闭环带宽之外的低阻尼谐振降低了系统的瞬态响应品质。因此在开环频率特性曲线上,幅频曲线向下穿越 0 dB 线后再上升,出现高频低阻尼谐振峰的情况是应该尽量避免的。

C 点属于一个相位裕量大、最大超调量也很大的系统,它的开环传递函数为

$$G(s)=\frac{565.55(s+0.4217)(s+0.2193)}{(s+0.067\,46)(s^2+45.03s+626.3)}$$

闭环传递函数为

$$C(s)=\frac{565.55(s+0.4217)(s+0.2193)}{(s+609)(s+1.527)(s+0.1017)}$$

系统 C 的伯德图如图 10-13 所示,单位阶跃响应如图 10-14 所示。

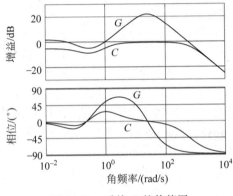

图 10-13　系统 C 的伯德图

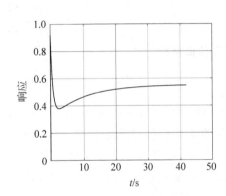

图 10-14　系统 C 的单位阶跃响应

此系统的开环幅频曲线依次向下、向上、再向下共 3 次穿越 0 dB 线,第 1 个增益交越角频率为 1 rad/s,第 3 个增益交越角频率为 565 rad/s。94.5°的相位裕量对应的不是第 1 个增益交越角频率,而是第 3 个。开环低频增益低,故闭环低频增益也低,静态增益仅 0.553。开环幅频曲线在第 2 和第 3 增益交越角频率之间有 1～10 倍的增益,所以闭环系统在这个频率范围内的增益大致上略低于 0 dB;对应于闭环极点 -609 rad/s,最高截止频率约为 609 rad/s。这两点决定了闭环响应能够很快地上冲并且幅值接近于 1。但是由于闭环静态增益低,上冲的峰值与稳态值相比,显得超调量很大,其实响应峰值并未超过 1。

排除 B、C 点这样的情况,可归纳最大超调量与相位裕量的关系如下,对应于图 10-10 中的实线:

$$M_p=100(1-\sin\gamma),\quad 0°<\gamma<90° \tag{10-5}$$

10.2.4　建立时间与相位裕量及增益交越频率的关系

画出开环增益交越角频率固定为 1 rad/s 的情况下,闭环阶跃响应的建立时间与开环相位裕量的分布关系,如图 10-15 所示。可见分布情况不太清晰,在相近的相位裕量下建立时间可能有很大的差别。以下对图中标出的 D、E、L、M、N 这 5 个系统分别进行分析。

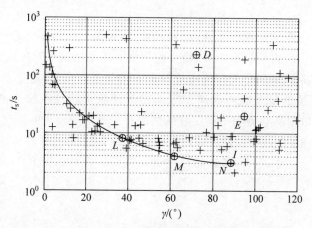

图 10-15 建立时间-相位裕量分布

D 点代表的系统具有 $71.7°$ 的相位裕量,建立时间为 232.7 s。它的开环传递函数为

$$G(s) = \frac{397.14(s + 0.2489)(s + 0.061\,21)}{s(s + 12.31)(s^2 + 11.35s + 32.19)}$$

闭环传递函数为

$$C(s) = \frac{397.14(s + 0.2489)(s + 0.061\,21)}{(s + 0.9367)(s + 0.0118)(s^2 + 22.71s + 547.5)}$$

系统 D 的伯德图如图 10-16 所示,单位阶跃响应曲线如图 10-17 所示。它的闭环频率特性和阶跃响应特性与系统 C 有一定的相似性,开环幅频曲线也是 3 次穿越 0 dB 线,增益分别在 0.016 rad/s 和 17 rad/s 处两次向下穿越 0 dB 线,在 1 rad/s 处向上穿越 0 dB 线。$71.7°$ 的相位裕量是对 17 rad/s 的增益穿越频率而言的。建立时间很长的原因是闭环主导极点位于 -0.0118 rad/s 处。这个极点来源于开环幅频曲线在 0.016 rad/s 处向下穿越了 0 dB 线,是这个增益交越频率支配了闭环系统的建立时间。

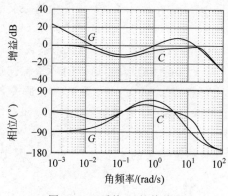

图 10-16 系统 D 的伯德图

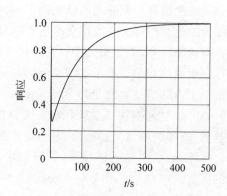

图 10-17 系统 D 的单位阶跃响应

E 点代表的系统具有 $94.8°$ 的相位裕量,建立时间为 19.8 s。它的开环传递函数为

$$G(s) = \frac{823.7(s + 0.084\,62)(s + 0.1573)}{s^2(s + 0.4178)(s^2 + 55.54s + 771.1)}$$

闭环传递函数为

$$C(s) = \frac{823.7(s+0.084\,62)(s+0.1573)}{(s+32.79)(s+21.56)(s+1.407)(s^2+0.1916s+0.011\,02)}$$

系统 E 的伯德图如图 10-18 所示,单位阶跃响应曲线如图 10-19 所示。这个系统的阶跃响应曲线在初始时上升是很快的,这主要是因为极点 -1.407 rad/s 对应的响应分量的权重比较大,主导了初始阶段的响应。但是决定了慢响应的因式 $s^2+0.1916s+0.011\,02$ 在总响应中也占据一定的权重,所以响应曲线不能快速接近终值。这个因式是由于开环幅频特性曲线在增益穿越频率之前的一段频带上增益不够大,使得闭环幅频特性曲线在低频处即向下偏转导致的。

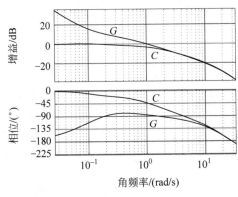

图 10-18　系统 E 的伯德图

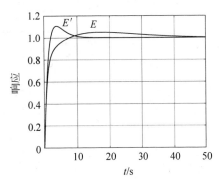

图 10-19　系统 E 和 E' 的单位阶跃响应

设有另一个系统 E,开环传递函数为

$$G_2(s) = \frac{771.1(s+0.010\,76)(s+0.316)}{s^2(s+0.1)(s^2+55.54s+771.1)}$$

其闭环传递函数为

$$C_2(s) = \frac{771.1(s+0.010\,76)(s+0.316)}{(s+32.61)(s+21.86)(s+0.010\,79)(s^2+1.152s+0.3407)}$$

增益穿越频率为 1 rad/s,相位裕量为 $73.4°$。它与系统 E 的开环、闭环伯德图的对比如图 10-20 所示,阶跃响应曲线的对比如图 10-19 所示。系统 E' 与 E 的开环幅频曲线相比,在高频段和低频段是相同的,但是在增益穿越频率之前的一段频率范围内增益更高,使得闭环增益在这一段更接近于 1。相比系统 E 的闭环传递函数的分母因式 $s^2+0.1916s+0.011\,02$ 对应的自然角频率为 0.105 rad/s、阻尼比为 0.91 的一对极点,系统 E' 闭环传递函数分母中的因式 $s^2+1.152s+0.3407$ 对应的极点的自然角频率为 0.584 rad/s,阻尼比为 0.99,因而响应更快,建立时间短。注意 E' 的闭环传递函数存在一个很靠近虚轴的极点 $-0.010\,79$,它与零点 $-0.010\,76$ 非常接近,两者在很大程度上相消。

排除 D、E 这样的系统,L、M 和 N 点在与它们各自的相位裕量相近的系统中具有几乎最短的建立时间,而且也处在分布点相对密集的趋势线上,既具有代表性,也是追求高的系统性能所需要关注的典型。

系统 L 是一个相位裕量为 $37.3°$、调整时间为 8.2 s、最大超调量为 42.2% 的系统。它的开环传递函数为

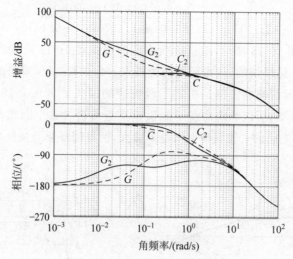

图 10-20　系统 E 和 E' 的伯德图

$$G(s) = \frac{75.639(s+0.8564)(s+16.85)}{s^2(s+4.016)(s^2+10.97s+406.9)}$$

闭环传递函数为

$$C(s) = \frac{75.639(s+0.8564)(s+16.85)}{(s+3.434)(s^2+0.7172s+0.789)(s^2+10.83s+402.7)}$$

系统 L 的伯德图如图 10-21 所示，单位阶跃响应如图 10-22 所示。开环幅频曲线以 -40 dB/dec 的斜率接近 0 dB 线，在已经非常接近增益穿越频率的 0.8564 rad/s 处转为 -20 dB/dec。-40 dB/dec 的斜率对应 $-180°$ 的相位，-20 dB/dec 的斜率对应 $-90°$ 的相位，因此系统的相位裕量比较小，并决定了比较大的超调量。

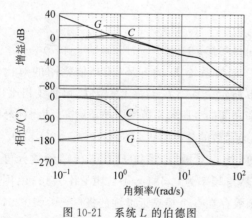

图 10-21　系统 L 的伯德图

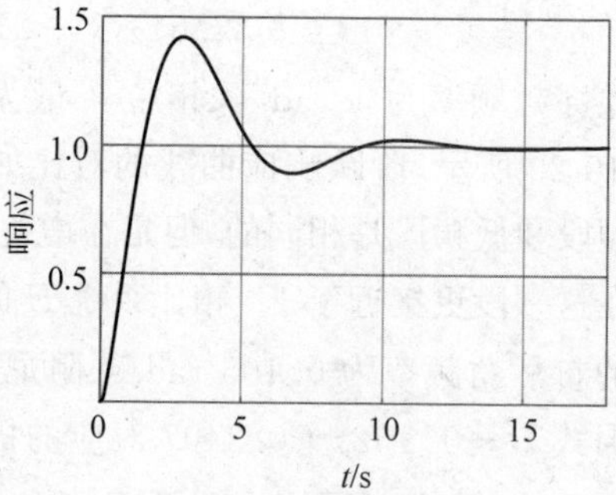

图 10-22　系统 L 的单位阶跃响应

系统 M 是一个相位裕量为 61.6°、调整时间为 3.9 s、最大超调量为 8.6% 的系统。它的开环传递函数为

$$G(s) = \frac{2.988(s+7.577)(s+5.543)}{s(s+1.29)(s^2+11.39s+78.99)}$$

闭环传递函数为

$$C(s) = \frac{2.988(s+7.577)(s+5.543)}{(s^2+1.59s+1.621)(s^2+11.09s+77.41)}$$

系统 M 的伯德图如图 10-23 所示,单位阶跃响应如图 10-24 所示。开环幅频曲线以 -20 dB/dec 的斜率穿越 0 dB 线,在 1.29 rad/s 处转为 -40 dB/dec。相位裕量比系统 L 大,超调量比较小。

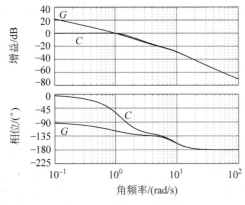

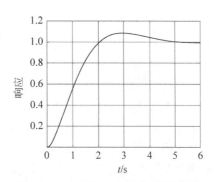

图 10-23　系统 M 的伯德图　　　　　　　　图 10-24　系统 M 的单位阶跃响应

系统 N 是一个相位裕量为 88.4°、调整时间为 3.1 s、无过冲的系统。它的开环传递函数为

$$G(s) = \frac{5.8934(s+7.212)(s+2.844)}{s(s+3.084)(s^2+7.579s+40.17)}$$

闭环传递函数为

$$C(s) = \frac{5.8934(s+7.212)(s+2.844)}{(s+3.18)(s+0.966)(s^2+11.09s+77.41)}$$

系统 N 的伯德图如图 10-25 所示,单位阶跃响应如图 10-26 所示。开环幅频曲线以 -20 dB/dec 的斜率穿越 0 dB 线,零点 -2.844 和极点 -3.084 很接近,曲线在 3 rad/s 附近没有发生明显的转折;一对共轭复数极点对应的自然角频率为 6.338 rad/s,而在 -7.212 rad/s 处有一个零点,这两个频率也比较接近,因此在此处曲线斜率才转为 -40 dB/dec。相位裕量比系统 M 大,阶跃响应曲线完全没有超调。另外也应注意,系统 M 的上升时间约为 2 s,而系统 N 在 2 s 时仅上升到约 0.86。

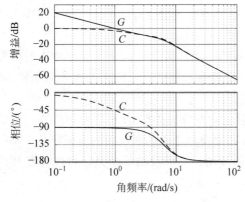

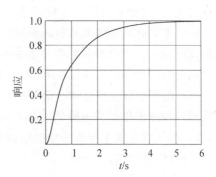

图 10-25　系统 N 的伯德图　　　　　　　　图 10-26　系统 N 的单位阶跃响应

对图 10-15 中系统 L、M、N 所处的数据点分布趋势进行归纳,得到闭环系统的建立时间与相位裕量的关系如下,对应于图中的实线:

$$t_{s(5\%)} = \left(\frac{8}{\sin\gamma} - 5\right) \cdot \frac{1}{\omega_c}, \quad 0° < \gamma < 90° \tag{10-6}$$

10.2.5　闭环截止角频率与开环增益交越角频率的关系

排除上述 A、B、C、D、E 这样的系统,闭环截止频率与开环增益穿越频率之比随相位裕量的分布如图 10-27 所示。可见两者之比多在 1~2 之间。

应该注意,式(10-4)~式(10-6)是对一般系统的响应特性参数进行归纳的结果,并不意味着每一个系统的参数都符合这些关系。这些关系式可以用来转换从不同角度提出的对控制系统的性能要求。比如从闭环阶跃响应的角度提出对最大超调量和建立时间的要求,则可以转换为对系统开环相位裕量和增益穿越频率的要求。

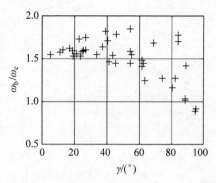

图 10-27　截止频率与交越频率的比值-相位裕量分布

10.3　理想的系统开环频率特性

由以上讨论,可以总结理想的系统开环频率特性如下:

(1) 在低频段应具有高增益。低频段的增益反映了闭环系统的稳态误差水平。

(2) 应具有 60°~90° 的相位裕量。具有正相位裕量仅能保证闭环系统稳定,有足够的相位裕量才能保证系统在瞬态响应过程中不出现太大的过冲。由于开环相频特性总体上呈现随着频率升高而逐渐下降的趋势,太大的相位裕量往往表明系统的增益穿越频率还有提高的空间。由于斜率为 $-20\ \mathrm{dB/dec}$、$-40\ \mathrm{dB/dec}$ 的对数幅频折线分别对应 $-90°$、$-180°$ 的相位趋向,如果用两段折线近似,在折线交接处的相位为 $-135°$,如果幅频折线恰在这个频率处穿越 0 dB 线,则系统的相位裕量仅为 45°。因此,一般应使对数幅频折线以 $-20\ \mathrm{dB/dec}$ 的斜率穿越 0 dB 线。

(3) 应具有尽量高的增益穿越频率。增益穿越频率与相位裕量一起主导了闭环系统的建立时间,其中建立时间与增益穿越频率之间为反比关系。

(4) 在增益穿越频率之前的频段内,应在不影响相位裕量的前提下随着频率的降低迅速提高增益。否则闭环系统在增益穿越频率之前的零点和极点无法充分接近而相消,残留的慢响应分量导致输出不能快速趋近期望输出。

(5) 在高于增益穿越频率的频段,应尽量避免谐振峰的存在,在不影响相位裕量的前提下应随着频率的提高快速降低增益。出现在开环增益低于 1 的频段内的谐振峰几乎不受压制,容易在干扰作用下导致系统的输出叠加高频波动。高频段的低增益还可以抑制环路中的高频噪声对输出的影响。

第 11 章

较优的系统模型

本章讨论综合性能比较好的系统模型，为闭环系统设计提供参考。

11.1 综合误差指标

评价一个系统的动态响应品质，可以用阶跃响应的建立时间和最大超调量，或者再结合使用延迟时间等其他指标；评价系统对阶跃输入的稳态误差，当然可以用响应函数的终值。这些都是利用响应曲线上的某几个特征点来评价系统的性能。也可以考虑对实际输出与期望输出之间的整条误差曲线用某种方式予以评估，得到某种综合误差指标。

设一个单位反馈系统的单位阶跃响应函数为 $y(t)$，理想输出函数为 $1(t)$，误差函数为 $\delta(t)=1(t)-y(t)$。可以将误差绝对值函数关于时间的积分值作为一个评价指标，即

$$I_1 = \int_0^\infty |\delta(t)| \, \mathrm{d}t \tag{11-1}$$

或者将误差平方函数关于时间的积分值作为评价指标，即

$$I_2 = \int_0^\infty \delta^2(t) \mathrm{d}t \tag{11-2}$$

还可以将误差绝对值函数乘以时间，再积分，作为评价指标，即

$$I_3 = \int_0^\infty |\delta(t)| \cdot t \cdot \mathrm{d}t \tag{11-3}$$

这些曲线和积分值示意于图 11-1。

显然，如果一个系统的单位阶跃响应超调量大或建立时间长或具有稳态误差，则它的 I_1、I_2、I_3 值会比超调量小、建立时间短、稳态误差小的系统大。大的瞬时误差在 I_2 中会比在 I_1 中占据更大的比重，因此，如果采用 I_2 评价一个系统，意味着相对于 I_1 更强调尽快减小大的误差。I_3 这个指标对响应初始阶段的误差容忍度高，但时间越长，对应时刻的误差的权重越高，所以更偏重于系统在经过一段时间后具有更小的误差。

如果闭环系统的单位阶跃响应近似于一阶系统，参考式(4-2)，则无论以上述哪个标准评价，都

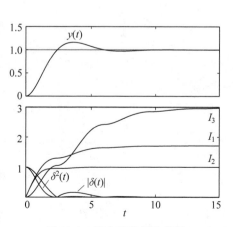

图 11-1　综合误差评价指标

是参数 T 越小，积分值越小，系统越优。

如果闭环系统的单位阶跃响应近似于欠阻尼二阶系统，对有实测数据的情况，自然可以选用式(11-1)~式(11-3)计算系统的综合误差指标。但为了给系统设计提供参考，以下基于二阶系统的单位阶跃响应函数式(4-16)，并对以上综合误差指标略作修改，寻求优化的参数值。

根据式(4-16)可以得到误差函数，但其形式较为复杂，是幅值衰减的正弦振荡。为了简化问题，忽略正弦项而只取振荡的幅值作为误差函数。则如果以误差绝对值积分为评价指标，即

$$I_1 = \int_0^\infty \frac{\mathrm{e}^{-\zeta\omega_n t}}{\sqrt{1-\zeta^2}}\mathrm{d}t = \frac{1}{\zeta\omega_n\sqrt{1-\zeta^2}}$$

设 ω_n 为定值，为了寻找令 I_1 取得极小值的阻尼比的取值，令

$$\frac{\mathrm{d}I_1}{\mathrm{d}\zeta} = -\left(\zeta\omega_n\sqrt{1-\zeta^2}\right)^{-2}\omega_n\left(\sqrt{1-\zeta^2}-\frac{\zeta^2}{\sqrt{1-\zeta^2}}\right)=0$$

解得 $\zeta=1/\sqrt{2}$。即在以振荡幅值的时间积分最小的意义上，阻尼比约为 0.7071 的二阶振荡系统是最优的。

如果以误差项振幅的平方对时间积分为评价指标，即

$$I_2 = \int_0^\infty \frac{\mathrm{e}^{-2\zeta\omega_n t}}{1-\zeta^2}\mathrm{d}t = \frac{1}{2\zeta\omega_n(1-\zeta^2)}$$

令

$$\frac{\mathrm{d}I_2}{\mathrm{d}\zeta} = -\frac{1}{2\omega_n}\left[\zeta(1-\zeta^2)\right]^{-2}\omega_n(1-3\zeta^2)=0$$

解得 $\zeta=1/\sqrt{3}$。即在以振荡幅值平方的时间积分最小的意义上，阻尼比约为 0.5774 的二阶振荡系统是最优的。

如果以误差项振幅与时间之积的积分为评价指标，即

$$I_3 = \int_0^\infty \frac{t\mathrm{e}^{-\zeta\omega_n t}}{\sqrt{1-\zeta^2}}\mathrm{d}t = \frac{1}{-\zeta\omega_n\sqrt{1-\zeta^2}}\int_0^\infty t\,\mathrm{d}\mathrm{e}^{-\zeta\omega_n t}$$

$$= \frac{1}{-\zeta\omega_n\sqrt{1-\zeta^2}}\left(t\mathrm{e}^{-\zeta\omega_n t}\Big|_0^\infty - \int_0^\infty \mathrm{e}^{-\zeta\omega_n t}\mathrm{d}t\right) = \frac{1}{\zeta^2\omega_n^2\sqrt{1-\zeta^2}}$$

令

$$\frac{\mathrm{d}I_3}{\mathrm{d}(\zeta^2)} = -\frac{1}{\omega_n^2}\left[\zeta^2\sqrt{1-\zeta^2}\right]^{-2}\left(\sqrt{1-\zeta^2}-\frac{\zeta^2}{2\sqrt{1-\zeta^2}}\right)=0$$

解得 $\zeta=\sqrt{2/3}$。即在以振荡幅值与时间之积的积分最小的意义上，阻尼比为 0.8165 的二阶振荡系统是最优的。

当二阶系统的阻尼比分别为 0.5774、0.7071 和 0.8165 时，阶跃响应的最大超调量分别为 10.8%、4.3% 和 1.2%。

11.2　较优的 I 型系统

设有某种开环传递函数为 I 型的系统，闭环传递函数为二阶系统，确定使得此二阶系统在某种综合误差指标意义下最优的参数配置。

只有开环传递函数的形式为

$$G(s) = \frac{K}{s(Ts+1)} \tag{11-4}$$

的系统,闭环传递函数为没有零点的二阶系统,其闭环传递函数为

$$C(s) = \frac{\dfrac{K}{T}}{s^2 + \dfrac{1}{T}s + \dfrac{K}{T}}$$

即其自然角频率为 $\omega_n = \sqrt{K/T}$,阻尼比为 $\zeta = 1/\sqrt{4KT}$。这种系统对常值输入的稳态误差为零,并可以通过调节开环参数 K 的值改变闭环系统的阻尼比。比如以综合误差指标 I_1 最小为目标,应使

$$K = \frac{1}{2T} \tag{11-5}$$

这样闭环系统的阻尼比为 0.707,自然角频率为 $0.707/T$。系统的开环伯德图如图 11-2 所示。

系统的稳态速度误差系数 $K_v = 1/(2T)$。如果采用近似幅频折线图,可得增益穿越角频率 $\omega_c = K_v$。

另外由图 11-2 可见,只要增益穿越角频率之前幅频折线图的斜率为 -20 dB/dec 或 -40 dB/dec,稳态速度误差系数就一定等于或大于增益穿越角频率。

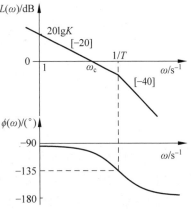

图 11-2　较优的 I 型系统伯德图

11.3　较优的 II 型系统

设一个系统的开环传递函数如式(11-4)所示,其稳态速度偏差系数为 K,对斜坡输入信号存在稳态偏差。如果需要系统对斜坡输入无稳态偏差,系统的开环传递函数可取为 II 型。考虑如下形式的开环传递函数:

$$G(s) = \frac{K(T_2 s + 1)}{s^2(T_3 s + 1)} \tag{11-6}$$

其中静态加速度偏差系数为 K,开环系统的伯德图如图 11-3 所示。

如果令 T_2 和 T_3 的值固定不变而增大或减小增益 K,幅频曲线会整体向上或向下平移,增益穿越角频率增大或减小。当 K 取值太大或太小时,增益穿越角频率会很高或很低,对应的相位裕量都会很小,使得闭环谐振峰值高、阶跃响应超调量大。存在合适的 K 值,使得闭环系统的谐振峰和阶跃响应的超调量相对比较小。但也应注意,相对较小的 K 值意味着对加速度输入的稳态偏差相对较大。

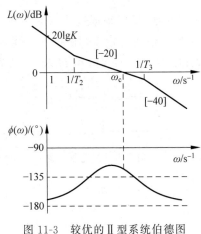

图 11-3　较优的 II 型系统伯德图

设根据实际应用情况先确定了 T_3 的值,而 T_2

和 K 是可以改变的。对一个给定的 T_2，取不同的 K 值,得到相应的闭环系统的谐振峰值,可以画出谐振峰值随 K 值的变化曲线。记 $h=T_2/T_3$,取不同的 h 值,可画出谐振峰值随 K 值变化的一族曲线,如图 11-4 所示。

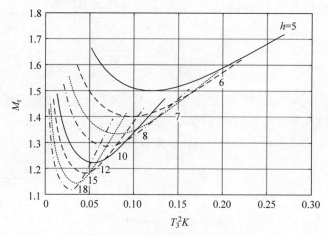

图 11-4 Ⅱ型系统闭环谐振峰值与增益的关系

由图可见,在每一个 h 取值下,都存在使得闭环谐振峰值最低的 K 值。随着 h 取值的增大,闭环系统有可能达到更低的谐振峰值。在确定的稳态加速度误差系数要求下,可以根据曲线族选择能够达到最低谐振峰值的 h 值。也可以根据对闭环谐振峰值的要求,选择可以达到最大稳态加速度误差系数的 h 值。

例如一个系统的 $T_3=0.1$ s,希望稳态加速度误差系数 $K_a=K\geqslant10$ s^{-2},则应有 $T_3^2K\geqslant0.1$。在图 11-4 中,横坐标 0.1 对应的能够实现最低谐振峰值的曲线是 $h=8$,则可以得到 $T_2=8T_3=0.8$ s,在这样的参数配置下,闭环谐振峰值 $M_r\approx1.33$。

显然,在 T_3 确定的情况下,增大稳态加速度误差系数与降低闭环谐振峰值这两个期望是互相矛盾的,只能根据实际情况取折中。

11.4 基于期望频率特性的控制器设计方法

单位反馈系统理想的开环频率特性已在 10.3 节中作了总结,可以根据这些原则并结合实际情况确定期望的开环频率特性;也可以选用更定量化的开环系统模型,比如 11.2 节和 11.3 节讨论的模型。以图 11-5 表示一个反馈控制系统,其中 $G_a(s)$、$G_c(s)$ 和 $H(s)$ 分别为被控对象、控制器和反馈元件的传递函数。这里的控制器与控制对象串联在前向通道中,又称串联校正。由于开环传递函数 $G(s)=G_c(s)G_a(s)H(s)$,所以在 $G_a(s)$ 和 $H(s)$ 都已知,因而开环频率特性确定的情况下,可以很容易地确定控制器的传递函数 $G_c(s)$。

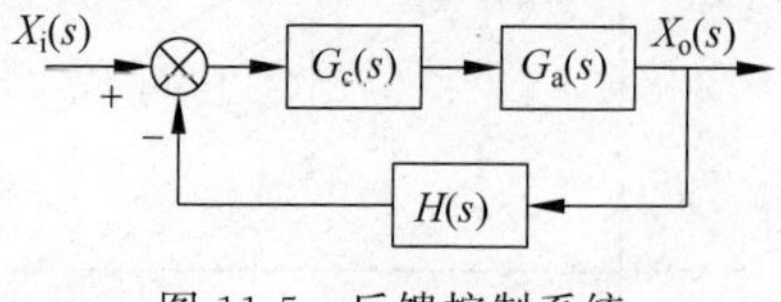

图 11-5 反馈控制系统

例 11-1 已知在一个单位反馈系统中,被控对象的传递函数 $G_a(s)$ 如下:

$$G_a(s)=\frac{1}{100s+1}$$

期望将系统设计为 I 型系统,在 I_1 最小的意义下最优,并且稳态速度误差系数不低于 $0.05\ s^{-1}$。确定控制器的传递函数 $G_c(s)$。

根据 11.2 节所述,应把此系统的开环传递函数设计为式(11-4)的形式。由对系统稳态速度误差系数的要求,应有 $K_v = K \geqslant 0.05\ s^{-1}$。取 $K = 0.05\ s^{-1}$。

根据式(11-5),应有

$$T = \frac{1}{2K} = 10\ s$$

则开环传递函数应为

$$G(s) = \frac{0.05}{s(10s+1)}$$

画出 $G(s)$ 和 $G_a(s)$ 对应的伯德图,如图 11-6 所示。由于 $G(s) = G_c(s)G_a(s)$,控制器的对数幅频特性曲线应为开环与被控对象的对数幅频特性曲线之差。由此可确定控制器的幅频特性,其传递函数应为

$$G_c(s) = \frac{G(s)}{G_a(s)} = \frac{0.05(100s+1)}{s(10s+1)}$$

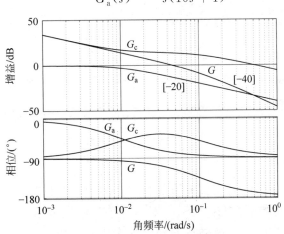

图 11-6 例 11-1 的伯德图

例 11-2 已知被控对象的传递函数 $G_a(s)$ 和反馈元件的传递函数 $H(s)$ 如下:

$$G_a(s) = \frac{10}{s(0.1s+1)^2}, \quad H(s) = \frac{1}{0.01s+1}$$

期望闭环系统对斜坡输入无稳态误差,且闭环谐振峰值不高于 1.25。确定控制器的传递函数 $G_c(s)$。

根据被控对象和反馈元件的传递函数,可得

$$G_p(s) = G_a(s)H(s) = \frac{10}{s(0.1s+1)^2(0.01s+1)}$$

反馈元件的截止角频率为 100 rad/s,闭环系统的带宽应远低于反馈元件的带宽。参考图 11-3 可知,$1/T_3$ 应比较接近于闭环带宽,可设 $T_3 = 0.1\ s$。

由图 11-4 可知,如果谐振峰值为 1.25,则能够达到最大稳态加速度误差系数的参数为 $h=10, K_a=K\approx 0.075/T_3^2$。则 $T_2=1\ \text{s}, K=7.5\ \text{s}^{-2}$。开环传递函数应为

$$G_1(s)=\frac{7.5(s+1)}{s^2(0.1s+1)}$$

画出 $G_p(s)$ 与 $G_1(s)$ 的伯德图,如图 11-7 所示,两者的对数幅频特性曲线之差即控制器应有的幅频特性。控制器的传递函数应为

$$G_{c1}(s)=\frac{G(s)}{G_p(s)}=\frac{0.75(s+1)(0.1s+1)(0.01s+1)}{s} \tag{11-7}$$

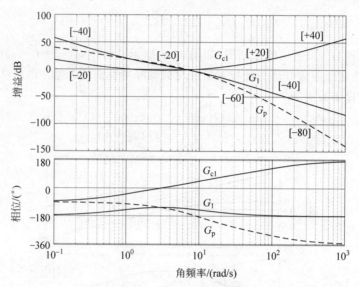

图 11-7　例 11-2 的伯德图

传递函数 $G_{c1}(s)$ 分子中的因式 $0.01s+1$ 既不影响开环系统的低频增益,对增益穿越频率和相位裕量的影响也很小,只影响对高频信号的衰减倍数,所以可以考虑取消这个因式。将其取消后有利于衰减高频噪声。这个因式的出现是因为开环频率特性的设计目标完全采用了图 11-3 的形式,实际上图 11-3 重点关注的是从低频段到增益穿越频率附近的频率特性,如果高频段存在极点,只要它不对中频段特性造成大的影响就可以容忍,或者对开环参数稍作修正即可。如果取消控制器中的这个因式,相位裕量会略有降低。为了达到要求的谐振峰值,降低系统的加速度误差系数至 $5.5\ \text{s}^{-2}$,即取控制器的传递函数为

$$G_{c2}(s)=\frac{0.55(0.01s+1)(0.1s+1)}{s}$$

画出 $G_{c2}(s)$ 及采用这种控制器的系统的开环伯德图,如图 11-8 所示。

画出采用这两种控制器时对应的闭环频率响应曲线,分别如图 11-9 中 C_1 和 C_2 所示,一些性能参数如表 11-1 所示。采用第二种控制器时,截止角频率和稳态加速度误差系数都比采用第一种控制器略低,但是另一方面,其传递函数形式简单一些,系统对高频段噪声的衰减也更好。

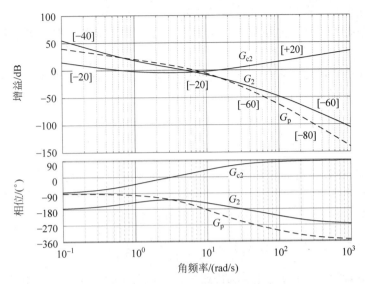

图 11-8　例 11-2 控制器修改后的伯德图

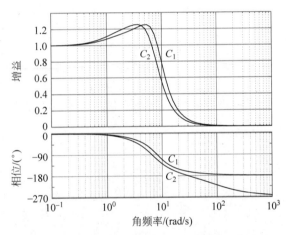

图 11-9　采用两种控制器时的闭环频率特性图

表 11-1　采用两种不同控制器时的系统性能参数

控制器	谐振角频率/ （rad/s）	谐振峰值	截止角频率/ （rad/s）	稳态加速度误差系数/ （rad/s²）
$G_c(s)$	5.15	1.25	10.65	7.5
$G_c'(s)$	3.62	1.25	8.63	5.5

习　题

11-1　如果一个 I 型系统的开环传递函数如式(11-4)所示，要使闭环阶跃响应无过冲，应如何设置开环参数？

11-2　设一个Ⅱ型系统的开环传递函数如式(11-6)所示，$T_3 = 1$ s。

（1）要求稳态加速度误差系数 $K_a \geqslant 0.08$ 且闭环幅频曲线具有尽可能低的谐振峰值，写出开环传递函数，画出开环和闭环伯德图。

（2）如果保持开环传递函数的零点和极点不变，而尽可能地降低闭环谐振峰值，K 值应如何修改？画出开环和闭环伯德图。

11-3　有一个单位反馈系统，被控对象的传递函数为

$$G_a(s) = \frac{50}{(s+2)(s+10)}$$

设计控制器，使校正后的开环系统为Ⅰ型，稳态速度误差系数为 5，且闭环系统的阻尼比为 0.707。

11-4　有一个单位反馈系统，被控对象的传递函数为

$$G_a(s) = \frac{500}{s(s+11)(s+100)}$$

设计控制器，使校正后的开环系统传递函数如式(11-6)所示，$T_3 = 0.01$ s，稳态加速度误差系数 $K_a \geqslant 1000$ s^{-2}，且闭环系统具有尽可能低的谐振峰值。

第 12 章

控　制　器

12.1　控制器的类型与原理

一个未经控制器(也称为调节器、补偿器等)校正的系统,其开环频率特性一般不会很理想。这就需要用控制器进行校正,使得未校正系统与控制器串联后的开环频率特性满足性能要求。11.4 节讨论了根据期望的开环频率特性和实际被控对象及反馈元件的传递函数确定控制器传递函数的方法,应用这个方法时需要对被控对象和反馈元件的传递函数掌握得比较确切,所得到的控制器的传递函数也可能比较复杂,比如式(11-7)。本章讨论各种基本类型的控制器,包括其形式和作用原理。

在图 11-5 所示的系统中,一般来说反馈元件的频率特性是低通性质。为了能够快速、准确地反馈输出量,反馈元件的截止频率应至少比闭环系统的截止频率高几倍,而且在闭环带宽范围内增益平坦、相位滞后小,即近似于常数。将图 11-5 等效变换为图 12-1(a),其中闭环部分是一个单位反馈系统,而环外的 $1/H(s)$ 在闭环带宽范围内可近似为一个常值。令 $G_p(s)=G_a(s)H(s)$,可把单位反馈闭环部分表示为图 12-1(b),这样就将一般单输入单输出系统的设计问题归为这个单位反馈系统的控制器传递函数的设计问题。

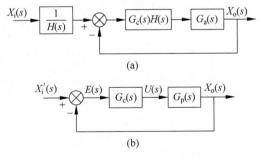

(a)

(b)

图 12-1　待校正的单位反馈系统

将 $G_p(s)$ 作为单位反馈系统的被控对象,控制器的输入量是系统的偏差,输出量是作用在被控对象上的控制量。控制器的功能是把偏差 ε 转换为控制量 u。

12.1.1　比例控制器

设一个被控对象的传递函数为

$$G_p(s) = \frac{2}{(0.1s + 1)(0.01s + 1)} \tag{12-1}$$

其对数幅频特性如图 12-2 中的折线 G_p，设控制器的传递函数 $G_c(s) = 1$，评估这个系统的开环和闭环特性。开环系统具有两个极点，在当前增益下，开环幅频特性以斜率 -20 dB/dec 穿越 0 dB 线，且交越频率 ω_{c1} 距离斜率为 0 的线段比距离斜率为 -40 dB/dec 的线段更近，系统具有 $90°$ 以上的相位裕度 γ_1。相位裕量充足，但偏大。开环系统为 0 型系统，且幅频特性的低频段增益比较低，因此稳态位置误差系数小，稳态误差大。大的相位裕量使得闭环系统不会有谐振峰，但比较低的增益穿越角频率决定了低的闭环截止角频率。闭环系统的阶跃响应会是一条没有过冲但建立时间比较长的曲线。

为了提高开环系统的增益穿越角频率和稳态位置误差系数，最简单的方法是适当提高开环幅频增益。令控制器的传递函数为一个大于 1 的比例系数，使得开环幅频曲线整体向上平移，可以同时提高增益穿越角频率和稳态位置误差系数。这就是比例控制器的作用。比例控制器的传递函数一般表示为

$$G_c(s) = K_P \tag{12-2}$$

控制量与偏差之间的关系为

$$u(t) = K_P \varepsilon(t) \tag{12-3}$$

注意图 12-2 中 K_{p1} 和 K_{p2} 表示稳态位置误差系数，下标为小写字母；比例系数 K_P 的下标为大写字母。取 $G_c(s) = 2.5$，校正后系统的增益穿越角频率 $\omega_{c2} \approx 44$ rad/s，相位裕量 $\gamma_2 \approx 79°$，稳态位置误差系数为 5。

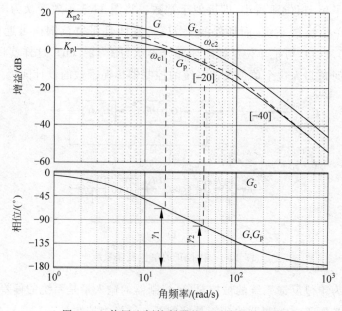

图 12-2　使用比例控制器校正系统的伯德图

比例控制器已经在 6.1.2 节中讨论温控系统时使用过。

一般被控对象的频率特性总体上是低通性质,相位随频率的增大而减小。如果一个系统 $G_p(s)$ 的特性使开环相位裕量不足,则使用比例控制器时应令 $K_P<1$,使开环幅频曲线整体向下平移,降低增益穿越角频率,从而增大相位裕量。可见比例控制器比例系数的设置原则是:在保证系统相位裕量的前提下采用尽可能大的增益。这样会获得可能的最大增益穿越频率和最小的稳态误差。

12.1.2　积分控制器

仍以上述的被控对象为例,如果采用比例控制器,开环系统为 0 型,即使对阶跃输入也有稳态偏差。如果希望把系统校正成 I 型系统,就需要用到积分器。积分控制器的传递函数为

$$G_c(s) = \frac{K_I}{s} \tag{12-4}$$

其中 K_I 为积分系数。控制量与偏差之间的关系为

$$u(t) = K_I \int_0^t \varepsilon(t)\mathrm{d}t \tag{12-5}$$

如图 12-3 所示,积分环节的相频关系在任何大于 0 的频率上都是 $-90°$,所以经过积分器校正后,开环系统的相频曲线整体降低 $90°$。为了使系统具有合适的相位裕量,不得不令幅频曲线在较低的频率处穿越 0 dB 线,即取较低的增益穿越频率。取 $G_c(s)=2.5/s$,校正后系统的增益穿越角频率 $\omega_{c2} \approx 4.55$ rad/s,相位裕量 $\gamma_2 \approx 63°$,稳态速度误差系数为 5 s^{-1}。

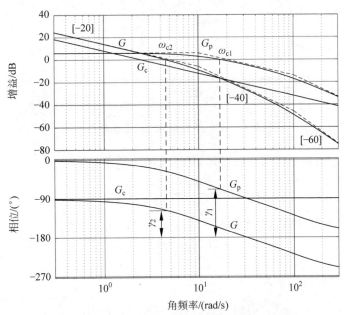

图 12-3　使用积分控制器校正系统的伯德图

积分控制器已经在 6.1.3 节中讨论如何实现对阶跃输入零稳态误差时使用过。

采用积分控制器可以使开环系统的型次提高 1,校正前后的稳态误差会有质的区别,这是积分控制器的主要优势。但是积分器的 $-90°$ 相位特性会迫使设计者降低闭环带宽,从而

严重拉长建立时间,也倾向于增大过冲。

12.1.3 比例-积分控制器

在上面的例子中,采用比例控制器可以获得较高的增益穿越频率,闭环系统快速性好,但是开环仅为 0 型系统,稳态误差大;采用积分控制器可以把系统校正为 I 型系统,对阶跃输入无稳态误差,但系统的增益穿越频率低,快速性差。注意到采用积分控制器的主要目的是改变开环系统低频部分的特性,所以可以尝试在控制器的低频部分采用积分特性,而在中高频段采用比例特性。这样可能既获得较高的增益穿越频率,又使系统成为 I 型系统,可以兼具快速性和准确性。如图 12-4 所示,采用如此形式的控制器确实可以实现期望的开环频率特性:增益穿越角频率可达 45.5 rad/s,相位裕量为 65°,稳态速度误差系数为 50 s^{-1}。

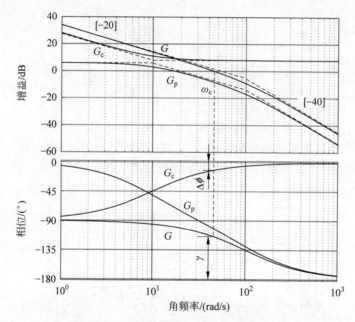

图 12-4 使用 PI 控制器校正系统的伯德图

根据此控制器的幅频特性曲线可知,其传递函数应有 1 个零点:

$$G_c(s) = \frac{K_P(s-z)}{s} = K_P + \frac{K_I}{s} \tag{12-6}$$

比如在图 12-4 中所用的控制器的传递函数为

$$G_c(s) = \frac{25(0.1s+1)}{s} = 2.5 + \frac{25}{s}$$

则控制量与偏差之间的关系为

$$u(t) = K_P \varepsilon(t) + K_I \int_0^t \varepsilon(t) \mathrm{d}t \tag{12-7}$$

这样的控制器是把比例控制量与积分控制量叠加,如图 12-5 所示,称为"比例-积分控制器"(proportional-integral controller,PI 控制器)。其幅频折线图如图 12-6 所示,转角角频率为 K_I/K_P,高频增益为 K_P。

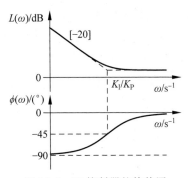

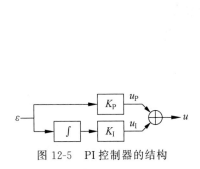

图 12-5　PI 控制器的结构　　　　　　　　　　图 12-6　PI 控制器的伯德图

　　既然 PI 控制器输出的控制量由比例和积分两部分组成,那么哪一部分在总控制量中所占的比重更大呢? 对上述系统用单位阶跃信号激励,仿真其控制量及响应波形。仿真的 MATLAB-Simulink 模型如图 12-7 所示,波形如图 12-8 所示。

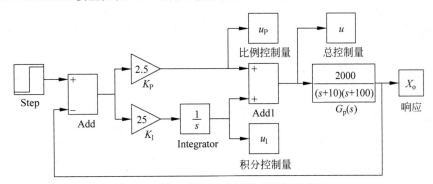

图 12-7　用 PI 控制器校正系统的仿真模型

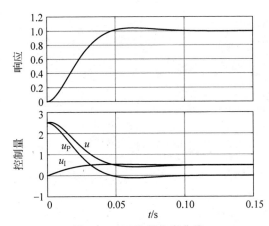

图 12-8　PI 控制仿真曲线

　　图 12-8 中比例控制量用 u_P 表示,积分控制量用 u_I 表示,总控制量用 u 表示。由图 12-8 可见,在阶跃信号激励下,闭环输出上升,偏差量减小,比例控制量随之下降;当响应出现超调时,比例控制量为负值;当最终输出达到稳态值时,偏差应为 0,比例控制量也为 0。积分控制量在初始时刻为 0,随着偏差积分而逐渐增大;当系统输出接近稳态值,偏差趋近于 0 时,积分控制量不再变化。故在偏差大时,比例控制量起主要作用;在偏差小时,比例控制

量小,要依靠偏差随时间的积分产生控制量。

如图 12-4 所示,从低频到高频,PI 控制器的相频特性由 $-90°$ 变化到 $0°$,对开环频率特性带来相位滞后,不利于提高增益穿越频率。但是只要把 PI 控制器的转角频率设置为增益穿越频率的几分之一以下,其造成的相位滞后就比较小,如图中的 $\Delta\phi$。

12.1.4 相位滞后校正器

设有一个系统,未经校正的开环传递函数为

$$G_p(s) = \frac{20}{s(0.025s+1)(0.05s+1)}$$

伯德图如图 12-9 所示。不进行校正时,增益穿越角频率为 ω_{c0},相位裕量为 γ_0,比较小。为了增大相位裕量,可以采用增益低于 1 的比例校正 $G_{c1}(s) = 0.2$,使得校正后的开环频率特性 G_1 的穿越角频率降低为 $\omega_{c1,2}$,相位裕量增大为 γ_1。然而这个比例校正同时降低了低频段增益,会使闭环系统对斜坡输入的稳态误差增大为原来的 5 倍。为了不降低低频增益,可改用图中频率特性标为 G_{c2} 的校正器,它的低频部分比高频部分增益高,其间过渡曲线的近似折线的斜率为 -20 dB/dec。用 $G_{c2}(s)$ 校正后的系统开环频率特性如曲线 G_2 所示。

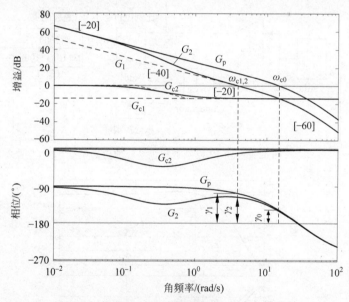

图 12-9 使用相位滞后控制器校正系统的伯德图

这种校正器有一个极点和一个零点,且极点的绝对值小于零点的绝对值,其传递函数可表示为

$$G_c(s) = \frac{K(s-z)}{s-p} \qquad (12\text{-}8)$$

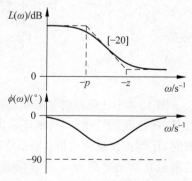

其伯德图如图 12-10 所示,相位在 $0° \sim -90°$ 之间,是滞后的,所以常被称为"相位滞后校正器"。图 12-9 中经滞后校正的系统的相位裕量为 γ_2,比 γ_1 略小。然而使用这种校正器显然不是为了利用其相位滞后特性,而是利用其低频段可以具有比高频段更高的比例系数的特性,

图 12-10 相位滞后控制器的伯德图

从而同时保证足够的相位裕量和低的稳态误差。

12.1.5　比例-微分控制器

假定有甲、乙两个采用比例控制器的闭环控制系统,在阶跃激励下甲系统的输出值上升,在接近稳态值时上升的速度适中,则可能不会出现大的超调量,系统的动态响应特性比较好;如果乙系统在输出值接近稳态值时上升的速度仍然很快,则很可能会有大的超调量。如果有人能够直接干预系统的控制量,当他看到乙系统的情况时,为了避免超调,就应该提前减小控制量,甚至采用负的控制量。这里采用的控制策略不仅考虑了系统的偏差,还考虑了偏差的变化速度,控制量与偏差之间的关系可表示为

$$u(t) = K_{P}\varepsilon(t) + K_{D}\dot{\varepsilon}(t) \tag{12-9}$$

其中 K_D 为微分系数,一般为正值。在正阶跃激励下,输出上升,偏差减小,偏差的导数为负值,其对应的控制量也是负值,使总控制量减小。这种控制器的传递函数为

$$G_{c}(s) = K_{P} + K_{D}s \tag{12-10}$$

称为"比例-微分控制器"(proportinal-derivative controller,PD 控制器)。比例-微分控制器的控制量由比例控制量和微分控制量两部分叠加而成,如图 12-11 所示。PD 控制器的对数幅频折线图如图 12-12 所示,斜率是由 0 转为 +20 dB/dec,转角角频率为 K_P/K_D。

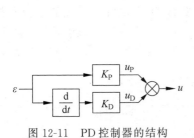

图 12-11　PD 控制器的结构

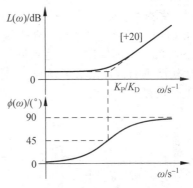

图 12-12　PD 控制器的伯德图

仍然考虑 12.1.4 节的控制问题。假设采用比例-微分控制器 $G_{c3}(s) = 1 + 0.05s$,画出控制器和校正后的开环系统 G_3 的伯德图,并与采用滞后校正器的情况对比,如图 12-13 所示。由于控制器有 +20 dB/dec 的幅频折线段,使开环系统的高频段由未校正时的 −60 dB/dec 的斜率改变为 −40 dB/dec;PD 控制器的相位特性是由 0°增大为 90°,使开环系统的相位滞后总体上减小。在所采用的参数下,PD 校正后系统的增益交越角频率 $\omega_{c3} = 18.2 \ s^{-1}$,相位裕量 $\gamma_3 = 65.5°$。而采用滞后校正的系统增益穿越角频率 $\omega_{c2} = 4 \ s^{-1}$,相位裕量 $\gamma_2 = 64°$。采用 PD 控制器与采用滞后校正相比,校正后系统的相位裕量略优而增益穿越角频率高数倍,因此其建立时间必然只是采用滞后校正的系统的几分之一。

未经校正的系统 $G_p(s)$ 的特点是相位裕量低。为了获得足够的相位裕量,滞后校正是通过压低中频和高频段的增益,使增益穿越频率落在相位滞后不那么严重的频段上,这一般会降低增益穿越频率;比例-微分控制器是通过引入相位超前,削弱系统的相位滞后,从而得以在较高的频率上实现增益穿越,获得高的闭环带宽和快速性。

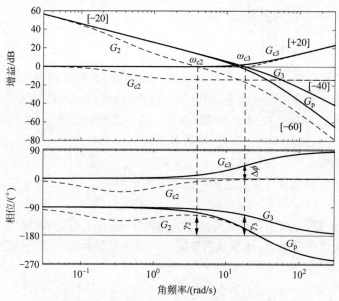

图 12-13　使用 PD 控制器校正系统的伯德图

对采用 PD 控制器的系统用 MATLAB-Simulink 建模并仿真,模型如图 12-14 所示。当设置微分系数为 0 时为比例控制。采用比例和比例-微分控制时的波形如图 12-15 所示。可见采用 PD 控制器时,在系统的输出值上升过程中,微分控制量为负值,减小了总控制量。在 0.12~0.25 s 之间输出尚未达到目标值时,总控制量甚至为负值。这就像针对被控对象的滞后比较严重的特性做出了预判。如果把微分系数设为 0,则可见系统的响应和控制量都发生了较大幅度的振荡。

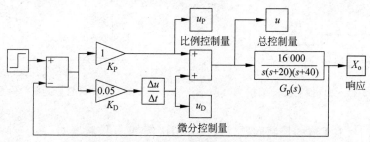

图 12-14　使用 PD 控制器校正系统的仿真模型

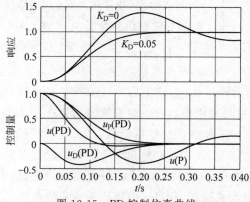

图 12-15　PD 控制仿真曲线

比例-微分控制器可以增加相位裕量、展宽系统的带宽,这是其优点。但是高频段 $+20\text{ dB/dec}$ 的幅频斜率意味着对越高频段的噪声增益越大,控制器输出和系统输出中的噪声都会变大。

12.1.6 相位超前校正器

对于比例-微分控制器会放大高频噪声的问题,可以考虑在对数幅频折线的高频段令斜率为 $+20\text{ dB/dec}$ 的线段拐平,如图 12-16 所示。这样的校正器的传递函数为

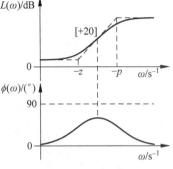

$$G_{\mathrm{c}}(s) = \frac{K\left(\dfrac{1}{-z}s + 1\right)}{\dfrac{1}{-p}s + 1} \qquad (12\text{-}11)$$

它形式上与滞后校正器的传递函数相同,但是应有 $-z < -p$。记 $\omega_1 = -z$,$\omega_2 = -p$,此校正器的相频特性为

$$\phi = \arctan\frac{\omega}{\omega_1} - \arctan\frac{\omega}{\omega_2} \qquad (12\text{-}12)$$

图 12-16 相位超前校正器的伯德图

由于 $\omega_1 < \omega_2$,所以总是有 $\varphi > 0$。像比例-微分控制器一样,这种校正器也提供相位超前量,因此称为"超前校正器"。

对 12.1.4 节和 12.1.5 节中讨论的被控对象采用超前校正器,校正器和校正前后系统的开环伯德图如图 12-17 所示。

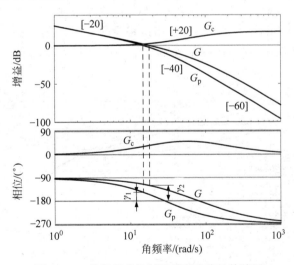

图 12-17 使用超前控制器校正系统的伯德图

12.1.7 比例-积分-微分控制器

比例-积分控制器主要校正开环频率特性的低频和中频段,可以调整系统的增益穿越频率并降低稳态误差;比例-微分控制器主要校正开环频率特性的中频和高频段,可以提供相位超前量以达到尽可能高的增益穿越频率。两者在校正的频段上有重叠但并不矛盾,所以可以结合 PI 和 PD 控制器,既利用积分段降低稳态误差,又利用比例-微分段提供超前相位,

在保证相位裕量的前提下获得高增益穿越频率,这样可以同时获得好的稳定性、快速性和准确性。这样的控制器称为"比例-积分-微分控制器"(proportional-integral-derivative controller,PID 控制器),它的对数幅频折线如图 12-18 所示,传递函数可表示为

$$G_c(s) = K_P + \frac{K_I}{s} + K_D s = \frac{K_D s^2 + K_P s + K_I}{s} \tag{12-13}$$

PID 控制器的控制量由比例控制量、积分控制量和微分控制量 3 部分构成,其结构如图 12-19 所示。

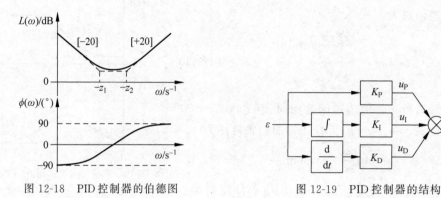

图 12-18　PID 控制器的伯德图　　　　图 12-19　PID 控制器的结构

例如图 12-1(b)所示的系统,其中

$$G_p(s) = \frac{1000}{(s+1)(s^2+16s+100)}$$

其伯德图如图 12-20 所示,系统为 0 型,且相位裕量小。采用图示频率特性的 PID 控制器 $G_c(s)$,校正后的开环系统 $G(s)$ 增益穿越频率略为降低,但相位裕量大大增加,而且系统成为 I 型,系统稳态误差小。

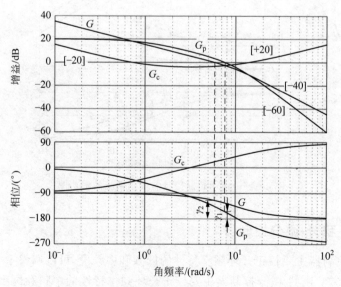

图 12-20　使用 PID 控制器校正系统的伯德图

为了避免高频噪声被过度放大,一般会在高频处设置一个极点,使得实际的 PID 控制器的传递函数成为如下形式:

$$G_c(s) = K_P + \frac{K_I}{s} + K_D \cdot \frac{s}{\tau s + 1} \tag{12-14}$$

以下讨论 PID 控制器调整闭环系统的传递函数的能力。设

$$G_p(s) = \frac{N(s)}{D(s)}$$

经 PID 控制器 12-13 校正,开环传递函数为

$$G(s) = \frac{N(s)}{D(s)} \cdot \frac{K_D s^2 + K_P s + K_I}{s}$$

闭环传递函数为

$$C(s) = \frac{N(s)(K_D s^2 + K_P s + K_I)}{s D(s) + N(s)(K_D s^2 + K_P s + K_I)} \tag{12-15}$$

例如,如果

$$G_p(s) = \frac{k}{s^3 + d_1 s^2 + d_2 s + d_3}$$

则经 PID 校正后,闭环系统的特征方程为

$$s^4 + d_1 s^3 + (d_2 + k K_D) s^2 + (d_3 + k K_P) s + k K_I = 0$$

可见 PID 控制参数将影响闭环特征方程中幂次比较低的那些项的系数。这些系数的变化会改变闭环系统的哪些极点?

设线性方程

$$s^n + a_1 s^{n-1} + a_2 s^{n-2} + \cdots + a_{n-1} s + a_n = 0 \tag{12-16}$$

的特征根为 $p_i, i = 1, 2, \cdots, n$,这些根与原点的距离为 $|p_i|$。在 $|p_i|$ 的最大值与最小值之间取一个正实数 r,比如取各 $|p_i|$ 的中位数,将方程(12-16)除以 r^n,得

$$\left(\frac{s}{r}\right)^n + \frac{a_1}{r}\left(\frac{s}{r}\right)^{n-1} + \frac{a_2}{r^2}\left(\frac{s}{r}\right)^{n-2} + \cdots + \frac{a_{n-1}}{r^{n-1}}\left(\frac{s}{r}\right) + \frac{a_n}{r^n} = 0 \tag{12-17}$$

在与原点的距离比 r 大的那些根附近,由于 $|s/r| > 1$,所以方程(12-17)左边的值主要取决于高次项,低次项的值影响较小;在与原点的距离比 r 小的那些根附近,由于 $|s/r| < 1$,所以方程左边的值主要取决于低次项,高次项的值为高阶小量。故方程(12-16)远离原点的根主要取决于高次项的系数,靠近原点的根主要取决于低次项的系数。

PID 控制器的 3 个控制参数能够影响系统闭环特征方程中幂次最低的 3 项的系数,所以一般来说它能够影响闭环系统的 3 个最靠近原点的极点。靠近原点的极点与虚轴的距离也近,所以这几个极点一般是主导极点,除非系统还存在其他实部很小而虚部较大的极点。即一般来说,PID 控制器可配置闭环系统 3 个主导极点。比如参考式(12-15),如果 $G_p(s)$ 为二阶系统,用 PID 校正后闭环系统为三阶系统,PID 控制器的 3 个参数可以实现对 3 个闭环极点的任意配置。

PD 和 PID 控制器的传递函数都是分子比分母的阶次高 1,但实现这样的传递函数的实际物理系统在 s 左半平面远离原点处自然会存在极点,从而其传递函数分母的阶次高于分子。

12.2 控制器参数的设定方法

本章主要以使输出较好地响应输入为目标讨论控制器的参数设计。抑制干扰对输出的影响问题在第 15 章讨论。对一个系统开环频率特性的校正,首先要根据被控对象和期望的开环系统的频率特性确定需要采用的控制器的形式,然后再确定控制器的参数。

12.2.1 比例控制器

比例控制器的主要作用是调整增益穿越频率以获得合适的相位裕量。参考图 12-2 可知,无论控制器比例系数的大小是多少(默认为正值),都不会影响开环相频特性。因此,如果要求校正后系统的相位裕量为 γ,则应使对应相位 $-180°+\gamma$ 的角频率成为校正后的增益穿越角频率。控制器的比例系数应设置为被控对象在此角频率处的增益的倒数。图 12-2 中,假定要求校正系统的相位裕量为 79°,从伯德图中可以发现对应被控对象相位为 $-101°$ 的角频率为 44 rad/s。被控对象在此处的增益约为 0.4,所以应令比例控制器的系数为 2.5,向上抬升开环对数幅频曲线,使其恰好在 44 rad/s 处穿越 0 dB 线。

12.2.2 PI 控制器

PI 控制器中大的积分系数可以提高开环系统的低频增益,有利于降低稳态误差,但不利于保证相位裕量。因此 PI 控制器的参数设定原则是在保证相位裕量的前提下尽可能增加积分系数。

如果系统校正前为 0 型,在某频率处开环幅频折线的斜率由 0 转为 -20 dB/dec,一个简单的选择是将 PI 控制器的转角频率 K_I/K_P 设置得与系统的这个转角频率相等,使校正后系统的开环幅频折线在中低频段为一条斜率为 -20 dB/dec 的线段,如图 12-4 所示。这样在校正后系统的传递函数中,控制器的零点与被控对象对应于最低频率的极点相消。鉴于要保证充分的相位裕量,校正后幅频折线斜率由 -20 dB/dec 转为 -40 dB/dec 或 -60 dB/dec 的转角频率成为增益穿越角频率的上限。只要保持 K_I/K_P 的值不变,K_P 或 K_I 的值本身就不影响校正后系统的相频曲线。选择使得相位裕量合适的角频率作为增益穿越角频率的设定目标,保持 K_I/K_P 不变而调整 K_P,使校正后系统在设定角频率处的增益为 1,即完成 PI 控制器的参数设定。

如果系统校正前为 0 型,在某频率处开环幅频折线的斜率由 0 直接转为 -40 dB/dec,则仍可将 PI 控制器的转角频率设置在系统的这个转角频率处,校正后系统的幅频折线在此频率处斜率由 -20 dB/dec 转为 -40 dB/dec。然后根据需要的相位裕量计算 K_P。一般来说,这种情况下合理的增益穿越角频率应低于此转角角频率。

如果系统校正前为开环 I 型系统,幅频折线斜率由 -20 dB/dec 转为 -40 dB/dec 或 -60 dB/dec,则使用 PI 控制器可以把系统校正为 II 型系统。为了保证相位裕量,校正前由 -20 dB/dec 转为更陡斜率的转角频率为校正后的增益交越频率的上限。在此频率之前确定一个满足相位裕量要求的频率作为校正后的剪切频率的参考值,比如要求相位裕量为 γ,则需要在校正前的频率特性上寻找校正后的剪切频率 ω_c 的参考值 ω_{c0},使得 $\angle G_0(j\omega_{c0}) = -180°+\gamma$。再考虑 PI 控制器会带来相位滞后,需要把 ω_c 设置得比 ω_{c0} 更低些。确定校正后的剪切频率值后,把校正后与校正前剪切频率处的增益之比作为控制器的比例系数 K_P。PI 控制器在剪切频率处的相位滞后应该等于 $\angle G_0(j\omega_c) - \angle G_0(j\omega_{c0})$,由此可确定积分系数 K_I。

需要注意的是,以上参数设置方法是强调优化系统输出对输入信号的跟踪性能,但是对干扰的抑制效果未必好,参见第 15 章内容。

比如对 12.1.1 节和 12.1.3 节的例子,采用比例控制器时,$\omega_c=44$ rad/s,$\gamma=79°$;采用比例系数相同的 PI 控制器后,$\omega_c=45.5$ rad/s,$\gamma=65°$。增益穿越角频率略有变化,但是相位裕量减小得比较多,约 14°,是由积分项带来的。由 PI 控制器的传递函数式(12-6)可知,在增益穿越角频率处 PI 控制器带来的相位滞后为

$$\Delta\phi = 90° - \arctan\frac{K_P\omega_c}{K_I} \tag{12-18}$$

比如如果控制器的转角角频率 K_I/K_P 为 $\omega_c/10$,则 $\Delta\phi=5.7°$。

假设要求系统具有至少 70° 的相位裕量,可从图 12-4 中估计应把增益穿越角频率降低至 35 rad/s。则应取新的比例系数 $K_P'=K_P\times35/45.5\approx1.92$,新的积分系数 $K_I'=K_IK_P'/K_P=19.2$。可以验证,采用这样的参数后,增益穿越角频率为 36 rad/s,相位裕量为 70°。当然稳态速度误差系数随着 K_I 的下降而降低了。

如果对稳态误差系数有具体要求,则积分系数可以直接确定。比如控制对象的传递函数为 $G_p(s)$,且其静态增益为有限的常值。系统用 PI 控制器校正后,稳态速度误差系数为

$$K_v = \lim_{s\to0}sG_p(s)\left(K_P+\frac{K_I}{s}\right) = G_p(0)K_I$$

所以如果要求系统的稳态速度误差系数高于某指定值 K_{v0},应令 $K_I\geq K_{v0}/G_p(0)$。

例 12-1 对 12.1.1 节介绍的控制对象,要求采用 PI 控制器,使得校正后的系统的 $K_v\geq20$,$\omega_c\geq30$ s^{-1}。

解:控制对象的静态增益 $G_p(0)=2$,要求 $K_v\geq20$,故应有 $K_I\geq10$。

参考图 12-2,按照对数幅频折线图近似计算,控制对象在 20 s^{-1} 处增益为 1。即系统校正前的增益穿越角频率为 20 s^{-1},并处于斜率为 -20 dB/dec 的折线段上。这样的斜率意味着增益与频率成反比,因此在 30 s^{-1} 处增益为 2/3。显然若要使 30 s^{-1} 处的增益提高到 1,需要的比例系数为 $K_P=1.5$。

因此 PI 控制器取为 $G_c(s)=1.5+10/s$。

检验校正后系统的相位裕量:

$$\gamma = 180° - \arctan3 - \arctan0.3 - 90° + \arctan1.5\times\frac{30}{10} = 79.2°$$

可知稳定性裕量充分。

这样确定的控制器参数固然满足设计要求,但如果设计要求本身不甚合理,则所得的结果还可以改善。比如此例中若取 $G_c(s)=1.5+15/s$,则 $\omega_c=30$ rad/s,稳态速度误差系数 $K_v=30$ rad/s,高于设计要求。

例 12-2 设有一个直流电动机的速度控制环路如图 12-21 所示,设计 PI 控制器。

环路的反馈通道是一个时间常数为 1 ms、阻尼比为 0.7 的二阶低通滤波器,用于对速度信号进行滤波,衰减其中的高频噪声。前向通道中的一阶环节的时间常数为 0.218 ms。

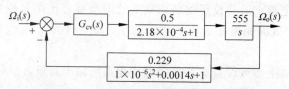

图 12-21　一个直流电动机的速度控制环路

总体上,校正前的开环对数幅频折线图的斜率按照-20 dB/dec$\rightarrow$$-60$ dB/dec$\rightarrow$$-80$ dB/dec 变化,主要需要考虑的是速度滤波器的转角频率对开环增益交越频率的限制。

首先考虑控制器的比例系数。如果用比例控制器,应使校正后的开环幅频曲线在滤波器的截止频率之前穿越 0 dB 线,并具有合适的相位裕量。设要求相位裕量为 66°。比例控制器不影响开环相频特性,参考图 12-22 中的开环相频曲线,可知在 251 rad/s 处,相位为$-114°$。应将此频率设置为剪切频率。

在幅频折线图上,角频率低于 1000 rad/s 时开环对数幅频折线的斜率为-20 dB/dec,因此稳态速度误差系数与剪切频率相等,即

$$\omega_c = K_v = 0.5 \times 555 \times 0.229 K_P \text{ s}^{-1} = 251 \text{ s}^{-1}$$

解得 $K_{P0} = 3.95$。画出采用比例控制器时系统的开环伯德图,如图 12-22 所示。

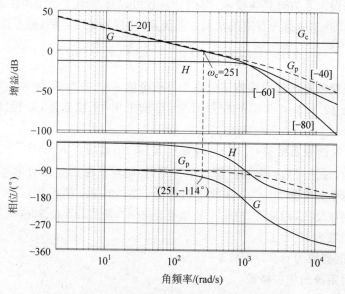

图 12-22　采用比例控制器时系统的开环伯德图

再考虑设置积分系数。采用比例控制时,系统为Ⅰ型系统,采用 PI 控制器把系统校正为Ⅱ型系统。设计比例控制器时,在保证相位裕量的前提下,已经把增益交越频率 ω_c 设置得尽量高。改为 PI 控制器后,如果增益交越频率不变,由于 PI 控制器会引入相位滞后,则相位裕量会下降。

假定仍然要求相位裕量达到 66°以上。设 PI 控制器为

$$G_c(s) = K_P + \frac{K_I}{s} = \frac{K_I}{s}(\tau s + 1)$$

即要求校正后的相位裕量

$$\gamma = \arctan\omega_c\tau - \arctan\frac{0.0014\omega_c}{1-1\times10^{-6}\omega_c^2} - \arctan 2.18\times10^{-4}\omega_c = 66°$$

设想把 PI 控制器的转角频率设置在增益交越频率的 1/10 处,这样 PI 控制器在 ω_c 处的相位为 $-90° + \arctan 10 = -5.7°$。则采用 PI 校正前,开环系统在增益交越频率处的相位应约为 $-180° + 66° + 5.7° \approx -108°$。

由图 12-22 可知,$-108°$ 相位对应的角频率为 $192\ \mathrm{s}^{-1}$。要把增益交越频率 ω_c 由原来的 251 rad/s 降到 192 rad/s,需要把控制器的比例系数降低为 $K_P = 3.95\times192/251 \approx 3.02$。再由 $\tau = 10/\omega_c \approx 0.0521$,得到 $K_I = K_P/\tau = 3.02/0.0521 \approx 58$。即 PI 控制器的传递函数应设为

$$G_c(s) = 3.02 + \frac{58}{s}$$

其幅频特性的转角频率为 19.2 rad/s。

画出 PI 校正后系统的开环伯德图,如图 12-23 所示。

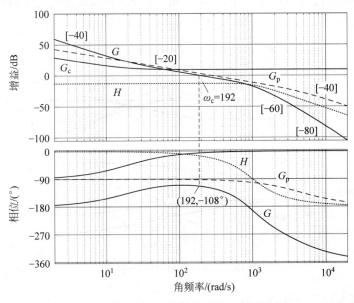

图 12-23　采用 PI 控制器时的开环伯德图

画出采用上述比例和 PI 控制参数时系统的单位阶跃响应曲线,如图 12-24 所示。可见采用上述 PI 控制参数与采用比例控制相比,系统输出达到稳态需要的时间长了很多。这是因为 PI 控制器的零点既是闭环零点,也引入了靠近原点的闭环极点,这一对闭环零点和极点相近但又有一定的距离,不能完全相消造成的。采用上述 PI 控制参数时,闭环传递函数的极点分别为 -21.5、-275、$-558\pm$ j559、-4575,零点分别为 -19.2、$-700\pm$ j714,其

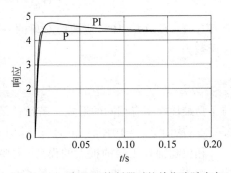

图 12-24　采用 PI 控制器时的单位阶跃响应

中的极点-21.5就是由于设置了控制器的零点-19.2而引入的,而这个极点对应的响应分量是慢速变化的。

12.2.3 PD 和相位超前校正器

PD 控制器和相位超前校正器用来提供相位超前量,主要针对被控对象的相位接近$-180°$的频率范围,也就是被控对象的幅频折线斜率由 0 或-20 dB/dec 转为-40 dB/dec 的转角频率附近。当然系统在更高频率处可能还存在其他转角频率,或者说在远离原点处还有其他极点。

如果令 PD 控制器或相位超前校正器的斜率为$+20$ dB/dec 的对数幅频折线段与被控对象斜率为-40 dB/dec 的折线段相对应,则可把这一段折线的斜率校正为-20 dB/dec,使得开环幅频折线斜率为-40 dB/dec 的折线段在更高频率上才出现,从而提高增益穿越角频率的上限。如图 12-25 所示,被控对象在角频率ω_1处幅频斜率由-20 dB/dec 转为-40 dB/dec,如果没有校正器,合理的增益穿越角频率不太可能高于ω_1,因为相位裕量不充足。图 12-25 采用了 PD 控制器,并使控制器的转角角频率等于ω_1,则被控对象斜率为-40 dB/dec 和-60 dB/dec 的两线段被校正为-20 dB/dec 和-40 dB/dec,从而增益穿越角频率的限制被向右推高到ω_2。

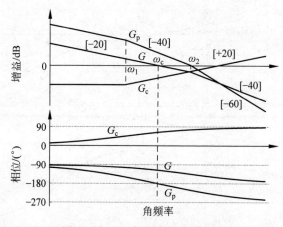

图 12-25 PD 控制器的参数设定

设图中被控对象的传递函数为

$$G_p(s) = \frac{64\ 000}{s(s+10)(s+40)}$$

令$G_c(s) = K_D(s+10)$,使被控对象的一个极点被控制器的零点抵消,校正后系统的开环传递函数为

$$G(s) = \frac{64\ 000 K_D}{s(s+40)}$$

与 I 型最优模型有相同的形式。若欲使闭环阻尼比为 0.707,应使$1600 K_D = 40/2$,即$K_D = 0.0125$,从而$K_P = 10 K_D = 0.125$。这时折线图上的增益穿越角频率为 20 rad/s。

相位超前校正器的极点的设置,主要考虑 PD 控制器增加这个极点后对相位裕量的影响。由式(12-11)可知,增加极点后相位裕量会降低$\Delta\phi = \arctan(\omega_c / |p|)$。因此一般应将

$|p|$设置为期望ω_c的几倍以上。比如在上例中,若改用相位超前校正器,可考虑在增益穿越角频率 10 倍处设置极点对应的转角频率,即$-p=200\ \mathrm{s}^{-1}$,相位裕量会比采用 PD 控制器减小$\arctan 0.1 \approx 5.7°$。相位超前校正器的传递函数为

$$G_c(s) = \frac{2.5(s+10)}{s+200}$$

总结以上 PD 控制器或超前校正器的参数设置方法如下:

(1) 令校正器的零点对应的转角频率与待校正系统对数幅频折线斜率由 0 或$-20\ \mathrm{dB/dec}$转为$-40\ \mathrm{dB/dec}$的转角频率相等。如果校正前的幅频折线是由$-20\ \mathrm{dB/dec}$直接转为$-60\ \mathrm{dB/dec}$,也把校正器的这个转角频率设在此处。这一步确定了 PD 控制器K_P/K_D的值,或超前校正器的零点。

(2) 根据校正后系统的相频特性,考虑合适的相位裕量,设定增益穿越角频率。调整 PD 控制器的K_P值或相位超前校正器式(12-11)的K值,使幅频曲线在设定的增益穿越角频率处增益为 1。

(3) 对相位超前校正器,在增益穿越角频率的几倍处设置第 2 个转角角频率;考虑对相位裕量的影响,如有必要,对所有参数略作调整。

对于给出了增益穿越频率和相位裕量要求的情况,则用计算的方法确定控制器参数。根据相位超前校正器的相频特性(式(12-12)、图 12-16)可知,在某频率处校正器能够提供最大的相位超前量。为了得到此频率的值,令

$$\frac{\mathrm{d}\phi}{\mathrm{d}\omega} = \frac{1/\omega_1}{1+\left(\dfrac{\omega}{\omega_1}\right)^2} - \frac{1/\omega_2}{1+\left(\dfrac{\omega}{\omega_2}\right)^2} = 0$$

解得最大相位所在的角频率为

$$\omega = \sqrt{\omega_1 \omega_2} \tag{12-19}$$

即最大相位值位于两个转角角频率的几何中心处。记频率比$h=\omega_2/\omega_1$,最大相位为

$$\phi_{\max} = \arctan\sqrt{\frac{\omega_2}{\omega_1}} - \arctan\sqrt{\frac{\omega_1}{\omega_2}} = \arctan\sqrt{h} - \arctan\sqrt{\frac{1}{h}} \tag{12-20}$$

画出频率比h与最大相位的关系,如图 12-26 所示。在设计超前校正器时,可根据需要的相位超前量按此图选择合适的频率比。

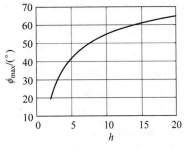

例 12-3　控制对象的传递函数为

$$G_p(s) = \frac{6000}{s(s+3)(s+100)}$$

求相位超前校正器的参数,使得校正后的系统$\omega_c=6\ \mathrm{s}^{-1}$,$\gamma=65°$。

图 12-26　超前校正器的最大相位与极点零点频率比的关系

解:在期望的增益穿越角频率处,控制对象

$$G_p(\mathrm{j}6) = 1.488\angle(-156.9°)$$

需要相位超前校正器提供的相位为

$$65° - (180° - 156.9°) = 41.9°$$

由式(12-20)或图 12-26,应令$h=5$。两个转角角频率为

$$\omega_1 = \frac{6}{\sqrt{5}} \ \text{s}^{-1} \approx 2.68 \ \text{s}^{-1}, \quad \omega_2 = 6\sqrt{5} \ \text{s}^{-1} \approx 13.4 \ \text{s}^{-1}$$

即校正器的传递函数为

$$G_c(s) = \frac{K(s + 2.68)}{s + 13.4}$$

其中 K 值的选择应使 $|G_c(\text{j}6)G_p(\text{j}6)| = 1$。则应有

$$K \cdot \left| \frac{2.68 + \text{j}6}{13.4 + \text{j}6} \right| = \frac{1}{1.488}$$

解得 $K = 1.50$。

画出系统的频率特性曲线,如图 12-27 所示。

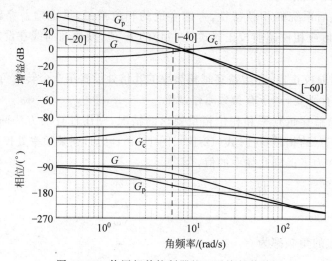

图 12-27   使用超前控制器校正系统的伯德图

12.2.4   PID 控制参数的设定

由比例-积分和比例-微分控制器的参数设置方法可见,在已知被控对象的传递函数的情况下,常可以令控制器的零点对应的转角频率与被控对象某一个转角频率相同。这一方法也可以用在 PID 控制参数的设定中,即令控制器幅频特性的两个转角频率与被控对象的两个对应于极点的最低转角频率相等(如果对数幅频折线在某频率处斜率变化 40 dB/dec,要记为两个转角频率)。如果这两个转角频率对应于被控对象的两个实极点或一对共轭复数极点,则意味着要用控制器的两个零点与之相消。而 12.1.7 节图 12-20 的例子中,被控对象在低频处有一个实极点 -1,在较高频率处有两个共轭复数极点 $-8 \pm \text{j}6$,控制器的第 1 个零点与被控对象的实极点相等,第 2 个零点则设置得与共轭复数极点对应的转角频率 $10 \ \text{s}^{-1}$ 相等。即控制器的传递函数为

$$G_c(s) = \frac{K(s + 1)(s + 10)}{s}$$

其中 K 值待定,但 K 值并不影响校正后开环系统的相频特性。如果希望校正后系统具有 $65°$ 的相位裕量,则应把校正后的开环系统相位为 $-115°$ 的角频率设定为增益穿越角频率。由图可知 $\omega_c = 5.9 \ \text{s}^{-1}$。计算可知当 $K = 0.0583$ 时开环幅频增益在 ω_c 处为 1,则 PID 控制

器的所有参数均被确定。

使用零极点相消的方法设置控制器的零点,再设置合适的增益,可以使系统的相对稳定性、快速性和准确性总体上做到最好。但其前提条件是要掌握被控对象的传递函数的准确参数,因为闭环系统的性能可能对某些参数是敏感的。要确认在被控对象的参数变化范围内系统性能的变化是可接受的。

在本节之前的章节中,控制器参数的设定都是以闭环系统达到可能的最高综合性能为目标。对于有明确的增益穿越角频率、相位裕量和稳态误差系数要求,或者能够转化为这几个指标的其他性能指标要求的情况,则可以采用如下的方法。

由开环传递函数 $G(s) = G_c(s)G_p(s)$ 可知,在增益穿越角频率处应有

$$G(j\omega_c) = G_c(j\omega_c)G_p(j\omega_c) = 1\angle(\gamma - 180°)$$

即

$$\begin{cases} |G_c(j\omega_c)| = \dfrac{1}{|G_p(j\omega_c)|} \\ \angle G_c(j\omega_c) = \gamma - 180° - \angle G_p(j\omega_c) \end{cases} \tag{12-21}$$

对于 PID 控制器,有

$$G_c(j\omega_c) = \frac{-K_D\omega_c^2 + j\omega_c K_P + K_I}{j\omega_c}$$

即

$$\begin{cases} |G_c(j\omega_c)| = \dfrac{1}{\omega_c}\sqrt{(K_I - K_D\omega_c^2)^2 + \omega_c^2 K_P^2} \\ \angle G_c(j\omega_c) = 90° - \arctan\dfrac{\omega_c K_P}{K_D\omega_c^2 - K_I} \end{cases} \tag{12-22}$$

其中已经考虑了 PID 控制器的相位在 ω_c 处一般应取正值,因而 $K_D\omega_c^2 - K_I > 0$。对比式(12-21)和式(12-22),应有

$$\begin{cases} \left(\dfrac{K_I}{\omega_c} - K_D\omega_c\right)^2 + K_P^2 = \dfrac{1}{|G_p(j\omega_c)|^2} \\ \dfrac{\omega_c K_P}{K_D\omega_c^2 - K_I} = \tan[270° + \angle G_p(j\omega_c) - \gamma] \end{cases} \tag{12-23}$$

如果系统校正前为 0 型,要求校正后系统的稳态速度误差系数为 K_v,则意味着 $K_I G_p(0) = K_v$,即

$$K_I = \frac{K_v}{G_p(0)} \tag{12-24}$$

如果系统校正前为 I 型,要求校正后系统的稳态加速度误差系数为 K_a,则意味着 $\lim\limits_{s \to 0} K_I G_p(s)s = K_a$,即

$$K_I = \frac{K_a}{\lim\limits_{s \to 0} G_p(s)s} \tag{12-25}$$

联立式(12-23)和式(12-24)或式(12-25),根据要求的性能指标 ω_c、γ、K_v 或 K_a,即可解出 PID 控制器的 3 个参数 K_P、K_I 和 K_D。

例如,有一个如图 11-5 所示的系统,其中

$$G_a(s)=\frac{1000}{s^2+10s+100}, \quad H(s)=\frac{10^4}{s^2+200s+10^4}$$

要求闭环系统阶跃响应进入 5% 误差带的建立时间不超过 0.18 s,最大超调量不超过 5%,稳态速度误差系数不低于 15 s^{-1},设计 PID 控制器。

由闭环时域与开环频域参数间的归纳关系式(10-5)和式(10-6),可将对超调量和建立时间的要求转换为对增益穿越角频率和相位裕量的要求。由式(10-5)可得应有 $\gamma\geqslant$ arcsin 0.95 = 71.8°,取为 72°;再由式(10-6)可得应有 $\omega_c\geqslant19$ s^{-1}。

取 $\omega_c=20$ s^{-1},并设校正后的系统开环幅频折线在增益穿越频率之前保持为 −20 dB/dec,则可取 $K_v=20$ s^{-1}。

未校正系统的开环传递函数为

$$G_p(s)=\frac{10^7}{(s^2+10s+100)(s^2+200s+10^4)}$$

计算得 $G_p(0)=10,G_p(j\omega_c)=2.67\angle-168.9°$。

由式(12-24),应取 $K_I=2$。由式(12-23),有

$$\begin{cases}\left(\frac{2}{20}-20K_D\right)^2+K_P^2=\frac{1}{2.67^2}\\[2mm]\frac{20K_P}{400K_D-2}=\tan(270°-168.9°-72°)\end{cases}$$

解得 $K_P=0.182,K_D=0.0214$ 或 $K_P=-0.182,K_D=-0.0114$,显然应取第 1 组解。

故 PID 控制器的传递函数应为

$$G_c(s)=\frac{0.0214s^2+0.182s+2}{s}$$

画出开环系统的伯德图,如图 12-28 所示。

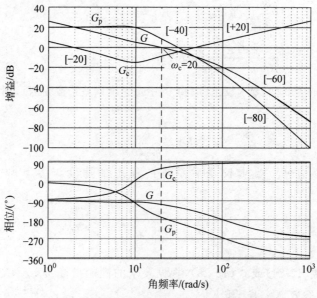

图 12-28 被控对象、控制器和开环系统的伯德图

画出闭环系统的伯德图和单位阶跃响应曲线,分别如图 12-29 和图 12-30 所示。由阶跃响应曲线可见,在计算的控制参数下系统可以达到要求的建立时间和最大超调量指标。

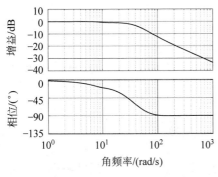

图 12-29　闭环系统的伯德图

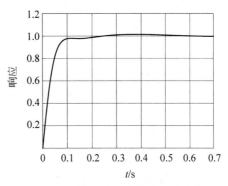

图 12-30　闭环系统的单位阶跃响应曲线

12.2.5　PID 控制参数的实验调整方法

在不掌握待校正系统的传递函数的情况下,仍可采用尝试在不同的控制参数下的闭环效果的方法调整好控制器。设取控制器类型为 PID 型,被控对象为最小相位系统,实验调整步骤如下:

(1) 令 $K_I = 0$,$K_D = 0$,任取 K_P,测试闭环系统的阶跃响应。一般来说,随着 K_P 的增大,响应曲线的振荡会加剧,超调量增大,甚至闭环变得不稳定。找到使得最大超调量约为 60% 的 K_P 值,记为 K_{P0};记下响应波形的振荡周期 t_1。

说明:超调量为 60% 时,系统的相位裕量大约为 20°;这时闭环响应有低阻尼振荡,振荡角频率约为开环增益穿越角频率,即 $\omega_c \approx 2\pi/t_1$。

(2) 令 $K_P = 0.69 K_{P0}$,$K_I = 0.138 \cdot 2\pi K_{P0}/t_1$,$K_D = 0.862 K_{P0} t_1/(2\pi)$。测试闭环系统的阶跃响应,视情况略微调整参数。

说明如下:

令 PID 控制器具有两个相等的实数零点,零点对应的时间常数表示为 τ,则其传递函数可表示为

$$G_c(s) = \frac{K_D s^2 + K_P s + K_I}{s} = \frac{K_I (\tau s + 1)^2}{s} \tag{12-26}$$

伯德图如图 12-31 所示。

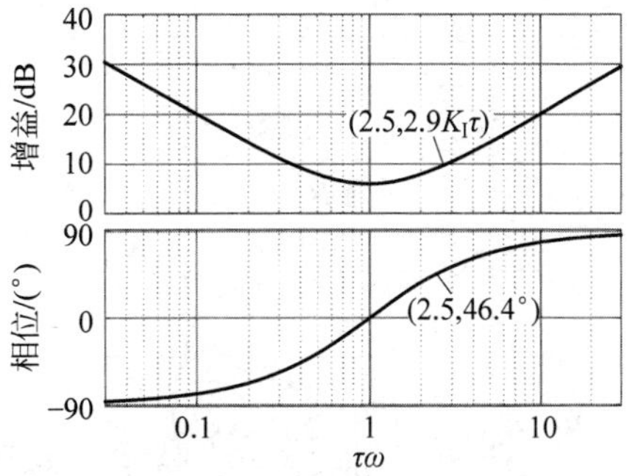

在角频率 $2.5/\tau$ 处,PID 控制器的相位为 46.4°,增益为 $2.9 K_I \tau$。如果令

$$\begin{cases} \dfrac{2.5}{\tau} = \omega_c \\ 2.9 K_I \tau = K_{P0} \end{cases} \tag{12-27}$$

图 12-31　具有两个相等的实数零点的 PID 控制器的伯德图

则 PID 校正后的系统与仅采用比例校正时具有相同的增益穿越角频率,且相位裕量增大到 60°～70°。由式(12-26)和式(12-27)可解得

$$\begin{cases} K_{P} = 2\tau K_{I} \approx 0.69 K_{P0} \\[2mm] K_{I} = \dfrac{K_{P0}}{2.9\tau} \approx 0.138 K_{P0} \cdot \dfrac{2\pi}{t_{1}} \\[2mm] K_{D} = K_{I}\tau^{2} \approx 0.862 K_{P0} \cdot \dfrac{t_{1}}{2\pi} \end{cases} \tag{12-28}$$

由于不掌握未校正系统的零极点分布情况,按这个方法设置控制器参数后,不能保证开环系统符合 10.3 节所总结的理想系统的全部特征。

12.3 控制器的实现

对于不同的应用,控制器可能以机械、模拟电路、数字电路和计算程序等形式实现。本节仅简单列举几种控制器的有源模拟电路形式,如表 12-1 所示。但一种控制器的电路实现形式并不限于此表。

表 12-1 控制器的模拟电路实现

序号	控制器类型	电路形式	传递函数
1	比例		$-\dfrac{R_{2}}{R_{1}}$
2	积分		$-\dfrac{1}{RCs}$
3	PI		$-\dfrac{R_{2}Cs+1}{R_{1}Cs}$
4	滞后		$-\dfrac{R_{3}}{R_{1}} \cdot \dfrac{R_{2}Cs+1}{(R_{2}+R_{3})Cs+1}$
5	PD		$-\dfrac{R_{2}(R_{1}Cs+1)}{R_{1}}$

续表

序号	控制器类型	电路形式	传递函数
6	超前		$-\dfrac{R_3}{R_1}\cdot\dfrac{(R_1+R_2)Cs+1}{R_2Cs+1}$
7	PID		$-\dfrac{(R_2C_2s+1)(R_1C_1s+1)}{R_1C_2s}$

习　　题

12-1　如图所示为未校正的最小相位反馈控制系统的开环对数幅频特性图,以获得低的闭环稳态误差和好的输入-输出响应特性为主要目标,选择串联控制器的类型,设定控制器参数,画出控制器和校正后的开环系统的对数幅频特性图,计算稳态误差系数、增益交越角频率和相位裕量。

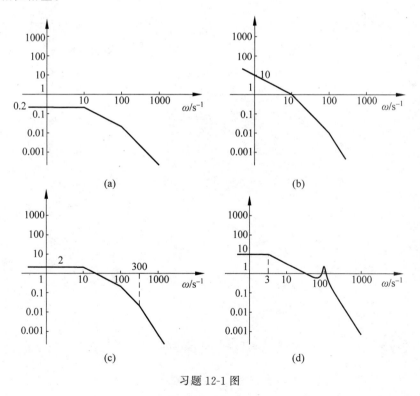

习题 12-1 图

12-2　一个单位反馈系统,被控对象的传递函数如下,要求设计 PID 控制器,使校正后的开环系统的稳态速度误差系数 $K_v\geqslant25$ rad/s,增益交越频率 $\omega_c\geqslant20$ rad/s,相位裕量 $\gamma\geqslant65°$。

$$G_p(s) = \frac{2}{(0.1s+1)(0.03s+1)(0.003s+1)^2}$$

12-3 有控制系统如图所示,设计控制器使稳态加速度误差系数 $K_a \geqslant 500 \text{ s}^{-2}$,增益交越角频率 $\omega_c = 100 \text{ rad/s}$,相位裕量 $\gamma \geqslant 70°$。

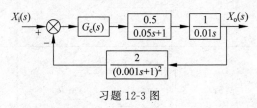

习题 12-3 图

12-4 有一个单位反馈控制系统,采用比例控制时单位阶跃响应曲线如图所示。控制器应作何改进?

12-5 有一个单位反馈控制系统,采用比例控制时单位阶跃响应曲线如图所示。控制器可能需要作何改进?

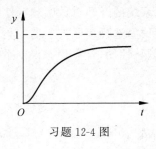
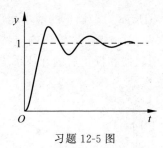

习题 12-4 图　　　　　　　习题 12-5 图

第 13 章

根 轨 迹 法

对闭环系统进行分析和控制器设计,除了可以采用基于系统的开环频率特性的方法,还可以采用"根轨迹法"。根轨迹法是基于闭环极点与开环零极点之间的关系。它是美国著名的控制理论家沃尔特·理查德·伊文思(Walter Richard Evans, 1920—1999)于 1948 年发明的。

13.1 根 轨 迹

对前向通道和反馈通道的传递函数分别为

$$G_F(s) = \frac{K \cdot N_F(s)}{D_F(s)}, \quad H(s) = \frac{N_B(s)}{D_B(s)} \tag{13-1}$$

的闭环系统,闭环传递函数为

$$C(s) = \frac{G_F(s)}{1 + G_F(s)H(s)} = \frac{K \cdot N_F(s)D_B(s)}{D_F(s)D_B(s) + K \cdot N_F(s)N_B(s)} \tag{13-2}$$

考虑闭环极点的位置。当 $K=0$ 时,闭环系统的特征方程为 $D_F(s)D_B(s)=0$,它也是开环系统的特征方程,所以这时的闭环极点就是开环极点。当 K 值逐渐增大时,闭环特征方程各项的系数逐渐变化,闭环极点的位置也连续变化,在复平面上形成轨迹,称为"根轨迹"。由于闭环极点的位置是决定系统动态特性非常重要的因素,所以根轨迹图可以作为分析和设计系统的工具。

例如,有一个单位反馈系统,其中

$$G_F(s) = \frac{K}{(s^2 + s + 1)(s + 5)}$$

则闭环传递函数为

$$C(s) = \frac{K}{s^3 + 6s^2 + 6s + 5 + K}$$

当 $K=0$ 时,闭环系统的 3 个极点都在左半复平面上;由劳斯判据可知,当 K 足够大时,在右半复平面上有闭环极点。则在 K 增大过程中,应该有极点从左半复平面逐渐移到了右半复平面。用 MATLAB 软件画出这个系统的根轨迹,如图 13-1 所示。

由式(13-2),闭环系统的特征方程可写为

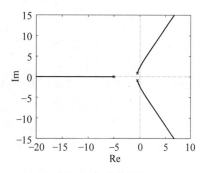

图 13-1 根轨迹图

$$G_F(s)H(s) = -1 \tag{13-3}$$

其中包含了参数 K。令方程两边的模和辐角分别相等，有

$$\begin{cases} |G_F(s)H(s)| = 1 \\ \angle G_F(s)H(s) = \pm(2k+1)180°, \quad k = 0,1,2,\cdots \end{cases} \tag{13-4}$$

满足式(13-4)的 s 值位于根轨迹上，这两个方程分别为**幅值条件**和**辐角条件**。一个点只要满足辐角条件，它就一定在根轨迹上，只是不能确定所对应的 K 值；利用幅值条件则可确定 K 值。

比如，若一个开环系统的传递函数 $G(s) = G_F(s)H(s)$ 为

$$G(s) = \frac{K(s-z_1)}{(s-p_1)(s-p_2)(s-p_3)}$$

其中 p_2 和 p_3 为共轭复数极点。记

$$A_1 = |s-p_1|, \quad A_2 = |s-p_2|, \quad A_3 = |s-p_3|, \quad A_4 = |s-z_1|$$

$$\phi_1 = \angle(s-p_1), \quad \phi_2 = \angle(s-p_2), \quad \phi_3 = \angle(s-p_3), \quad \phi_4 = \angle(s-z_1)$$

处于根轨迹上的点 s 应满足

$$\begin{cases} \dfrac{KA_4}{A_1 A_2 A_3} = 1 \\ \phi_4 - \phi_1 - \phi_2 - \phi_3 = \pm(2k+1)180°, \quad k = 0,1,2,\cdots \end{cases}$$

如图 13-2 所示，各辐角是以极点或零点为基准点，从实轴正方向逆时针转到 s 点所在方向所转过的角度。

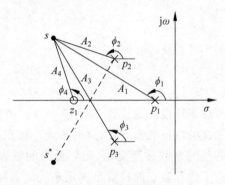

图 13-2　辐角条件

考虑 s 的共轭复数 s^*，相对于实数极点 p_1 和零点 z_1，有 $\phi_1^* = -\phi_1$，$\phi_4^* = -\phi_4$；相对于共轭复数极点 p_2、p_3，有 $\phi_2^* = -\phi_3$，$\phi_3^* = -\phi_2$。故如果 s 满足辐角条件，其共轭复数也满足辐角条件。另外，显然如果 s 满足幅值条件，s^* 也满足。故根轨迹图关于实轴对称。

例 13-1　一个系统的开环传递函数如下式，画其闭环根轨迹图。

$$G(s) = \frac{K}{(s+1)(s+5)}$$

这个系统的闭环特征方程为 $s^2 + 6s + 5 + K = 0$，很容易得到极点的解析解。以下采用根轨迹条件作图。

(1) 对实轴上 -1 右侧的任意一点 s，$\angle(s+1) = 0$，$\angle(s+5) = 0$，不满足根轨迹的辐角条件，所以它不在根轨迹上。

(2) 对实轴上 -5 左侧的任意一点 s，$\angle(s+1) = 180°$，$\angle(s+5) = 180°$，也不满足根轨迹的辐角条件，所以它不在根轨迹上。

(3) 对实轴上 $[-5,1]$ 范围内的任意一点 s，$\angle(s+1) = 180°$，$\angle(s+5) = 0°$，满足辐角条件；且总存在 $K \geqslant 0$ 使得 $|G(s)| = 1$，故 s 在根轨迹上。

(4) 闭环特征方程可改写为 $(s+3)^2 = -K+4$，当 $K \to \infty$ 时，方程的解趋近于 $-3 \pm j\sqrt{K}$，

即根轨迹有两条渐近线,它们都从(-3,j0)点出发。

(5) 可以观察到当 $K=4$ 时,闭环有重极点 $p_{1,2}=-3$。

(6) 实轴之外,只有在两个极点连成的线段的中垂线上的点才符合辐角条件。

所以当 K 从 0 开始增大时,两个闭环极点分别从-1 和-5 出发,沿实轴会合于(-3,j0);K 再增大,闭环极点成为一对共轭复数,实部保持-3 不变,虚部绝对值逐渐增大到∞。根轨迹图如图 13-3 所示。

例 13-2　一个系统的开环传递函数如下式,画其闭环根轨迹图。

$$G(s)=\frac{K(s+3)}{(s^2+2s+10)(s+10)}$$

(1) 在复平面上标出开环系统的零点-3、极点-10 和-1±j3,如图 13-4 所示。

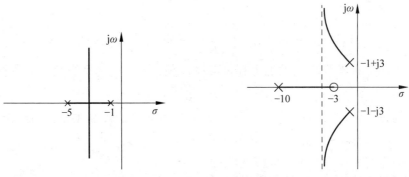

图 13-3　例 13-1 的根轨迹图　　　　图 13-4　例 13-2 的根轨迹图

(2) 考虑实轴上的根轨迹。以一对共轭复数极点-1±j3 为起点,指向实轴上任意一点的两个向量,其辐角之和为 360°,不影响实轴上的点的相角条件。

对实轴上-3 右侧的点,$\angle(s+3)=0$,$\angle(s+10)=0$,不满足相角条件;

对实轴上-10 左侧的点,$\angle(s+10)=180°$,$\angle(s+3)=180°$,不满足相角条件;

对实轴上[-10,-3]范围内的点,$\angle(s+10)=0°$,$\angle(s+3)=180°$,满足相角条件,故[-10,-3]之间的线段是根轨迹的一部分。

(3) 闭环特征方程为 $s^3+12s^2+(30+K)s+100+3K=0$,当 $K\rightarrow\infty$ 时,方程可近似为 $(s+3)(s^2+9s+K+3)=0$,则可得到近似闭环极点 $p_1=-3$,$p_{2,3}=-4.5\pm\mathrm{j}\sqrt{K}$。即有 1 条根轨迹趋于-3,显然它应该来自-10;有两条根轨迹的渐近线垂直于实轴,实部为-4.5。

(4) 考虑从-1±j3 出发的两条根轨迹的出射角度。当 K 稍大于 0 时,根轨迹刚刚离开-1±j3,从零点-3 指向-1+j3 的向量的辐角 ϕ_1 为锐角;从极点-10 指向-1+j3 的向量的辐角 ϕ_2 为更小的锐角,且其对总辐角的贡献为 $-\phi_2$;从极点-1-j3 指向-1+j3 的向量的辐角 $\phi_3=90°$,对总辐角的贡献为-90°。这 3 个零极点对总辐角的贡献之和为一个负锐角。从极点-1+j3 指向刚刚离开它自身的向量的辐角 ϕ_4 应为一个钝角,因为它对总辐角的贡献是 $-\phi_4$,这样才能满足辐角条件。由此可以确定从-1+j3 出发的根轨迹初始时指向左上方,其后逐渐趋向于实部为-4.5 的垂线。

13.2 根轨迹规则

式(13-2)表明,闭环系统的零点由前向通道的零点和反馈通道的极点组成。

式(13-2)中 $D_F(s)D_B(s)$ 为开环传递函数的分母,记为 $D(s)$; $K \cdot N_F(s)N_B(s)$ 为开环传递函数的分子,记为 $K \cdot N(s)$。则闭环特征方程可表示为

$$D(s) + KN(s) = 0 \tag{13-5}$$

设 $D(s)$ 为 n 次多项式,$N(s)$ 为 m 次多项式,一般 $n > m$,故闭环有 n 条根轨迹。

设开环传递函数的极点为 p_i,$i=1,2,\cdots,n$,零点为 z_j,$j=1,2,\cdots,m$,则闭环特征方程为

$$(s-p_1)(s-p_2)\cdots(s-p_n) + K(s-z_1)(s-z_2)\cdots(s-z_m) = 0$$

将方程两边除以 K,得

$$(s-z_1)(s-z_2)\cdots(s-z_m) + \frac{1}{K}(s-p_1)(s-p_2)\cdots(s-p_n) = 0 \tag{13-6}$$

由于开环极点的分布范围是有限的,即存在实数 r,使得 $|p_i| < r$,则当 $|s| \gg r$ 时,有

$$| (s-p_1)(s-p_2)\cdots(s-p_n) | \approx | s^n |$$

对任意确定的 $|s| \gg r$,当 $K \gg |s|^n$ 时,式(13-6)左边第 2 项随 K 值的增大而趋于 0,方程近似为

$$(s-z_1)(s-z_2)\cdots(s-z_m) = 0$$

这样得到闭环极点的 m 个解,即所有的开环零点。

另外,开环零点的分布范围也是有限的,即存在实数 R,使得 $|z_j| < R$,$|p_i| < R$。当 $|s| \gg R$ 时,方程(13-6)可近似为 $s^m + s^n/K = 0$,或 $s^{n-m} = -K$。显然,随着 K 的增大,其解的模趋向于无穷大;$n-m$ 个解的辐角分别趋向于

$$\phi_k = \frac{(2k+1)180°}{n-m}, \quad k=0,1,2,\cdots,n-m-1 \tag{13-7}$$

这几个趋于无穷远处的解的轨迹把复平面从角度上等分为 $n-m$ 份。

表 13-1 列出了 $n-m = 1,2,3,4$ 时趋于无穷远处的根轨迹的辐角趋向。当 $n-m \geq 3$ 时,总是存在向右半复平面伸展的根轨迹分支,所以在这种情况下只要持续增大 K 值,必然会使闭环系统失去稳定性。

表 13-1　根轨迹辐角的趋向

$n-m$	ϕ_1	ϕ_2	ϕ_3	ϕ_4
1	$-180°$			
2	$-90°$	$90°$		
3	$-60°$	$+60°$	$-180°$	
4	$45°$	$-45°$	$135°$	$-135°$

总之,开环传递函数为 n 阶的系统,它的闭环传递函数也为 n 阶,其 n 条根轨迹的起点均为开环极点,其中 m 条根轨迹终于开环零点,$n-m$ 条根轨迹终于无穷远处。

以上讨论了根轨迹的起点与终点、对称性和渐近线等规律,另外还应考虑如下问题。

1. 实轴上的根轨迹

一对共轭复数零极点到实轴上任意一点的相角之和为 $360°$，不影响辐角条件。对于实轴上处于所有实数零点和极点右方的任意一点，任何实数零极点对应的辐角均为 0，不满足辐角条件，所以实轴上最右侧零极点的右方不存在根轨迹。如果某点右侧实零点和实极点的总数为奇数，则它在根轨迹上。如果实轴上只有单零点和单极点，则实轴上的根轨迹段和非根轨迹段将交替分布。

2. 根轨迹的分离点和会合点

如果根轨迹存在于实轴上两个开环极点之间，则两条根轨迹分别从两个极点出发，两者会在某处相遇，再同时离开实轴。这个重合点称为分离点。如果根轨迹存在于实轴上两个开环零点之间，则应有来自某两个极点的两条根轨迹在两个零点之间的某处会合，再各自趋向一个零点，这个重合点称为会合点。如果根轨迹存在于实轴上的一个开环极点和一个开环零点之间，则这段根轨迹上分离点和会合点的个数相等，比如都为 0。

分离点和会合点实际是闭环重极点。所以分离点可能以共轭复数的形式成对出现，只要这对共轭复数是重极点；会合点亦然。

因此，求出闭环特征方程的重根即可确定分离点和会合点的位置。理论上可用如下方法求出重根及相应的 K 值。

设闭环特征方程(13-5)具有二重根 p_1，则存在多项式 $Q(s)$，使得

$$(s - p_1)^2 Q(s) = D(s) + KN(s)$$

将上式对 s 求导，得

$$2(s - p_1)Q(s) + (s - p_1)^2 Q'(s) = D'(s) + KN'(s)$$

当 $s = p_1$ 时，应有 $[D'(s) + KN'(s)]|_{s=p_1} = 0$。

因此解方程组

$$\begin{cases} D(s) + KN(s) = 0 \\ D'(s) + KN'(s) = 0 \end{cases} \tag{13-8}$$

即可得到重极点和相应的 K 值。如果 $K > 0$，则解出的重极点为根轨迹的分离点或会合点。

3. 出射角和入射角

从极点发出的根轨迹的初始切线方向为出射角，回到零点的根轨迹的最终切线方向为入射角。对那些位于实轴上的极点和零点，出射角和入射角或为 $0°$ 或为 $180°$。主要需要判断的是开环共轭复数极点和零点处的出射角和入射角。

如图 13-5 所示，当一条根轨迹刚刚离开极点 p_2 时，无论其出射角如何，从其他零极点指向此极点的向量的辐角都几乎不变。由辐角条件，应有 $\sum \theta_i - \sum \phi_j - \alpha = (2k+1)180°$，其中 α 为所求的出射角，θ_i 为各零点指向此极点的向量的辐角，ϕ_j 为其他各极点指向此极点的向量的辐角，k 为整数。则出射角可表示为

$$\alpha = 180° + \sum \theta_i - \sum \phi_j \tag{13-9}$$

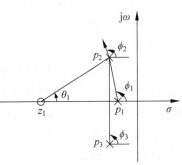

图 13-5　根轨迹的出射角

与此类似,根轨迹到达一个零点的入射角可表示为

$$\beta = 180° - \sum \theta_i + \sum \phi_j \tag{13-10}$$

其中,θ_i 为各零点指向此零点的向量的辐角,ϕ_j 为其他各极点指向此零点的向量的辐角。

4. 根轨迹与虚轴的交点

若有闭环极点位于虚轴上,则对闭环特征方程使用劳斯判据时,劳斯阵列的第 1 列有等于 0 的项。据此可求出对应的 K 值,再把此 K 值代回原方程,解出极点。或者直接令 $s = j\omega$,代入方程求解。

另外,在系统的校正中,需要在未校正系统的根轨迹图上添加控制器的零点和极点,以改变根轨迹。以添加零点为例,参考图 13-2,假设添加零点 z_1 前点 s 在原系统的根轨迹上。添加零点后,总辐角增大,s 点不再满足辐角条件。想象有一个动点 s' 在从 s 到 z_1 的连线上向 z_1 移动,则 ϕ_4 不变,而其他极点指向 s' 的辐角 ϕ_1、ϕ_2、ϕ_3 都会变大,总辐角减小,则 s' 可能会找到一个新的位置以满足辐角条件。从图像上看起来像是零点吸引了原来的根轨迹。

13.3　控制器零极点的配置方法

如何根据一个系统的零极点分布情况评价它的性能?我们希望一个闭环系统是稳定的,并且具有一定的稳定性裕量;希望它对输入信号的响应快、振荡小;希望它的稳态误差小。对稳定性的要求意味着闭环极点应都在左半复平面,即使开环参数有一定程度的变化,原点到极点的连线也应从角度上远离虚轴;根据 4.3 节对系统瞬态响应特性的分析可知,闭环系统响应的快速性意味着它的主导极点的实部应尽量小,振荡小意味着共轭复数极点在角度上更接近实轴负半轴;根据 6.2 节对系统稳态误差的分析可知,要使系统对输入的稳态误差小,应使开环传递函数在复平面的原点附近的函数值尽量大,这一般意味着开环系统应在复平面的原点附近有极点。

为了实现小的稳态误差和快的响应速度,都需要大的开环增益系数。高开环增益系数对稳态误差的益处显而易见,对快速性的影响从根轨迹的角度分析如下。随着开环增益的加大,闭环极点有的趋向于开环零点,有的趋向于无穷远。开环零点由前向通道的零点和反馈通道的零点组成。即第 1 部分闭环极点趋向于前向通道的零点,而前向通道的零点也是闭环零点,因此这些闭环零极点接近互相抵消,对瞬态响应的影响不显著。第 2 部分闭环极点趋向于反馈通道的零点,反馈通道一般没有零点,或者应在设计上使它远离虚轴,这样闭环极点趋向于远离虚轴的位置,有利于提高系统的快速性。第 3 部分闭环极点趋向于无穷远处,那些向复平面左方延伸的根轨迹有利于提高快速性;但在闭环传递函数分母与分子阶次之差高于或等于 3 的情况下,必然有极点进入右半平面;即使阶次之差为 2,因而根轨迹向 ±90° 方向延伸,并且假设根轨迹处于左半平面,系统的相对稳定性也会随开环增益的提高而变差。总之,好的快速性需要高的开环增益,但这不利于闭环稳定性。这与用频率特性法分析系统的结论当然是一样的。

可以判断,使用根轨迹法配置串联控制器零极点的原则如下:

（1）如果待校正系统的稳态误差偏大，则应在原点或原点附近设置极点。

（2）如果待校正系统有根轨迹分支靠近虚轴甚至向右穿越虚轴，不利于获得好的稳定性或者瞬态响应品质，可以在其起始极点处设置零点，使得闭环零极点相消。

（3）如果待校正系统主导极点与虚轴的距离偏小，快速性不好，应在其左侧设置零点，以吸引根轨迹。除非为了实现零极点相消，控制器的零点应设置在实轴上，因为它是闭环根轨迹的终点，一般希望闭环极点接近实轴。

根轨迹的参数计算比较复杂，在定性或半定量地配置好控制器的零极点后，宜采用计算软件辅助确定控制器的参数。

例 13-3　有一个单位反馈系统，控制对象的传递函数如下。设计控制器使其对阶跃输入稳态误差为 0，且具有尽量大的稳态速度误差系数。

$$G_p(s) = \frac{16}{(s+2)(s+8)}$$

用 MATLAB 软件中的 rlocus 函数画出未校正系统的根轨迹如图 13-6(a)所示，图中标在同心圆圆周上的数字为处于此圆周上的共轭复数极点对应的自然角频率，标在辐射线上的数字为处于此线上的极点对应的阻尼比。

未校正系统为 0 型，要使系统对阶跃输入无稳态误差，应在原点处配置 1 个极点。若取控制器为积分型，使得校正后的开环传递函数为

$$G_1(s) = \frac{16K_I}{s(s+2)(s+8)}$$

画出其根轨迹图，如图 13-6(b)所示。可见，由于开环系统有 3 个极点，没有零点，随着 K_I 的增大，3 条根轨迹均趋向于无穷远处。为了使闭环主导极点对应的阻尼比较为合适，使用 rlocfind 函数在根轨迹图线上选取阻尼比约为 0.76 的点，得到 $K_I = K_v = 0.667$，一对主导极点为 $-0.895 \pm j0.706$。自然角频率约为 $1.14\ s^{-1}$，进入 5% 误差带的建立时间应约为 3.5 s。若要增大 K_v，闭环主导极点将向右移，建立时间增大，阻尼比减小，超调量增大。

为了在加大开环增益的情况下削弱闭环极点位置恶化的趋势，在开环极点 -2 附近设置一个零点。令 $G_c(s) = K_I(0.55s+1)/s$，使得校正后的开环传递函数为

$$G_2(s) = \frac{16K_I(0.55s+1)}{s(s+2)(s+8)}$$

其中的零点为 -1.82。画出 G_2 系统的根轨迹图，如图 13-6(c)所示。考虑到将有闭环极点趋向于所添加的零点，使得零极点近似相消，闭环主导极点应从趋向 $\pm 90°$ 的根轨迹上选取。仍选取阻尼比约为 0.76 的点，得到 $K_I = K_v = 3.16$，3 个闭环极点分别为 $p_{1,2} = -4.15 \pm j3.53$，$p_3 = -1.70$。显然其中的极点 p_3 与零点相近。相比积分校正，稳态速度误差系数提高到将近原来的 5 倍。另外，校正后闭环系统的单位阶跃响应如图 13-6(d)所示，建立时间约 0.645 s，也加快了数倍。显然，这里所采用的控制器是 PI 控制器。

例 13-4　有一个单位反馈系统，控制对象的传递函数如下，设计控制器。

$$G_p(s) = \frac{50}{(s^2+2s+10)(s+5)}$$

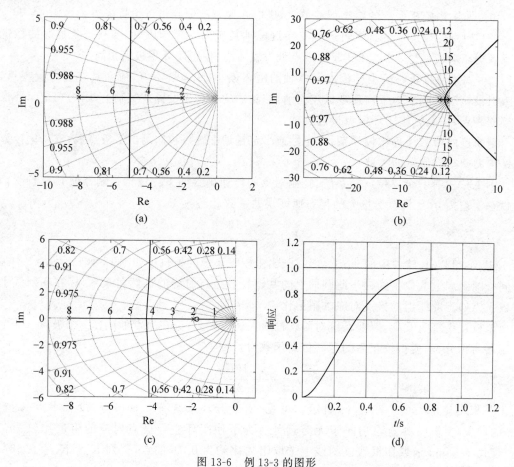

图 13-6　例 13-3 的图形

（a）未校正系统的根轨迹图；（b）在原点处配置 1 个极点后的根轨迹图；
（c）增加 1 个零点后的根轨迹图；（d）闭环单位阶跃响应

控制对象的特点是具有一对低阻尼共轭复数极点 $-1\pm j3$。根轨迹图如图 13-7（a）所示，加大增益后共轭复数极点很容易靠近虚轴，甚至穿过虚轴进入右半平面。可考虑把控制器的零点设置在这一对极点处。另外校正前系统为 0 型，为了降低稳态误差，可在原点处设置一个极点。为了对比校正前后的根轨迹，特意令控制器的零点与控制对象的极点稍有差别，如

$$G_c(s) = K \cdot \frac{s^2 + 2.1s + 10}{s}$$

显然这是一个 PID 控制器。校正后的开环传递函数为

$$G(s) = \frac{50K(s^2 + 2.1s + 10)}{s(s^2 + 2s + 10)(s+5)}$$

画出根轨迹图，如图 13-7（b）所示。

在趋向 $\pm90°$ 的根轨迹上选取阻尼比为 0.92 的共轭复数极点，MATLAB 软件给出对应的增益为 0.151，在此增益下闭环极点为 $-0.991\pm j3.04$ 和 $-2.51\pm j1.05$。其中第一对极点与闭环零点相近。校正前后闭环系统的单位阶跃响应如图 13-7（c）所示。

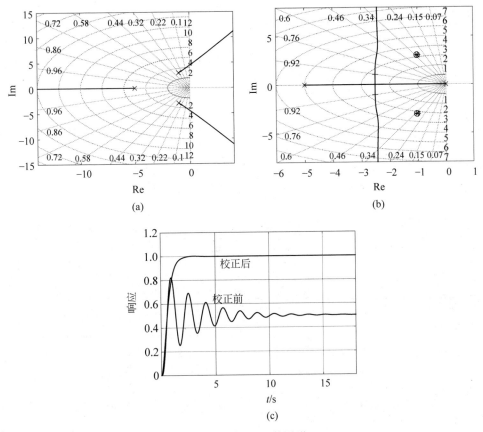

图 13-7　例 13-4 的图形

(a) 未校正系统的根轨迹；(b) PID 校正后系统的根轨迹；(c) 校正前后系统的单位阶跃响应

例 13-5　有一个单位反馈系统，控制对象的传递函数如下，设计控制器。

$$G_p(s) = \frac{300}{(s+1)(s+3)(s+10)^2}$$

校正前系统的根轨迹图如图 13-8(a) 所示。若用比例控制，令闭环主导极点对应的阻尼比为 0.76，增益应为 0.717，校正后闭环系统的单位阶跃响应如图 13-8(b) 所示。从根轨迹图上看，两个闭环主导极点的分离点为 −1.88，为限制系统响应速度的关键。为了使闭环主导极点向左移动，考虑在极点 −3 附近设置一个零点。为了在图形中较清楚地显示，特意把零点设置得与极点略为分开，取为 −3.2。控制器传递函数为 $G_c(s) = K(s+3.2)/3.2$。画出校正后系统的根轨迹图，如图 13-8(c) 所示，可见此零点确实对原根轨迹产生了"吸引"。在主导极点根轨迹上取阻尼比为 0.78 的点，得到增益为 2.10，主导极点为 −3.35±j2.88。校正后系统的单位阶跃响应如图 13-8(d) 所示。显然，后一种控制器为 PD 控制器。采用 PD 控制器使得系统的开环增益比采用比例控制提高到接近 3 倍，主导极点明显左移，在超调量基本不变的情况下明显缩短了建立时间。

例 13-6　有一个单位负反馈系统，控制对象的传递函数如下，设计控制器。

$$G_p(s) = \frac{9}{(s+3)(s-3)}$$

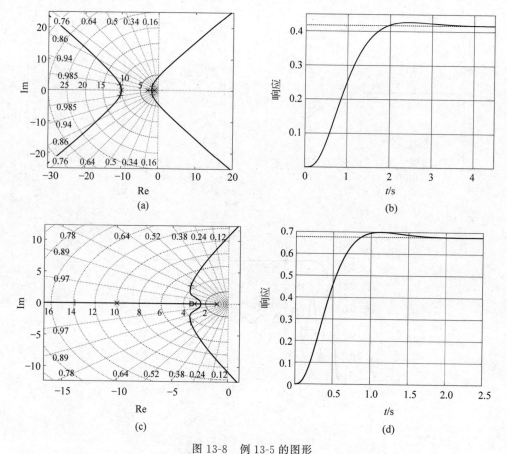

图 13-8 例 13-5 的图形
（a）比例校正系统的根轨迹；（b）比例校正后的单位阶跃响应；
（c）增加一个零点后的根轨迹图；（d）PD 校正后的单位阶跃响应

　　控制对象有极点在右半平面。校正前的系统只有两个极点，实轴上的根轨迹在两个极点之间。增益达到 1 时两个极点在原点会合，其后沿虚轴正负半轴分别趋向于无穷远处。为了使闭环极点处于左半平面，应在左半平面设置零点；为了降低稳态误差，在原点处设置一个极点。尝试在 -1 处设置一个零点，画出系统的根轨迹图，如图 13-9（a）所示。可见设置一个左半平面零点不足以把右半平面的根轨迹吸引到左半平面。尝试在 -2 和 -2.5 处设置两个零点，画出根轨迹图，如图 13-9（b）所示。可见在增益足够大以后根轨迹接近所设置的零点位置。图中"＋"标示的闭环极点对应的增益为 1.44，即控制器的传递函数为

$$G_c(s) = \frac{1.44(s+2)(s+2.5)}{s}$$

画出闭环系统的单位阶跃响应，如图 13-9（c）所示。如果取更大的增益，右侧的两个极点会更加靠近两个零点，零点极点相消；左侧的一个极点沿实轴趋向 $-\infty$，阶跃响应会更快，且超调量下降。

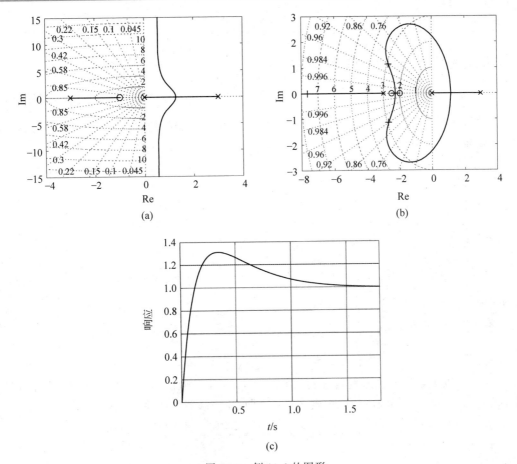

图 13-9　例 13-6 的图形

（a）设置一个极点和一个零点后的根轨迹图；（b）设置一个极点和两个零点后的根轨迹图；（c）闭环单位阶跃响应

13.4　参数根轨迹方法

在 13.3 节中，控制器的零极点位置是人为指定的，根轨迹是随开环增益系数的变化形成的。本节讨论在给定某些条件时确定控制器零点的方法。

设已知单位负反馈系统中控制对象的传递函数为 $G_p(s)=N_p(s)/D_p(s)$，采用 PI 控制器 $G_c(s)=K_P+K_I/s$，其中 K_I 的值已由对稳态误差的要求确定，需要寻求合理的 K_P。

系统的开环传递函数为

$$G(s)=\frac{(K_P s+K_I)N_p(s)}{sD_p(s)}$$

闭环传递函数为

$$C(s)=\frac{(K_P s+K_I)N_p(s)}{sD_p(s)+(K_P s+K_I)N_p(s)}$$

闭环特征方程为

$$sD_p(s)+(K_P s+K_I)N_p(s)=0 \tag{13-11}$$

上式除以 $sD_p(s)+K_I N_p(s)$，可改写为

$$1 + \frac{K_P N_p(s)s}{sD_p(s) + K_I N_p(s)} = 0 \qquad (13\text{-}12)$$

如果有另一个系统的开环传递函数为

$$G_K(s) = \frac{K_P N_p(s)s}{sD_p(s) + K_I N_p(s)} \qquad (13\text{-}13)$$

则式(13-12)也是这个系统的闭环特征方程。两个系统具有相同的闭环极点,因此可以 K_P 为增益,画开环传递函数为 $G_K(s)$ 的系统的根轨迹图,根据闭环极点位置寻找合理的 K_P 值。

例 13-7　一个单位负反馈系统的控制对象的传递函数为

$$G_p(s) = \frac{10}{(s+2)(s+10)}$$

要求使用 PI 校正后稳态速度误差系数不低于 4,确定 PI 控制器的参数。

解:稳态速度误差系数

$$K_v = \lim_{s \to 0} s \cdot \frac{K_P s + K_I}{s} \cdot \frac{10}{(s+2)(s+10)} = \frac{K_I}{2}$$

令 $K_v = 4$,应有 $K_I = 8$。

依照式(13-13),有

$$G_K(s) = \frac{K_P \cdot 10s}{s(s+2)(s+10) + 80}$$

画出 $G_K(s)$ 以 K_P 为增益的根轨迹图,如图 13-10 所示。取图中"+"所标示的一组闭环极点,即 $-4 \pm j2$ 和 -4,得到对应的增益为 3.2。即 PI 控制器的传递函数为

$$G_c(s) = 3.2 + \frac{8}{s} = \frac{3.2(s+2.5)}{s}$$

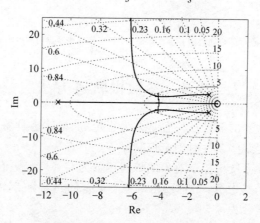

图 13-10　例 13-7 的根轨迹图

如图 13-11 所示系统,设其前向通道的传递函数为 $G_F(s) = N_F(s)/D_F(s)$,反馈通道包括比例反馈和微分反馈。比例反馈系数 K_P 设定了闭环输入与输出之间的静态增益,应由对系统的总体要求决定,不能随意取值;微分反馈结构用于改善闭环系统的动态响应品质,比如在一个位置控制系统中,用位置信号的微分产生速度反馈信号。从系统的开环传

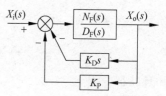

图 13-11　一个比例微分反馈的系统

递函数看,比例和微分反馈并联的效果等效于在前向通道串联 PD 控制器。需要寻求合理的 K_D 值。

系统的开环传递函数为

$$G(s) = \frac{(K_D s + K_P) N_F(s)}{D_F(s)}$$

闭环传递函数为

$$C(s) = \frac{(K_D s + K_P) N_F(s)}{D_F(s) + (K_D s + K_P) N_F(s)}$$

闭环特征方程为

$$D_F(s) + (K_D s + K_P) N_F(s) = 0$$

上式除以 $D_F(s) + K_P N_F(s)$,可改写为

$$1 + \frac{K_D N_F(s) s}{D_F(s) + K_P N_F(s)} = 0$$

它也是开环传递函数为

$$G_K(s) = \frac{K_D N_F(s) s}{D_F(s) + K_P N_F(s)} \tag{13-14}$$

的系统的特征方程。以 K_D 为增益,画系统 G_K 的根轨迹图,可以确定合理的 K_D 值和闭环极点。

习 题

13-1 有一个系统的开环传递函数如下式,画出根轨迹图。

$$G(s) = \frac{K}{s(s^3 + 4s^2 + 8s + 8)}$$

13-2 设被控对象的传递函数如下,用根轨迹法设计控制器。

(1) $G_p(s) = \dfrac{0.2}{(0.1s + 1)(0.01s + 1)}$

(2) $G_p(s) = \dfrac{10}{s(0.1s + 1)(0.01s + 1)}$

(3) $G_p(s) = \dfrac{2}{(0.1s + 1)(0.01s + 1)(0.0033s + 1)}$

(4) $G_p(s) = \dfrac{10}{(0.33s + 1)(0.0001s^2 + 0.002s + 1)}$

(5) $G_p(s) = \dfrac{2}{(0.1s + 1)(0.03s + 1)(0.003s + 1)^2}$

(6) $G_p(s) = \dfrac{100}{s(0.05s + 1)(0.001s + 1)^2}$

第 14 章

控制系统的其他构型

图 11-5 表示的自动控制系统只通过输出信号的反馈构成单闭环结构,这是最基本的系统构型。当对输出特性有特殊要求及考虑干扰的作用等因素时,可以针对性地采用不同的系统结构。

14.1 二自由度控制结构

一个采用 PID 控制器的单位反馈系统可表示为图 14-1。考虑如果输入信号有一个突变,比如输入为阶跃型,则控制器产生的微分控制量会出现一个脉冲,理论上脉冲的幅度为无穷大。实际上由于输入信号不可能是严格的阶跃信号,而是会有一个上升的过程,控制器的输出量也一定会受最大值的限制,所以并不会有无穷大幅值的脉冲作用到被控对象上,但这个脉冲的幅值会很大。

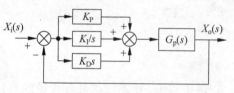

图 14-1 PID 控制

有的被控对象需要避免控制信号中存在大的脉冲。因此可以考虑修改环路的结构,只对反馈信号进行微分作用,不对输入信号进行微分。修改后的环路结构如图 14-2 所示,这种结构称为"PI-D 控制"。

如果有被控对象需要避免控制信号中出现大的阶跃,则可考虑修改环路结构如图 14-3 所示,称为"I-PD 控制"。

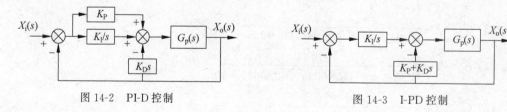

图 14-2 PI-D 控制　　　　　　　　图 14-3 I-PD 控制

采用 PID 控制时系统的闭环传递函数为

$$C_1(s) = \frac{\dfrac{K_D s^2 + K_P s + K_I}{s} \cdot G_p(s)}{1 + \dfrac{K_D s^2 + K_P s + K_I}{s} \cdot G_p(s)} = \frac{(K_D s^2 + K_P s + K_I) \cdot G_p(s)}{s + (K_D s^2 + K_P s + K_I) \cdot G_p(s)}$$

采用 PI-D 控制时系统的闭环传递函数为

$$C_2(s) = \frac{\dfrac{K_{\mathrm{P}}s + K_{\mathrm{I}}}{s} \cdot G_{\mathrm{p}}(s)}{1 + \left(K_{\mathrm{P}} + \dfrac{K_{\mathrm{I}}}{s} + K_{\mathrm{D}}s\right) \cdot G_{\mathrm{p}}(s)} = \frac{(K_{\mathrm{P}}s + K_{\mathrm{I}}) \cdot G_{\mathrm{p}}(s)}{s + (K_{\mathrm{D}}s^2 + K_{\mathrm{P}}s + K_{\mathrm{I}}) \cdot G_{\mathrm{p}}(s)}$$

采用 I-PD 控制时系统的闭环传递函数为

$$C_3(s) = \frac{\dfrac{K_{\mathrm{I}}}{s} \cdot G_{\mathrm{p}}(s)}{1 + \left(K_{\mathrm{P}} + \dfrac{K_{\mathrm{I}}}{s} + K_{\mathrm{D}}s\right) \cdot G_{\mathrm{p}}(s)} = \frac{K_{\mathrm{I}} \cdot G_{\mathrm{p}}(s)}{s + (K_{\mathrm{D}}s^2 + K_{\mathrm{P}}s + K_{\mathrm{I}}) \cdot G_{\mathrm{p}}(s)}$$

可见三者的闭环特征方程是相同的,静态增益也都为 1。但是由于闭环传递函数的零点不同,采用相同的控制参数时它们的瞬态响应特性并不相同。

可以认为 PI-D 和 I-PD 控制结构是对偏差信号和输出反馈信号使用了两个不同的控制器。这种控制结构可以表示为图 14-4 所示的形式,而不对其中控制器的类型进行限制。由于这种结构中有两个控制器,所以称之为"二自由度控制系统"。称其中偏差点之后的控制器为"串联控制器"或"偏差控制器",由反馈信号产生控制量的控制器为"反馈控制器"。

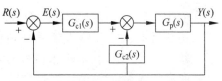

图 14-4　具有偏差控制器和反馈控制器的二自由度控制结构

例 14-1　设在图 14-4 中,

$$G_{\mathrm{p}}(s) = \frac{2}{(0.2s+1)(0.1s+1)}$$

希望在输入为阶跃函数的情况下,稳态偏差为 0,系统有较快的响应速度,$G_{\mathrm{c1}}(s)$ 中不包含微分控制项。设计 $G_{\mathrm{c1}}(s)$ 和 $G_{\mathrm{c2}}(s)$。

解:如果只有串联控制器,没有反馈控制器,也没有串联控制器中不能包含微分项的限制,则使用 PID 控制器即可获得较快的响应速度,并使对阶跃输入的稳态偏差为 0。在串联控制器不能包含微分项的限制下,需要尝试把微分部分设置在反馈控制器中。

若取

$$G_{\mathrm{c2}}(s) = K_{\mathrm{P2}} + K_{\mathrm{D2}}s$$

的形式,则图 14-4 中右侧由被控对象和反馈控制器构成的小闭环的输入-输出传递函数为

$$C_1(s) = \frac{\dfrac{2}{(0.2s+1)(0.1s+1)}}{1 + \dfrac{2}{(0.2s+1)(0.1s+1)} \cdot (K_{\mathrm{P2}} + K_{\mathrm{D2}}s)}$$

$$= \frac{2}{0.02s^2 + (0.3 + 2K_{\mathrm{D2}})s + 1 + 2K_{\mathrm{P2}}}$$

可见通过设置 K_{P2} 和 K_{D2} 的值,可以把小闭环校正成自然频率较高,且阻尼比在 1 左右的二阶环节,再用串联控制器校正这样的环节是比较容易的。例如,取 $G_{\mathrm{c2}}(s) = 3.5 + 0.25s$,则

$$C_1(s) = \frac{100}{s^2 + 40s + 20^2}$$

小闭环成为自然频率为 20 rad/s、阻尼比为 1 的二阶环节。

再取 G_{c1} 为 PI 控制器

$$G_{c1}(s) = \frac{2(s+20)}{s}$$

则大闭环的开环传递函数被校正为

$$G(s) = \frac{2(s+20)}{s} \cdot \frac{100}{s^2+40s+20^2} = \frac{200}{s(s+20)}$$

它符合第 11.2 节所述的 Ⅰ 型参考系统模型,其闭环传递函数是一个自然频率为 14.14 rad/s、阻尼比为 0.707 的二阶系统。

14.2　输入的前馈控制

在前述二自由度控制系统中,分别对偏差和反馈信号设置了控制器。另一种二自由度控制结构则是对偏差和输入信号分别设置控制器,如图 14-5 所示,其中输入信号与被控对象之间的控制器称为"前馈控制器"。

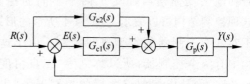

图 14-5　具有偏差控制器和前馈控制器的
　　　　　二自由度控制结构

前馈控制提供了一条输入直接作用于被控对象的通道,前馈控制量不受反馈信号的影响。如果能够令 $G_{c2}(s)G_p(s)=1$,则无论输入信号是阶跃、斜坡、加速度还是其他任何形式,理论上通过前馈控制都可以使输出准确、无滞后地跟踪输入,而偏差从一开始就为零并且一直保持为零。系统的输入-输出传递函数为

$$\frac{Y(s)}{R(s)} = \frac{[G_{c1}(s)+G_{c2}(s)]G_p(s)}{1+G_{c1}(s)G_p(s)} \tag{14-1}$$

可见如果 $G_{c2}(s)G_p(s)=1$,则 $Y(s)=R(s)$,$y(t)=r(t)$,输出完全复现输入。当然这是一种理想的情况,因为一方面这要求对被控对象传递函数的准确掌握,并且随着它的变化实时改变前馈控制器的传递函数;另一方面,实际系统的传递函数,比如 $G_p(s)$,总是分母的阶次高于分子,那么 $G_{c2}(s)=1/G_p(s)$ 这样的传递函数实际上是实现不了的。

但这并不妨碍受此启发,把前馈控制器的零点设置在靠近被控对象的主导极点处,使得前馈通道上零点与主导极点相消,从而提高系统响应的快速性和准确性;另外,为了使前馈控制器可以实现,在 s 平面上其零点左侧的远处设置极点,使极点的总数不少于零点的个数。如果被控对象的传递函数存在零点或有多个相距不远的极点,而直接把这些零点和极点作为前馈控制器的极点和零点,则前馈控制器的传递函数会比较复杂,分子或分母的阶次会比较高。这种情况下可以考虑采用阶次比较低,但在 s 平面原点附近函数值与之相近的传递函数,这种方法参见 14.3.3 节。

设图 14-5 中,

$$G_p(s) = \frac{1}{(s+1)(0.1s+1)}$$

参考 Ⅰ 型系统最优模型,采用 PI 控制器

$$G_{c1}(s) = 5 \cdot \frac{s+1}{s}$$

考虑加入前馈控制,令前馈控制器的传递函数为

$$G_{c2}(s) = \frac{s+1}{0.07s+1}$$

这里在被控对象的主导极点−1处设置了一个零点,另外在−14.3处设置了一个极点。在采用和不采用前馈控制器的情况下,单位阶跃输入时系统的输出、偏差和控制量随时间的变化如图 14-6 所示,斜坡输入时的情况如图 14-7 所示。图 14-7 中的"偏差控制量"是指在采用前馈控制器的情况下控制器 G_{c1} 的输出量。

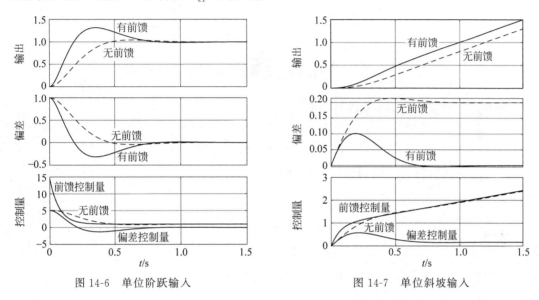

图 14-6 单位阶跃输入   图 14-7 单位斜坡输入

对比有、无前馈控制两种情况下系统的单位阶跃响应曲线可见,加入前馈控制后输出响应的上升时间显著缩短了。但是由于 PI 控制器直接采用了没有前馈控制时的参数而没有进行优化,所以超调量变得比较大。由系统的斜坡响应可见,采用前馈控制后,输出曲线更接近理想的斜坡。不采用前馈控制时,由于系统的开环传递函数为 I 型,系统存在稳态偏差;采用前馈控制后稳态偏差变为零。

采用前馈控制器的系统,输入-偏差传递函数为

$$\frac{E(s)}{R(s)} = \frac{1 - G_{c2}(s)G_p(s)}{1 + G_{c1}(s)G_p(s)} \tag{14-2}$$

稳态偏差为

$$\varepsilon_{ss} = \lim_{s \to 0} \frac{1 - G_{c2}(s)G_p(s)}{1 + G_{c1}(s)G_p(s)} \cdot sR(s) \tag{14-3}$$

如果 $G_{c2}(s)G_p(s)$ 的静态增益严格为 1,则无论输入什么样的信号,稳态偏差都为零。如果 $G_{c2}(s)G_p(s)$ 的静态增益不严格为 1,则系统的稳态偏差决定于 $G_{c2}(s)G_p(s)$ 的静态增益与 1 的差及被控对象、控制器 G_{c1} 和输入信号的形式,如 6.2.3 节所述;与不采用前馈控制相比,显然只要 $G_{c2}(s)G_p(s)$ 的静态增益接近 1 就可以显著降低稳态偏差。

14.3　干扰的前馈补偿

14.3.1　干扰-偏差的频率响应

对图 14-8 所示的反馈控制系统,干扰-输出传递函数为

$$G_{YQ}(s) = \frac{G_p(s)}{1 + G_c(s)G_p(s)H(s)} \tag{14-4}$$

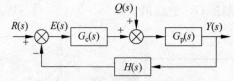

图 14-8　前向通道有干扰作用的控制系统

系统输出对干扰激励的频率响应特性为

$$G_{YQ}(j\omega) = \frac{G_p(j\omega)}{1 + G_c(j\omega)G_p(j\omega)H(j\omega)} \tag{14-5}$$

则当开环增益 $|G_c(j\omega)G_p(j\omega)H(j\omega)| \gg 1$ 时,

$$G_{YQ}(j\omega) \approx \frac{1}{G_c(j\omega)H(j\omega)} \tag{14-6}$$

$|G_c(j\omega)G_p(j\omega)H(j\omega)| \ll 1$ 时,

$$G_{YQ}(j\omega) \approx G_p(j\omega) \tag{14-7}$$

设在图 14-8 所示的系统中,各环节的传递函数如下:

$$G_c(s) = \frac{16(s+5)}{s}, \quad G_p(s) = \frac{200}{(s+10)^2}, \quad H(s) = \frac{0.1}{0.01s+1}$$

画出 $G_c(s)H(s)$、$G_p(s)$、$G_c(s)G_p(s)H(s)$ 和 $G_{YQ}(s)$ 的伯德图如图 14-9 所示。

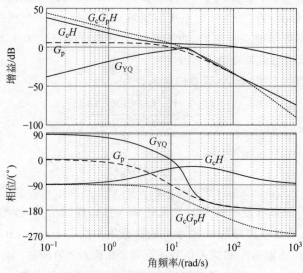

图 14-9　干扰-输出频率响应特性

在开环增益远大于 1 的频段内,扰动到闭环输出的增益可以被环节 G_c 和 H 的增益所衰减。反馈环节的增益决定了闭环系统输入与输出间的增益,因此受限于实际应用,不能任意取值,但是 G_c 环节包含了控制器,是可以改变的。所以要减小系统对干扰的响应,应增大 G_c 环节的增益。这个结论与减小干扰作用下的系统稳态偏差的方法是一致的。

在开环增益小于 1,即频率高于开环交越频率的频段,干扰到闭环输出的频率响应特性近似于环节 G_p 的频率响应特性,控制器几乎起不到抑制干扰的作用。G_p 为被控对象,比如一个传动机构及负载。在开环增益不足的情况下,如果 G_p 中存在低阻尼振荡特性,则在此振荡频率附近的干扰频率成分会激励起机械振荡,而闭环控制系统却没有什么抑制这个振荡的能力。

对单位反馈系统,干扰-偏差传递函数为

$$\frac{E(s)}{Q(s)} = \frac{-G_p(s)}{1 + G_c(s)G_p(s)} \tag{14-8}$$

频率响应特性为

$$\frac{E(j\omega)}{Q(j\omega)} = \frac{-G_p(j\omega)}{1 + G_c(j\omega)G_p(j\omega)} \tag{14-9}$$

在低于开环剪切频率的范围内,$|G_c(j\omega)G_p(j\omega)| > 1$。对 $|G_c(j\omega)G_p(j\omega)| \gg 1$ 的情况则有

$$\left| \frac{E(j\omega)}{Q(j\omega)} \right| \approx \frac{1}{|G_c(j\omega)|} \tag{14-10}$$

这意味着对某一频率的干扰信号,偏差的幅值近似反比于控制器在干扰频率处的增益。要降低干扰-偏差增益,应提高控制器在干扰信号频率处的放大倍数。

例 14-2 有如下被控对象,考虑抑制阶跃干扰和角频率为 $10 \sim 15$ rad/s 的正弦干扰造成的偏差,设计控制器。

$$G_p(s) = \frac{10}{(0.1s + 1)(0.01s + 1)}$$

解:为了使阶跃干扰造成的稳态偏差为零,控制器应含有积分项。为了降低正弦干扰造成的偏差,设想在控制器幅频曲线的 $10 \sim 15$ rad/s 处设置一个峰以提高开环增益。设控制器传递函数的形式为

$$G_c(s) = \frac{K_P(Ts + 1)}{s} \cdot \frac{s^2 + \omega_1 s + \omega_1^2}{s^2 + 2\zeta_1 \omega_1 s + \omega_1^2}$$

式中第 1 项为 PI 控制器,参考把开环传递函数校正为 I 型最优模型所需的参数,令其传递函数为

$$G_{pi}(s) = \frac{5(0.1s + 1)}{s}$$

当第 2 项中 $\zeta_1 < 0.5$ 时,其幅频曲线在 ω_1 处有一个峰。试令 $\omega_1 = 12.5$ rad/s,$\zeta_1 = 0.2$,使谐振峰覆盖 $10 \sim 15$ rad/s 频率范围,即其传递函数为

$$G_{bp}(s) = \frac{s^2 + 12.5s + 156.25}{s^2 + 5s + 156.25}$$

图 14-10 所示为控制器和被控对象的伯德图,控制器的传递函数 $G_{bp}(s)$ 与 PI 控制器的传递函数相乘,在幅频特性曲线上相比 PI 控制器凸起一个峰。图 14-11 分别示出了以 $G_{pi}(s)$

和 $G_c(s)$ 为控制器时的开环和闭环频率特性伯德图,可见采用 $G_c(s)$ 与采用 PI 控制器相比,在开环幅频曲线上凸起了一个峰。图 14-12 中的上图为采用两种控制器时的输入-输出阶跃响应曲线,下图为干扰-偏差阶跃响应曲线,可见采用 $G_c(s)$ 与采用 PI 控制器相比,两种响应曲线都变差了一些。图 14-13 所示为干扰-偏差频率特性伯德图,可见在 $10\sim15$ rad/s 处,采用 $G_c(s)$ 比采用 PI 控制器的偏差对干扰的响应幅值低了 $5\sim8$ dB。

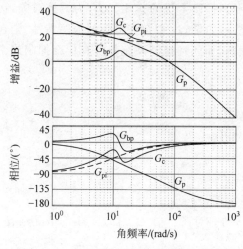

图 14-10   提高干扰频率处的增益的控制器
及被控对象的伯德图

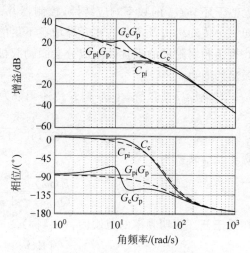

图 14-11   开环系统和闭环系统的伯德图

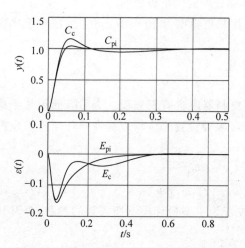

图 14-12   输入-输出和干扰-偏差阶跃响应

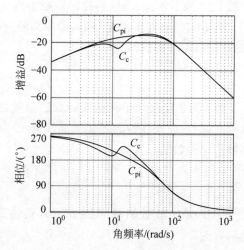

图 14-13   干扰-偏差频率响应特性

14.3.2   干扰-偏差瞬态响应

第 11 章中讨论较优的开环系统模型时,主要考虑的是获得好的输入-输出响应。图 14-8 所示的系统如果为单位反馈系统,且

$$G_p(s)=\frac{N_p(s)}{D_p(s)}, \quad G_c(s)=\frac{N_c(s)}{D_c(s)} \tag{14-11}$$

则输入-输出传递函数为

$$\frac{Y(s)}{R(s)} = \frac{G_c(s)G_p(s)}{1+G_c(s)G_p(s)} = \frac{N_c(s)N_p(s)}{D_c(s)D_p(s)+N_c(s)N_p(s)} \tag{14-12}$$

由于一般 $D_c(s)D_p(s)$ 的阶次高于 $N_c(s)N_p(s)$，而特征多项式的低阶项主导系统在原点附近的极点，所以闭环系统原点附近的极点与控制器和被控对象的零点接近，特别是在 $N_c(s)N_p(s)$ 中存在相对较大的比例系数的情况下。这正符合根轨迹的变化规律。在参数合适的情况下，$N_c(s)N_p(s)$ 既决定了闭环零点，又主导原点附近的闭环极点。这些零点和极点比较接近互相抵消，从而使输入-输出响应速度较快并可以具有好的响应品质。在输出信号能够较好地跟踪输入信号的情况下，自然偏差信号的时域响应也较好，具有短的调整时间和低的振荡峰值。

将式(14-11)代入干扰-偏差传递函数式(14-8)，得

$$\frac{E(s)}{Q(s)} = \frac{-D_c(s)N_p(s)}{D_c(s)D_p(s)+N_c(s)N_p(s)} \tag{14-13}$$

可见，其零点包括被控对象的零点和控制器的极点。原点附近的闭环极点接近被控对象和控制器的零点，因而，被控对象零点附近的闭环极点可以被闭环零点近似相消，但控制器零点附近的闭环极点无法被闭环零点相消，从而成为主导极点，这样在干扰作用下偏差的响应过程可能会比较漫长。

例 14-3 有如下被控对象，考虑抑制斜坡输入和阶跃干扰下的偏差，设计控制器。

$$G_p(s) = \frac{10}{(0.3s+1)(0.01s+1)}$$

解：从优化输入-输出响应并抑制斜坡输入情况下的偏差的角度，参考 I 型最优系统模型，取控制器为 PI 控制器

$$G_{c1}(s) = \frac{5(0.3s+1)}{s}$$

注意这里实现了控制器的零点 -3.33 与被控对象的主导极点相消。这时输入-输出传递函数为

$$C_{I1}(s) = \frac{Y(s)}{R(s)} = \frac{\dfrac{50}{s(0.01s+1)}}{1+\dfrac{50}{s(0.01s+1)}} = \frac{50}{0.01s^2+s+50}$$

闭环极点为 $-50\pm50i$。

干扰-偏差传递函数为

$$C_{D1}(s) = \frac{E(s)}{Q(s)} = -\frac{\dfrac{10}{(0.3s+1)(0.01s+1)}}{1+\dfrac{50}{s(0.01s+1)}} = -\frac{10s}{0.003s^3+0.31s^2+16s+50}$$

闭环极点为 $-50\pm50i$ 和 -3.33。干扰-偏差传递函数比输入-输出传递函数多出了极点 -3.33，这个极点是干扰-偏差响应的主导极点，因而可以判定：干扰-偏差响应速度远比输入-输出响应速度或输入-偏差响应速度要慢。

如果取控制器为

$$G_{c2}(s) = \frac{15(0.1s+1)}{s}$$

则输入-输出传递函数为

$$C_{I2}(s) = \frac{Y(s)}{R(s)} = \frac{\dfrac{150(0.1s+1)}{s(0.3s+1)(0.01s+1)}}{1+\dfrac{150(0.1s+1)}{s(0.3s+1)(0.01s+1)}} = \frac{150(0.1s+1)}{0.003s^3+0.31s^2+16s+150}$$

闭环极点为 $-45.8 \pm 46.5\mathrm{i}$ 和 -11.7；闭环零点为 -10，与 -11.7 处的极点较为接近，会在较大程度上抑制这个比另两个共轭复数极点更靠近虚轴的极点的作用，加快系统的响应。

干扰-偏差传递函数为

$$C_{D2}(s) = \frac{E(s)}{Q(s)} = -\frac{\dfrac{10}{(0.3s+1)(0.01s+1)}}{1+\dfrac{150(0.1s+1)}{s(0.3s+1)(0.01s+1)}} = -\frac{10s}{0.003s^3+0.31s^2+16s+150}$$

闭环极点与输入-输出传递函数相同，但没有与 -11.7 相近的零点与之抵消，因而干扰-偏差响应的主导极点为 -11.7。干扰-偏差响应速度仍比输入-输出响应要慢，但比采用第 1 种控制器时还是要快很多。

画出采用这两种控制器时的开环频率响应特性 G_1、G_2 和干扰-偏差频率响应特性 C_{ed1}、C_{ed2}，分别如图 14-14 和图 14-15 所示。可见采用第 2 种控制器时，系统的稳态速度偏差系数更高，低频处干扰-偏差的增益更低，高通截止频率则更高。

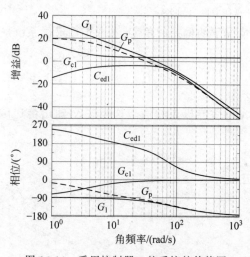

图 14-14　采用控制器 1 的系统的伯德图

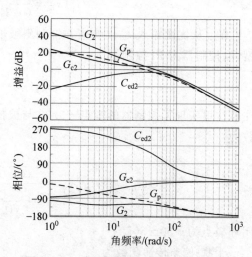

图 14-15　采用控制器 2 的系统的伯德图

画出采用这两种控制器时输入-输出的阶跃响应曲线，如图 14-16 所示，可见采用第 2 种控制器时，建立时间和最大超调量都劣于参考 I 型最优系统模型设定的控制参数。

单位阶跃输入-偏差和单位阶跃干扰-偏差响应曲线如图 14-17 所示，其中 ε_{R1} 和 ε_{R2} 分别为采用第 1 种和第 2 种控制器时的输入-偏差响应，ε_{D1} 和 ε_{D2} 分别为采用第 1 种和第 2 种控制器时的干扰-偏差响应。可见采用第 1 种控制器时，干扰-偏差的收敛速度远比输入-偏差的收敛速度慢，也比采用第 2 种控制器时的干扰-偏差收敛速度慢。

　　单位斜坡输入-偏差响应如图 14-18 所示,可见采用第 2 种控制器时偏差收敛地较慢,但稳态偏差更小。

　　由此可见,要求系统具有较好的输入-输出响应和具有较好的干扰-偏差响应,控制器的优化参数是不同的,这两者之间甚至有一定的矛盾。当要求系统的干扰-偏差响应衰减速度快时,应避免把控制器的零点设置得靠近虚轴。不能只考虑输入-输出响应而简单地用控制器的零点去抵消被控对象的主导极点。

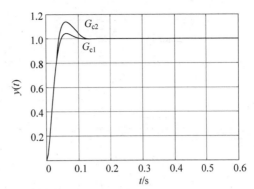

图 14-16　阶跃输入-输出响应

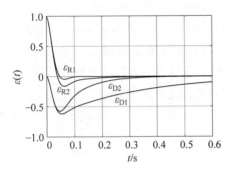

图 14-17　阶跃输入-偏差和阶跃干扰-
　　　　　偏差响应

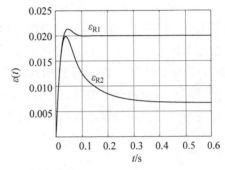

图 14-18　斜坡输入-偏差响应

14.3.3　干扰前馈补偿结构

　　为了抑制干扰导致的稳态偏差和使干扰-偏差响应尽快地衰减,可以采用干扰补偿控制结构。如果干扰作用是能够被测量的,则可以考虑构造图 14-19 所示的控制系统。图中干扰量 $Q(s)$ 经过 $G_d(s)$ 作用于执行器,$G_m(s)$ 是一个补偿器。干扰信号被检测后经过 $G_m(s)$ 产生一个补偿量,叠加到偏差控制器产生的控制量上,一起作用于被控对象。

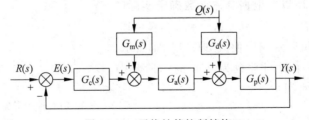

图 14-19　干扰补偿控制结构

显然,如果令

$$G_m(s) = -\frac{G_d(s)}{G_a(s)} \tag{14-14}$$

那么干扰 $Q(s)$ 到执行器 $G_p(s)$ 输入端的总增益为零,系统可以免于受到干扰的影响。

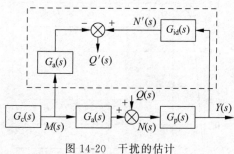

图 14-20　干扰的估计

如果干扰不能被测量,而我们对被控对象的传递函数有比较可靠的掌握,则可以考虑采用图 14-20 所示的干扰估计方案。

图中 $G_c(s)$、$G_a(s)$ 和 $G_p(s)$ 已知,矩形虚线框内的部分用于干扰估计。$G_{id}(s)$ 是一个估计环节,令 $G_{id}(s) \approx 1/G_p(s)$,则其输出近似于被控对象的输入,即 $N'(s) \approx N(s)$。控制器的输出 $M(s)$ 已知,由于 $N(s) = G_a(s)M(s) + Q(s)$,则 $Q'(s) = N'(s) - G_a(s)M(s) \approx Q(s)$,这样就得到了未知干扰量 $Q(s)$ 的一个估计。

与设计输入前馈控制器时类似,由于一般 $G_p(s)$ 的分母的阶次高于分子,如果令 $G_{id}(s)$ 严格为 $G_p(s)$ 的倒数,就出现它是否能够物理实现的问题。另外传递函数中 s 的分子多项式对应于对输入信号求导,$G_{id}(s)$ 分子多项式的阶次高,意味着要对输出信号 $y(t)$ 求高阶导数;$y(t)$ 中必然存在噪声,这样估计环节的有效输出信号很可能被噪声掩盖,导致估计性能降低。因此 $G_{id}(s)$ 分子的阶次不宜高,并应在零点左侧远处配置极点。

估计环节 $G_{id}(s)$ 的零点时间常数的取值应对应被控对象 $G_p(s)$ 的实际响应的时间常数。如果被控对象没有零点,比如

$$G_p(s) = \frac{K}{(T_1 s + 1)(T_2 s + 1)}$$

且 $T_1 \gg T_2$,则被控对象的主导时间常数为 T_1。可把估计环节的传递函数 $G_{id}(s)$ 设置为具有一个零点和一个极点,且 T_1 为其零点的时间常数,再取其极点的时间常数 $T_3 \ll T_1$,即令

$$G_{id}(s) = \frac{T_1 s + 1}{K(T_3 s + 1)}$$

如果被控对象有零点,比如

$$G_p(s) = \frac{K(\tau_1 s + 1)}{(T_1 s + 1)(T_2 s + 1)}$$

由于瞬态响应过程不完全取决于极点,也会在一定程度上受零点的影响,所以要根据具体参数确定实际的时间常数。例如设 $T_1 = 1, T_2 = 0.1, \tau_1 = 0.4, K = 10$,可画出 $G_p(s)$ 的单位阶跃响应曲线如图 14-21 所示。响应曲线近似于一个时间常数为 0.6 的一阶环节 G_{p1} 的阶跃响应,因此可取

$$G_{id}(s) = \frac{0.6s + 1}{10(0.06s + 1)}$$

也可以利用在 s 平面的原点附近

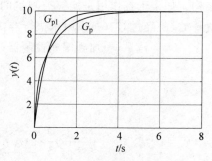

图 14-21　被控对象及其一阶近似环节的单位阶跃响应

$$G_p(s) = \frac{10(0.4s + 1)}{(s + 1)(0.1s + 1)} \approx \frac{10(0.4s + 1)}{(0.4s + 1)(0.7s + 1)} = \frac{10}{0.7s + 1}$$

取得一个与被控对象的动态特性相近的模型来代替它,再去设置辨识环节的参数。

习　题

14-1　在图 14-5 中,设

$$G_p(s) = \frac{4}{s^2 + 3s + 2}$$

设计输入前馈控制器的传递函数 $G_{c2}(s)$。

14-2　在图 14-8 中,设 $H(s) = 1$,

$$G_p(s) = \frac{100}{(s+1)(s+100)}$$

取控制器 G_c 为 PI 型,设计其参数。

第15章

几个控制系统实例

15.1 自动增益控制

设有一个正弦模拟电压信号,频率在一个已知的小范围内,幅值随时间有不确定的缓慢变化。要求设计一个自动控制系统,使得它的输出信号与此正弦信号同相,且幅值保持恒定。

设计自动控制系统如图 15-1 所示。将输入正弦信号 $a(t)\sin\omega t$ 与控制器的输出电压用模拟乘法器相乘,经过增益固定为 K 的放大器得到输出信号 $y(t)$。对 $y(t)$ 进行全波整流,得到整流波形,其平均值正比于 $y(t)$ 的幅值。但是整流信号有很大的波动,为了衰减这个波动,采用一个二阶低通滤波器进行滤波。低通滤波器的输出代表了输出正弦信号的幅值,将其作为反馈量与设定振幅 A 进行比

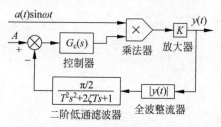

图 15-1 自动增益控制系统的结构

较,再经过控制器产生一个控制电压,通过乘法器调整对输入信号的放大倍数。这个环路通过自动调整信号的放大倍数而保持输出信号幅值的恒定,是一个自动增益控制系统。

角频率为 ω 的正弦信号经过全波整流,整流信号中的基频为 2ω。设二阶低通滤波器的自然角频率为 ω_1,则滤波器对基频的衰减倍数为 $4\omega^2/\omega_1^2$。显然 ω_1 取值越小,滤波输出信号的波动幅度越小。但是输入信号的幅值 $a(t)$ 也是随时间变化的,如果 ω_1 过小,则滤波输出不能及时反映 $y(t)$ 幅值的变化。

全波整流信号的均值是输入正弦幅值的 $2/\pi$ 倍,若令低通滤波增益为 $\pi/2$,则反馈增益为 1。二阶低通滤波器的阻尼比可取为 0.707,这时其自然角频率即截止角频率。

以环路中各处信号的幅值为变量,把控制环路表示为图 15-2。控制环路的输入为期望的输出幅值 A,可视为一个阶跃输入信号。要使输出幅值对期望幅值的稳态误差为 0,开环系统应为 I 型以上。显然可取控制器为 PI 型。若令 PI 控制器的转角频率等于低通滤波器的转角频率,则系统开环对数幅频折线图的斜率从低频的 -20 dB/dec 转为高频的 -40 dB/dec。只要选择合适的增益使斜率为 -20 dB/dec 的线段穿越 0 dB 线,系统即有足够的稳定裕量。

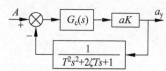

图 15-2 自动增益控制系统的
控制框图

15.2　运算放大电路

用运算放大器和电阻器构成的反相放大电路如图 15-3 所示,同相输入端接地,输入信号 u_i 经输入电阻 R_i 连接运算放大器的反相输入端,输出信号 u_o 经电阻 R_f 反馈到反相输入端。在模拟电路课程中已给出结论:如果运算放大器是"理想"的,则反相放大电路的放大倍数为 $-R_f/R_i$。以下从控制的角度分析考虑了运算放大器的一些实际特性后电路的特性。

仍假定运算放大器的输入阻抗为无穷大、共模增益为 0。设对于直流输入信号,其开环差模增益为 A_{od},即运算放大器本身的输出电压为 $u_o = A_{od}(u_+ - u_-)$。实际运算放大器的开环差模增益与所放大的信号的频率有关,在某频率以下为常值,在此频率以上以 $-20\ \mathrm{dB/dec}$ 的斜率下降,在很高的频率上可能有更复杂的变化。在运算放大器实用的频率范围内它的这种增益特性可以简化为一个一阶传递函数模型:$G_a(s) = A_{od}/(Ts+1)$。

反相放大电路中,输入信号与输出信号在运算放大器的反相端线性叠加,叠加的权重分别为 $R_f/(R_i+R_f)$ 和 $R_i/(R_i+R_f)$。由此,可将反相放大电路表示为图 15-4 所示的控制系统框图。

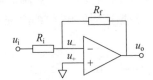

图 15-3　反相放大电路

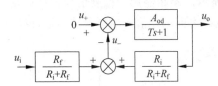

图 15-4　反相放大电路的控制框图

从输入到输出的传递函数为

$$C(s) = \frac{U_o(s)}{U_i(s)} = \frac{-\dfrac{R_f}{R_i+R_f}\cdot\dfrac{A_{od}}{Ts+1}}{1+\dfrac{A_{od}}{Ts+1}\cdot\dfrac{R_i}{R_i+R_f}} = \frac{-R_f A_{od}}{(Ts+1)(R_i+R_f)+R_i A_{od}}$$

$$= -\frac{R_f}{R_i}\cdot\frac{R_i A_{od}}{R_i(A_{od}+1)+R_f}\cdot\frac{1}{\dfrac{R_i+R_f}{R_i(A_{od}+1)+R_f}\cdot Ts+1}$$

可见考虑运算放大器开环差模增益随频率变化的特性后,反相放大电路的传递函数实为一阶低通性质。由于开环差模增益 A_{od} 一般在 10^5 以上,而反馈电阻与输入电阻的比值一般在 1000 以下,所以反相放大电路的静态增益可近似为 $-R_f/R_i$,时间常数

$$\tau = \frac{R_i+R_f}{R_i(A_{od}+1)+R_f}\cdot T \approx \frac{R_i+R_f}{A_{od}R_i}\cdot T \ll T$$

放大电路的 $-3\ \mathrm{dB}$ 带宽为

$$f_c = \frac{1}{2\pi\tau} \approx \frac{1}{2\pi}\cdot\frac{A_{od}}{T}\cdot\frac{R_i}{R_i+R_f}$$

其中 $(R_i+R_f)/R_i$ 称为电路的"噪声增益",若以 β 表示之,则有

$$f_c\beta = \frac{1}{2\pi}\cdot\frac{A_{od}}{T}$$

此式表明,反相放大电路能够近似以放大倍数 $-R_f/R_i$ 放大的信号的最高频率与电路的噪声增益之积为常数,这个常数是由所采用的运算放大器本身的性能决定的,称为运算放大器的"增益带宽积"。设定的放大倍数 R_f/R_i 越高,能够按设定倍数放大的信号的频率就越低。实际上在 f_c 处放大电路的增益为 $-0.707R_f/R_i$,而且输出信号的相位要滞后输入信号 45°(考虑反相后实际输出相位为 135°)。

15.3 锁 相 环

机械谐振器是一些传感器的核心结构,可以将其模型化为质量-弹簧-阻尼系统。谐振器在运行中一般需在其自然频率上振动。谐振器的自然频率可能随着被转换的物理量的大小发生变化,或者受温度等条件的影响而发生漂移,所以需要一个控制环路使它的振动频率自动跟踪其自然频率。实现这个功能主要有两种方案:一种是锁相环,另一种是自激振荡。

在自然频率处,谐振器的响应信号滞后于激励信号 90°。锁相环和自激振荡方案都利用这一特点。锁相环路由谐振器、频率可控的振荡器、鉴相器和控制器构成,其结构如图 15-5 所示。鉴相器用于检测谐振器的响应与激励信号之间的相位差,控制器根据实际与期望相位差之间的差值产生频率控制量,控制量改变频率可控振荡器的振荡频率,完成闭环。

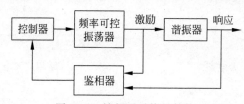

图 15-5 锁相环系统的结构

如果考虑谐振器激励与响应之间的动态过程,则这个系统是一个非线性系统,需要进行较复杂的分析。如果这个环路的频带远低于谐振器的响应过程,则可以只考虑激励信号和响应信号的相位变化而不是振荡信号本身,从而大大简化系统的分析。

设频率可控振荡器的输出频率与控制量之间的关系为 $f=f_n+k_{fu}u$;响应与激励信号的相位差为 φ_o,鉴相器的输出信号的平均值为 $u_\varphi=k_\varphi(\varphi_o+90°)$,输出信号中一般都含有很强的输入信号的 2 倍频分量,因此需要利用低通滤波器对其进行衰减。这样就将图 15-5 转化为图 15-6。

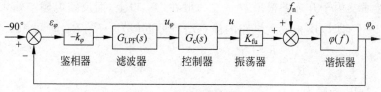

图 15-6 锁相控制环路

图中 $\varphi(f)$ 为谐振器的相频特性,若以角频率为自变量,则相频特性如式(8-11)所示,这是一个非线性函数。在谐振器的自然频率附近,可以对相频特性进行线性化:

$$\varphi(f)=-90°+\arctan\frac{f_n^2-f^2}{2\zeta f_n f}\approx-90°+\frac{f_n^2-f^2}{2\zeta f_n f}\approx-90°-\frac{180°}{\pi}\cdot\frac{f-f_n}{\zeta f_n}$$

则控制框图可等效变换为图 15-7。我们期望 $\varphi_o = -90°$,因此系统的输入为常值 0。为了使系统的稳态误差为 0,控制器可取为 PI 型。

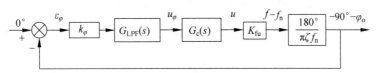

图 15-7　线性化的锁相环

15.4　自激振荡系统

采用自激振荡方式使谐振器在其自然频率处振动,是利用闭环系统在增益足够大的条件下发生发散振荡的原理。在实现上,自激振荡环路需要使用一个移相器,使之与谐振器串联。移相器应在谐振器的自然频率处移相 90° 或 $-90°$ 左右,形式上可选择微分电路、一阶高通滤波器和一阶低通滤波器等。图 15-8 中采用了微分移相器,并使环路反馈极性为正反馈。这个环路的闭环特征多项式为 $s^2 + 2(\zeta - K\omega_n/2)\omega_n s + \omega_n^2$。谐振器自身的阻尼比 ζ 一般很小,只要 K 值大到一定程度,就可以使系统的闭环阻尼比小于 0,闭环极点为一对实部为正的共轭复数。这样的闭环系统不稳定,会以接近 ω_n 的角频率振荡,振幅发散。受限于环路中的饱和特性,比如电压的上下限,谐振器的振幅不会无限增大。

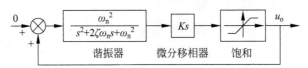

图 15-8　自激振荡环路

能够发生自激振荡的临界增益值为 $K_c = 2\zeta/\omega_n$,这时闭环系统为零阻尼,ω_n 处的开环幅频增益为 1,相位为 0°。如果 $K > K_c$,则谐振器的振幅从 0 开始逐渐增大,当受限于饱和特性振幅不变时,ω_n 处的实际开环幅频增益为 1。

15.5　倒　立　摆

如图 15-9 所示的倒立摆处于重力场中,摆杆均匀,其质量为 m,长度为 l。忽略空气阻力,在转轴处施加力矩 T 以使摆杆维持在垂直位置。设置有角度传感器,可以测出转角 θ,设计控制器实现力矩的自动调整。

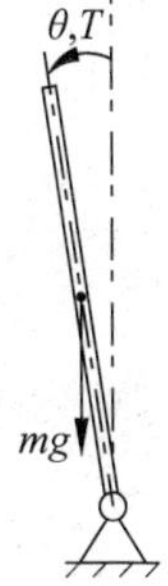

摆杆相对于转轴的转动惯量为

$$J = \frac{ml^2}{3}$$

重力矩为

$$T_g = \frac{mgl}{2}\sin\theta$$

故倒立摆的动力学微分方程为

图 15-9　倒立摆

$$J\ddot{\theta} = \frac{mgl}{2}\sin\theta + T$$

这是一个非线性微分方程,在 $\theta = 0$ 附近有 $\sin\theta \approx \theta$,故可线性化为

$$J\ddot{\theta} = \frac{mgl}{2}\theta + T$$

记 $K = mgl/2$,则倒立摆从力矩 T 到转角 θ 的传递函数为

$$\frac{\Theta(s)}{T(s)} = \frac{1}{Js^2 - K}$$

此控制对象的两个极点为 $\pm\sqrt{K/J}$。

该系统不是最小相位系统,单纯采用频率特性法设计控制器,不如与根轨迹法相结合。13.3 节的例 13-6 中已尝试了用根轨迹法解决倒立摆控制器的设计问题。

15.6 永磁直流电动机伺服系统

伺服系统是指实现速度和位置控制的系统,包括角速度和角位置。2.1 节中建立了永磁直流电动机的微分方程,3.3.2 节中给出了电枢电压到转速的传递函数,5.1 节中画出了电动机内部结构的传递函数框图。本节分析永磁直流电动机的转矩、转速和转角控制。

15.6.1 永磁直流电动机的传递函数

式(3-62)给出了直流电动机电枢电压到转速的传递函数

$$\frac{\Omega(s)}{U(s)} = \frac{\dfrac{1}{k_e}}{\dfrac{LJ}{k_T k_e}s^2 + \dfrac{RJ}{k_T k_e}s + 1} \tag{15-1}$$

如果将电动机转子固定,则电枢线圈成为由它的电阻 R 和电感 L 串联而成的纯电路。这个电路从两端施加电压到电流建立之间的时间常数为 L/R,称为"电气时间常数",表示为

$$T_e = \frac{L}{R} \tag{15-2}$$

如果满足条件

$$\frac{L}{R} \ll \frac{RJ}{k_T k_e}$$

则式(15-1)变为

$$\frac{\Omega(s)}{U(s)} \approx \frac{\dfrac{1}{k_e}}{\left(\dfrac{RJ}{k_T k_e}s + 1\right)\left(\dfrac{L}{R}s + 1\right)}$$

命名"机电时间常数"为

$$T_m = \frac{RJ}{k_T k_e}$$

可见机电时间常数的意义是忽略电枢中电流对电压的滞后,只考虑电流产生电磁力矩使转

子加速、转子转动产生反电动势、反电动势削弱电枢电流,最终转速趋于恒定这个过程的时间常数。则直流电动机电压到转速的传递函数可近似写为

$$\frac{\Omega(s)}{U(s)} \approx \frac{\dfrac{1}{k_e}}{(T_m s + 1)(T_e s + 1)} \tag{15-3}$$

很多直流电动机的机电时间常数大于电气时间常数,如果只考虑主导极点,则式(15-3)可近似为一阶惯性环节,即

$$\frac{\Omega(s)}{U(s)} \approx \frac{\dfrac{1}{k_e}}{T_m s + 1} \tag{15-4}$$

15.6.2　电流环

考虑直流电动机的转速控制,参考图 5-4。为了控制转速,应将转速信号反馈,并设置一个控制器,控制器能够根据转速偏差给出控制量,调整施加到转子电枢上的电压,如图 15-10 所示。

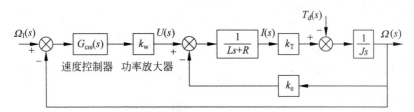

图 15-10　直流电动机转速控制环路

考虑如下可能发生的情况:将环路的输入 Ω_I 设定为某一期望转速,同时负载转矩 T_d 很大。由于负载转矩很大,电动机的转速可能很低甚至不能转动,则转速偏差会很大,控制量及施加在电枢上的电压也很大;另外,由于转子转速低,反电动势小。所以电枢中的电流会很大,可能超过电动机的额定电流并损坏电动机。而如果不对电枢电流进行检测和控制,只进行转速控制,系统就可能会陷入有风险的状态。

假设用某种方式对电流进行检测、反馈,再用一个控制器控制电枢电流,则形成图 15-11 中虚线框内的电流控制环。图中 $I_I(s)$ 为代表期望电流的电压信号。对电流环来说,电动机转动产生的反电动势 $k_e\omega$ 是一个干扰信号,它会影响电枢中的实际电流。考虑减小电流的稳态偏差,不管偏差是相应于输入信号的,还是由干扰造成的,都应该增大电流控制器的增益。

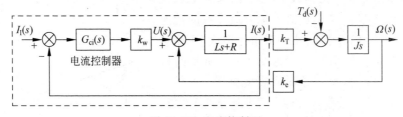

图 15-11　电流控制环

比如取电流控制器为比例型,$G_{ci}(s) = K_{PI}$,电流环开环为一阶系统,则理论上即使 K_{PI} 取值非常大,闭环也是稳定的;而反电动势干扰造成的电流稳态误差则会变小。电流环的

闭环传递函数为

$$\frac{I(s)}{I_{\mathrm{I}}(s)}=\frac{\dfrac{K_{\mathrm{PI}}k_{\mathrm{w}}}{Ls+R}}{1+\dfrac{K_{\mathrm{PI}}k_{\mathrm{w}}}{Ls+R}}=\frac{K_{\mathrm{PI}}k_{\mathrm{w}}}{Ls+R+K_{\mathrm{PI}}k_{\mathrm{w}}}$$

取较大的 K_{PI},使得 $R\ll K_{\mathrm{PI}}k_{\mathrm{w}}$,有

$$\frac{I(s)}{I_{\mathrm{I}}(s)}\approx\frac{1}{\dfrac{L}{K_{\mathrm{PI}}k_{\mathrm{w}}}s+1}=\frac{1}{T'_{\mathrm{e}}s+1} \tag{15-5}$$

其中

$$T'_{\mathrm{e}}=\frac{L}{K_{\mathrm{PI}}k_{\mathrm{w}}}$$

由于 $T'_{\mathrm{e}}\ll T_{\mathrm{e}}$,故做电流闭环控制后电枢电流的响应速度比不做电流闭环时要快。

　　只要限定好电流环输入信号幅值的范围,使得可能的最大输入值等于设定的最大电流值,则可使电枢电流处于安全范围内。

　　如果能够忽略转子转动造成的反电动势对电枢电流的影响,则可将图 15-11 变换为图 15-12。因为直流电动机的电磁转矩与电枢电流成正比,所以实现了电流控制也就实现了电磁转矩控制。

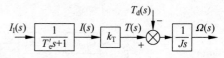

图 15-12　电流环输入-转速输出部分的框图

15.6.3　速度环

　　对具有电流控制环的直流电动机进行转速控制,在图 15-12 的基础上增加转速反馈和速度控制器,称为"速度环",如图 15-13 所示。图中忽略了转速反电动势,另外转速反馈环节包含了一阶低通滤波器。

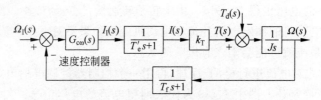

图 15-13　直流电动机速度控制环

　　速度控制器可采用比例或 PI 型;如果整个系统为转速控制系统,为了减小常值干扰力矩导致的转速稳态误差,应采用 PI 型控制器。采用比例或 PI 控制器后系统的开环对数幅频特性为图 15-14 所示的折线图。

　　由图 15-14 可见,速度环开环幅频折线分别在 $1/T_{\mathrm{f}}$ 和 $1/T'_{\mathrm{e}}$ 处转为 -40 dB/dec 和 -60 dB/dec。为了保证稳定性裕量和瞬态响应品质,速度环的开环增益穿越频率或闭环带宽不宜高于转速检测滤波时间常数

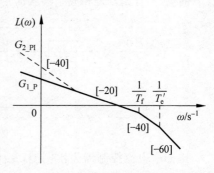

图 15-14　速度环的校正

T_f 和电流环的时间常数 T'_e。要加快转速的响应速度,应减小 T_f 和 T'_e。但是减小转速检测滤波时间常数会削弱转速的滤波效果。

15.6.4　位置环

假定对一个有电流控制,但没有进行转速控制的直流电动机进行转角控制,可画出控制框图如图 15-15 所示,即位置控制环。

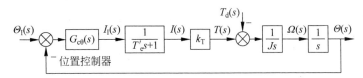

图 15-15　无速度环的位置控制环

将除了位置控制器以外的其他环节都视为被控对象,其传递函数为

$$G_p(s) = \frac{k_T}{Js^2(T'_e s + 1)}$$

画出对数幅频折线如图 15-16 所示。幅频折线的斜率由 $-40\ \text{dB/dec}$ 转为 $-60\ \text{dB/dec}$,如果不作校正,则闭环系统是不稳定的。显然校正器必须包含微分项。假定取 PD 控制器,控制器 $G_{c\theta}(s)$ 和校正后的开环系统 $G(s)$ 的幅频折线图如图中所示,系统可以稳定。

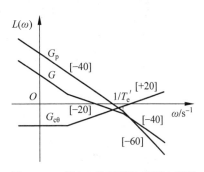

图 15-16　用 PD 控制器校正无速度环的位置控制环

如果期望的转角发生一个突变,即输入信号 $\theta_i(t)$ 为阶跃信号,则控制器中的微分项会产生一个理论幅值为无穷大的脉冲控制量;这个脉冲控制量是电流环的输入,它要求电枢中产生一个脉冲电流。由于位置控制器的输出会受到电路饱和电压的限制,所以施加这个脉冲电流对缩短转角响应时间的作用是很有限的,但电枢会承受瞬间的高压大电流。为了避免这种情况,考虑改变微分控制的位置。对偏差进行微分相当于对输入信号和反馈信号都进行微分,如果不对输入信号进行微分,则需要把微分调节器设置在反馈通道上,如图 15-17 所示。

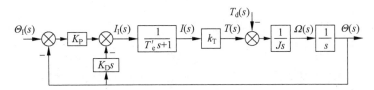

图 15-17　把微分校正设置在反馈通道中的位置环

容易检验,采用 PD 控制器的图 15-15 所示的系统与图 15-17 所示的系统具有相同的闭环特征方程。图 15-17 中,转角对时间求导等同于取得转速信号,因此可等效于转速反馈,如图 15-18 所示。

图 15-18 又可以等效变换为图 15-19。

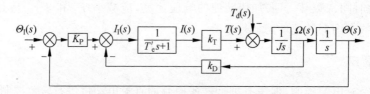

图 15-18　位置微分反馈等效于速度反馈

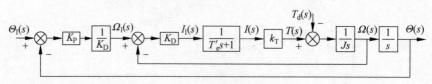

图 15-19　具有速度环的位置控制环

图 15-19 中,对转速 ω 作单位反馈,则内环输入信号的性质为转速,内环的 K_D 为速度控制器,内环实为速度控制环。则速度控制器也不必限制为比例型。

图 15-19 中内环的闭环传递函数为静态增益为 1 的二阶系统,其极点可能为两个负实数,也可能为一对共轭复数,这取决于控制参数。如果考虑常值干扰力矩 T_d 对角位置稳态偏差的影响,把它等效移动到速度环的输入端,则系统框图如图 15-20 所示。

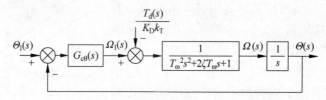

图 15-20　干扰力矩等效移动后的位置环

根据第 6 章关于稳态误差和第 14 章关于干扰抑制的讨论,要抑制干扰力矩导致的稳态误差,降低干扰对输出的动态影响,控制器应在低频段具有高增益。因此位置控制器应取 PI 型。

总之,要保证直流电动机的电枢电流不超过安全范围、加快电流响应速度,应进行电流反馈控制;要使位置环具有良好的瞬态响应品质,应首先调整好速度环。一个直流电动机位置伺服系统应包含电流、速度和位置三个控制环路。

习　　题

15-1　图 15-7 中,如果用低通滤波器 $K/(Ts+1)$ 代替微分移相器,应对环路作哪些修改? 滤波器的参数应如何配置?

15-2　对 13.3 节的例 13-6,尝试设计使系统建立时间更短、超调量更小的控制器参数。

第 16 章
数字控制系统概述

在此前的章节中,所分析的控制系统中的信号是在时间上和幅度上都连续的信号。称时间上连续的信号为连续时间信号,称幅度上连续的信号为模拟信号。比如,为了使系统实现自动控制功能、达到一定的性能而使用的控制器可能是一个由运算放大器和电阻、电容等元件构成的模拟电路,控制器的输入和输出信号都是在时间上连续的模拟电压。在原理上,控制器用来实现符合某种传递函数的输入、输出关系,用数字电路和信号转换器构成的系统也能够实现与模拟控制器相同的功能,称这样的数字电路为数字控制器。数字控制器通常是基于时序逻辑的,因而与连续系统不同,其输入、输出信号在时间上并不连续,称为离散时间信号;信号在幅度上也不连续,通常是二进制形式的,称为数字信号。

模拟控制器在控制参数的实现上可能受到限制。比如,用运算放大电路实现的一个控制器,其传递函数的零点和极点是由电阻和电容的取值决定的。用于信号处理的电阻和电容,其最大值一般分别在兆欧和微法量级,则控制器可实现的最大时间常数在 10 s 量级。如果一个控制对象的响应时间远长于 10 s,就可能需要与之相当的控制器时间常数,在这种情况下一般的模拟电路就难以胜任了。

模拟控制器参数的调整是通过更换元件或调节元件参数(比如调节电位器的阻值)实现的,更改控制器的类型更是需要改变电路的结构。数字控制器参数的调整则是通过改变程序中的参数值,较为方便。而且通过编制程序,用数字控制器可以实现比模拟控制器远为复杂的控制逻辑和控制算法,所以功能可以做得更为强大。

16.1 数字控制系统的结构

考虑在图 1-3 所示的闭环控制系统的一般结构中用数字电路实现控制器的功能。数字控制器的具体实现形式可以是可编程门阵列等硬件电路,也可以是以微控制器、数字信号处理器和中央处理器等为运算单元的软件算法。闭环控制系统的输入量和反馈量应转换为数字量,才能进入数字处理单元进行处理;数字运算的结果,即数字控制器的输出也需要通过某种转换才能作用于执行器。如图 16-1 所示为数字控制系统的一般结构。

如果输入量是数字信号,它自然会通过数字接口进入到数字处理单元。如果输入信号和反馈信号是模拟电压或电流,需要进行模拟/数字转换把模拟信号转换为数字信号,再通过同步串行接口或异步串行接口等数字接口把转换结果输入到数字处理单元。有的传感器内部已经集成了模拟/数字转换器(ADC)和数字接口电路,可以直接与数字处理单元通信。

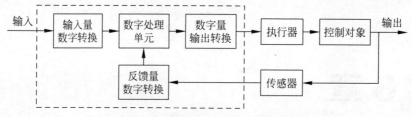

图 16-1   数字控制系统的一般结构

有的传感器的输出形式是电脉冲,以脉冲的个数或频率反映物理信息,则需要能够对脉冲数进行累加或把脉冲频率转换为数字量的转换电路。反馈量还可能以脉冲的占空比表示信号的大小(脉宽调制信号),则需要把占空比转化为数字量。

数字处理单元对输入信号和反馈信号进行逻辑和算术运算,得到数字形式的控制量。数字控制量要转换为与执行器的输入相适应的信号形式。如果执行器需要的是模拟电压或电流输入,则数字控制量要进行数字/模拟转换;如果执行器需要的是脉宽调制信号,则需要使用定时器或专门的功能模块实现数字/脉宽转换。

以一个输入量为数字信号,反馈量为模拟信号,执行器也需要输入模拟信号的数字控制系统为例,系统的运行包括以下过程:把模拟反馈量通过模拟/数字转换器转换为数字信号,输入量和数字反馈信号通过数字接口传送到数字处理单元,数字处理单元执行控制算法,数字控制量经过数字接口传送给数字/模拟转换器(DAC),数字/模拟转换器完成转换并驱动执行器。以上每一个过程的完成都需要一定的时间,所以数字控制器的输出信号在时间上是不可能连续的,只能以一定的时间周期更新。系统的其他每一个运行步骤也都是周期性进行的。每一个步骤在细节操作上可能有不同的小周期,但所有的步骤一般有一个共同的大周期。

16.2   采   样

获取连续时间信号在某些时间点上的值的操作称为采样。这些时间点往往是等间隔的,称时间间隔 T_s 为采样周期。采样时间点为 kT_s,其中 $k=0,1,2,\cdots$,采样得到的信号只在 kT_s 上有定义。参考图 16-2,假设连续时间信号 $x(t)$ 是一个作用在某个系统上的随时间变化的力,如果要求把对 $x(t)$ 采样后的信号施加在这个系统上有与 $x(t)$ 近乎相同的作用,则尽管在每一个采样时刻 kT_s 上采样得到的信号的持续时间为 0,但它理应代表在采样时刻附近 $(kT_s-T_s/2,kT_s+T_s/2)$ 时间范围内 $x(t)$ 的总作用,所以采样得到的信号代表的不是力,而是冲量。

可以把采样操作看作用由一系列等间隔的单位脉冲构成的函数与被采样的信号相乘,或者说用单位脉冲序列去调制连续时间信号,得到由一系列强度不等的脉冲构成的信号。单位脉冲序列函数为

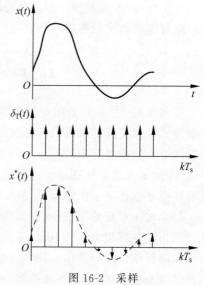

图 16-2   采样

$$\delta_{\mathrm{T}}(t) = \sum_{k=0}^{\infty} \delta(t - kT_{\mathrm{s}}) \tag{16-1}$$

脉冲调制后的信号通常称为采样信号，表示为

$$x^{*}(t) = x(t)\delta_{\mathrm{T}}(t) = \sum_{k=0}^{\infty} x(t)\delta(t - kT_{\mathrm{s}}) = \sum_{k=0}^{\infty} x(kT_{\mathrm{s}})\delta(t - kT_{\mathrm{s}}) \tag{16-2}$$

称其中的 $x(kT_{\mathrm{s}})$ 为采样序列。采样序列是物理上存在的，序列中的每个数值等于对应采样时刻处的输入信号，但两者具有不同的量纲。采样信号 $x^{*}(t)$ 是物理上不存在的，只是为了用定义在离散时间上的函数的形式去与连续时间函数 $x(t)$ 等效的一种数学表达。

显然，由于采样时间间隔的存在，采样序列不可能与被采样信号完全等价。图 16-3 中用小圆圈标出了以 1 s 的采样周期对信号 $y(t) = \sin 1.75\pi t$ 采样的结果，可见采样序列与被采样信号完全不同。这是因为在这里采样频率是 1 Hz，被采样信号的频率是 0.875 Hz，而根据信号理论中的香农采样定理，如果要从采样信号中不失真地恢复连续信号，采样频率至少应等于连续信号中最高频率的 2 倍。或者说这里采样角频率为 2π rad/s，只

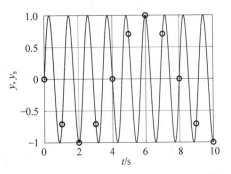

图 16-3 低采样频率下可能发生混叠问题

能恢复角频率为 π rad/s 以下的信号，而连续信号的角频率为 1.75π rad/s。由于采样频率低，发生了频谱的"混叠"现象，频率高于 1/2 采样频率的信号采样后成为低频信号，会与真正的低频信号混合在一起，无法区分。如果采样周期为 T_{s}，采样信号可能的最高角频率为 $\omega_{\mathrm{max}} = 2\pi f_{\mathrm{max}} = \pi/T_{\mathrm{s}}$。在对信号进行采样前，应作抗混叠滤波，以避免高频信号和噪声在采样后混入低频信号。

16.3 零阶保持器

数字控制器运算得到的结果是数字信号，它是对输入的数字信号和采样的反馈信号进行计算的结果，也只在不连续的时间点上有定义。需要把数字控制量转换成在时间上连续的信号才能作用于执行器。比如数/模转换器在某时刻接收到数字输入量，它把数字量转换为一定幅值的电压或电流，并一直保持这个电压或电流不变，直到在下一数据更新时刻接收到新的数字输入量。描述实现这个功能的结构模型就是零阶保持器(zero-order hold, ZOH)，如图 16-4 所示。

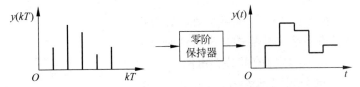

图 16-4 零阶保持器的输入和输出信号

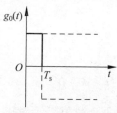

图 16-5 零阶保持器的
单位脉冲响应

注意数字控制信号与采样序列一样，也是冲量。对零阶保持器输入数字量 1，意味着零阶保持器受到单位脉冲激励。单位脉冲响应则如图 16-5 所示，是一个幅值为 1、宽度为数据更新周期 T_s 的方波脉冲 $g_0(t)$。

对 $g_0(t)$ 作拉普拉斯变换，即得到零阶保持器的传递函数。$g_0(t)$ 可以看作发生于 0 时刻的单位阶跃函数与发生于 T_s 时刻、幅值为 -1 的阶跃函数的叠加，即

$$g_0(t) = 1(t) - 1(t - T_s) \tag{16-3}$$

对 $g_0(t)$ 作拉普拉斯变换，有

$$G_0(s) = \frac{1}{s} - \frac{1}{s} e^{-T_s s} = \frac{1}{s}(1 - e^{-T_s s}) \tag{16-4}$$

令 $s = j\omega$，可以得到零阶保持器的频率响应特性：

$$G(j\omega) = \frac{1}{j\omega}(1 - e^{-jT_s\omega}) = \frac{1}{j\omega}(e^{\frac{jT_s\omega}{2}} e^{-\frac{jT_s\omega}{2}} - e^{-\frac{jT_s\omega}{2}} e^{-\frac{jT_s\omega}{2}}) \tag{16-5}$$

由欧拉公式 $e^{jx} = \cos x + j \cdot \sin x$，有

$$G(j\omega) = \frac{1}{j\omega} \cdot 2j \cdot \sin\frac{T_s\omega}{2} \cdot e^{-\frac{jT_s\omega}{2}} = T_s \cdot \frac{\sin\frac{T_s\omega}{2}}{\frac{T_s\omega}{2}} \cdot e^{-\frac{jT_s\omega}{2}} \tag{16-6}$$

则零阶保持器的幅频特性为

$$|G(j\omega)| = T_s \cdot \left| \frac{\sin\frac{T_s\omega}{2}}{\frac{T_s\omega}{2}} \right| \tag{16-7}$$

相频特性为

$$\angle G(j\omega) = -\frac{T_s\omega}{2} \tag{16-8}$$

画出零阶保持器的幅频、相频特性，如图 16-6 所示。可见其幅频响应特性随角频率的变化有波动，但总体上显示出低通性质，即对低频信号的增益高，对高频信号的增益低。相位则与频率之间为线性关系。延迟时间为 τ 的延时系统的相位为 $-\tau\omega$，与之相比，零阶保持器的相频特性与延迟时间为 $T_s/2$ 的延时系统是相同的。

如果数字控制系统的采样周期与控制器的输出更新周期相等，则考虑零阶保持器的频率特性时只需要看角频率为 0 到 π/T_s 之间的部分。由图 16-6 中的虚线指示可见，在这个频率范围内，幅值增益随频率的升高而单调下降。在最高角频率 π/T_s 处的增益为 $2/\pi$，相位为 $-\pi/2$。

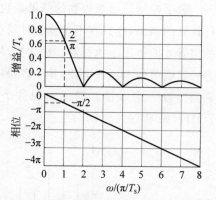

图 16-6 零阶保持器的频率响应特性

16.4　数字控制系统中的信号及信号的延迟

对一个信号转换与控制部分由模数转换器、数字处理器和数模转换器组成的控制系统，汇总分析其中信号的转换过程如下：

参考图 16-7，控制系统的偏差量是连续时间模拟信号 $e(t)$，它在时间和幅度上都是连续的。模数转换器的转换过程包括采样、保持和量化。采样是在某些时刻上获取输入的模拟电压；量化是把采样得到的电压转换为二进制形式的整数；保持是令采样得到的模拟量在量化过程中恒定不变，在输入、输出关系上是零阶保持器。

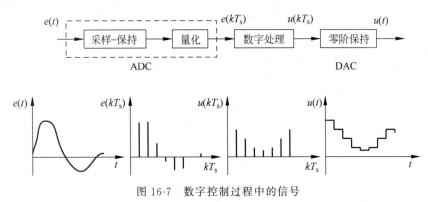

图 16-7　数字控制过程中的信号

理想的量化输入输出关系如图 16-8 所示，横轴为输入电压，纵轴为量化结果，转换曲线为阶梯形。由于量化的结果不能表示相邻整数间的小数部分，所以量化过程会给原采样序列引入误差。模数转换器最后输出含有量化误差的数字信号 $e(kT_s)$，它在时间和幅度上都是不连续的。模数转换过程中的各信号如图 16-9 所示。

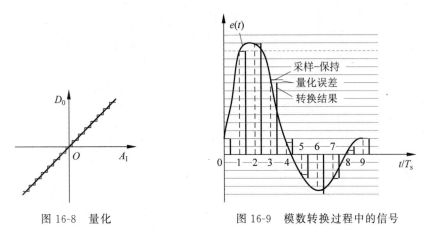

图 16-8　量化　　　　　图 16-9　模数转换过程中的信号

数字处理器对 $e(kT_s)$ 根据设定的算法进行运算，得到数字控制量 $u(kT_s)$，它也是在时间和幅值上离散的。数字控制量输入给数模转换器，由于零阶保持器的作用，输出量为模拟信号 $u(t)$。

如前所述，信号转换、传输和处理的每一步都需要消耗一定的时间长度。图 16-10 示意了这个过程的时序。从对模拟信号采样开始到输出有效的控制量，在时间上滞后了 T_d；数模转换的结果在更新前要保持 T_s 时长。从恢复信号的角度来说，采样频率高于信号最高频率的 2 倍即可；但在控制系统中，信号在时间上的延迟意味着在相位上的滞后，开环系统的相位滞后越大，闭环瞬态响应特性越差。从延迟环节和 0 阶保持器的相频特性看，希望 T_d 和 T_s 要比较小。假定把原模拟控制器改为数字控制器后开环系统的剪切角频率不变，则按照式(16-8)，0 阶保持器造成的相位滞后为 $T_s\omega_c/2$。例如，如果 $T_s=1/(2\omega_c)$，相位滞后会达到 0.25 rad$\approx$14.3°，是不可忽视的。这时的采样频率 $f_s=2\omega_c$，剪切频率 $f_c=\omega_c/(2\pi)$，采样频率为剪切频率的 4π 倍。因而在数字控制系统中令采样频率达到剪切频率的 10 倍以上，或 $T_s<1/(2\omega_c)$ 是必要的。当然，对图 16-10 所示的流程，通过令其中的某些过程以流水线方式进行而缩短控制周期 T_s 是可能的。

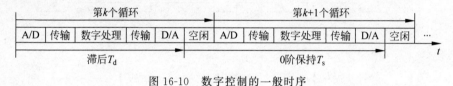

图 16-10　数字控制的一般时序

第17章

z 变 换

数字控制系统是对数字信号进行运算的系统,需要使用与描述模拟信号与系统不同的数学工具。本章介绍分析数字信号与系统的基本知识。

17.1 差 分 方 程

2.1 节中建立了描述一阶低通电路的微分方程,即式(2-8)。假设对这个电路的输入信号 $u_i(t)$ 和输出信号 $u_o(t)$ 都进行了采样,得到数字信号 $u_{di}(kT_s)$ 和 $u_{do}(kT_s)$,其中 $k=0,1,2\cdots$ 。那么 $u_{di}(kT_s)$ 与 $u_{do}(kT_s)$ 之间应具有什么样的数学关系?

假设 $u_o(t)$ 随时间变化的曲线如图 17-1 中的虚线所示,考虑用 $u_{do}(kT_s)$ 描述 $du_o(t)/dt$。 T_s 是常数,可把 $u_{do}(kT_s)$ 简写为 $u_{do}(k)$。如果 $u_o(t)$ 的导函数连续,则当 T_s 足够小时,有

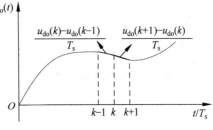

图 17-1　近似求导

$$\frac{du_o(t)}{dt}\bigg|_{t=kT_s} \approx \frac{u_{do}(k) - u_{do}(k-1)}{T_s} \qquad (17\text{-}1)$$

和

$$\frac{du_o(t)}{dt}\bigg|_{t=kT_s} \approx \frac{u_{do}(k+1) - u_{do}(k)}{T_s}$$

比如采用式(17-1),则式(2-8)可改写为

$$\frac{u_{do}(k) - u_{do}(k-1)}{T_s} + \frac{1}{RC}u_{do}(k) = \frac{1}{RC}u_{di}(k)$$

或

$$\left(\frac{1}{T_s} + \frac{1}{RC}\right)u_{do}(k) - \frac{1}{T_s}u_{do}(k-1) = \frac{1}{RC}u_{di}(k) \qquad (17\text{-}2)$$

式(17-2)形式的方程称为"差分方程"。差分方程用来描述一个离散时间系统输入与输出信号之间的关系。采用类似式(17-1)的方法表达对连续时间信号的微分后,描述线性因果系统的差分方程的一般形式为

$$y(k) + a_1y(k-1) + a_2y(k-2) + \cdots + a_ny(k-n)$$
$$= b_0x(k) + b_1x(k-1) + b_2x(k-2) + \cdots + b_mx(k-m) \qquad (17\text{-}3)$$

其中 y 表示输出信号；x 表示输入信号；n 为差分方程的阶次。因果系统任一时刻的输出只取决于此时刻及之前时刻的输入和输出，因此方程右边 x 的最大序数为 k。如果方程中的系数 $a_1,a_2,\cdots,a_n$；$b_1,b_2,\cdots,b_m$ 都是常数，则方程为常系数差分方程。显然，如果序列 $x_1(k)$ 和 $y_1(k)$、$x_2(k)$ 和 $y_2(k)$ 分别都满足式(17-3)，则对任意实常数 α 和 β，序列 $\alpha x_1(k)+\beta x_2(k)$ 和 $\alpha y_1(k)+\beta y_2(k)$ 也满足这个差分方程。

例 17-1　设有差分方程 $y(k)-0.8y(k-1)=0.2x(k)$，$y(0)=0$，$x(k)=1$，$k=0,1,2,\cdots$，求解 $y(k)$。

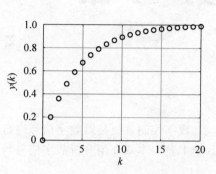

解：$y(k)=0.8y(k-1)+0.2x(k)$，用迭代法可得

$$y(1)=0.8y(0)+0.2x(1)=0.2$$
$$y(2)=0.8y(1)+0.2x(2)=0.36$$
$$y(3)=0.8y(2)+0.2x(3)=0.488$$
$$\vdots$$

图 17-2　例 17-1 差分方程的解

$y(k)$ 的变化如图 17-2 所示。

17.2　z 变　换

17.2.1　定义

分析连续时间系统的基础是拉普拉斯变换。现对式(16-2)表示的采样信号 $x^*(t)$ 作拉普拉斯变换：

$$X^*(s)=\int_{t=0}^{+\infty}\sum_{k=0}^{+\infty}x(kT_s)\delta(t-kT_s)\mathrm{e}^{-st}\mathrm{d}t \tag{17-4}$$

上式可改写为

$$X^*(s)=\sum_{k=0}^{+\infty}x(kT_s)\int_{t=0}^{+\infty}\delta(t-kT_s)\mathrm{e}^{-st}\mathrm{d}t \tag{17-5}$$

$\delta(t)$ 的拉普拉斯变换为 1，再利用拉普拉斯变换的延迟性质，有

$$X^*(s)=\sum_{k=0}^{+\infty}x(kT_s)\mathrm{e}^{-kT_s s} \tag{17-6}$$

记 $z=\mathrm{e}^{T_s s}$，则 $X^*(s)$ 可改写为以复数 z 为自变量的函数：

$$X(z)=\sum_{k=0}^{+\infty}x(kT_s)z^{-k} \tag{17-7}$$

形式上这是对离散时间序列 $x(kT_s)$ 进行的一种变换，称为 z 变换。

17.2.2　几种离散时间序列的 z 变换

1. 单位脉冲时间序列
单位脉冲时间序列为

$$\delta(kT_s)=\begin{cases}1,k=0\\0,k\neq0\end{cases} \tag{17-8}$$

注意它和单位脉冲函数(3-40)不同,单位脉冲函数在 $t=0$ 处的值为无穷大,又称"狄拉克 δ 函数";单位脉冲时间序列又称"克罗内克 δ 函数",命名源于德国数学家利奥波德·克罗内克(Leopold Kronecker,1823—1891)。

由式(17-7)可得,单位脉冲时间序列的 z 变换为

$$\Delta(z)=1 \tag{17-9}$$

2. 单位阶跃时间序列

单位阶跃时间序列为 $y(kT_s)=1,k=0,1,2,\cdots$,其 z 变换为

$$Y(z)=1+z^{-1}+z^{-2}+z^{-3}+\cdots=\frac{1}{1-z^{-1}},\quad |z|>1 \tag{17-10}$$

3. 单位斜坡时间序列

单位斜坡时间序列为 $y(kT_s)=kT_s,k=0,1,2,\cdots$,其 z 变换为

$$Y(z)=0+T_s z^{-1}+2T_s z^{-2}+3T_s z^{-3}+\cdots$$

则 $Y(z)z^{-1}=T_s z^{-2}+2T_s z^{-3}+3T_s z^{-4}+\cdots$,两式相减得

$$Y(z)(1-z^{-1})=T_s(z^{-1}+z^{-2}+z^{-3}+\cdots)$$

故

$$Y(z)=\frac{T_s z^{-1}}{(1-z^{-1})^2},\quad |z|>1 \tag{17-11}$$

4. 指数时间序列

指数时间序列为 $y(kT_s)=a^{kT_s},k=1,2,3,\cdots$,其 z 变换为

$$Y(z)=1+(a^{-T_s}z)^{-1}+(a^{-T_s}z)^{-2}+(a^{-T_s}z)^{-3}+\cdots$$

$$=\frac{1}{1-a^{T_s}z^{-1}},\quad |a^{-T_s}z|>1 \tag{17-12}$$

5. 正弦和余弦时间序列

由指数时间序列的 z 变换式,有

$$Z[\mathrm{e}^{\mathrm{j}\omega kT_s}]=\frac{1}{1-\mathrm{e}^{\mathrm{j}\omega T_s}z^{-1}},\quad Z[\mathrm{e}^{-\mathrm{j}\omega kT_s}]=\frac{1}{1-\mathrm{e}^{-\mathrm{j}\omega T_s}z^{-1}}$$

则正弦时间序列 $y(kT_s)=\sin k\omega T_s(k=1,2,3,\cdots)$ 的 z 变换为

$$Z[\sin k\omega T_s]=Z\left[\frac{1}{2\mathrm{j}}(\mathrm{e}^{\mathrm{j}\omega kT_s}-\mathrm{e}^{-\mathrm{j}\omega kT_s})\right]$$

$$=\frac{z^{-1}}{2\mathrm{j}}\cdot\frac{-\cos\omega T_s+\mathrm{j}\sin\omega T_s+\cos\omega T_s+\mathrm{j}\sin\omega T_s}{1-\mathrm{e}^{\mathrm{j}\omega T_s}z^{-1}-\mathrm{e}^{-\mathrm{j}\omega T_s}z^{-1}+z^{-2}}$$

$$=\frac{z^{-1}\sin\omega T_s}{1-2z^{-1}\cos\omega T_s+z^{-2}} \tag{17-13}$$

余弦时间序列 $y(kT_s)=\cos k\omega T_s(k=1,2,3,\cdots)$ 的 z 变换为

$$Z[\cos k\omega T_s] = Z\left[\frac{1}{2(e^{j\omega kT_s} + e^{-j\omega kT_s})}\right]$$

$$= \frac{z^{-1}}{2} \cdot \frac{2z - \cos\omega T_s + j\sin\omega T_s - \cos\omega T_s - j\sin\omega T_s}{1 - e^{j\omega T_s}z^{-1} - e^{-j\omega T_s}z^{-1} + z^{-2}}$$

$$= \frac{z^{-1}(z - \cos\omega T_s)}{1 - 2z^{-1}\cos\omega T_s + z^{-2}} \tag{17-14}$$

6. 振幅以指数形式变化的正弦和余弦时间序列

对振幅以指数形式变化的正弦时间序列

$$y(kT_s) = e^{k\sigma T_s}\sin k\omega T_s, \quad k = 1,2,3,\cdots \tag{17-15}$$

有

$$y(kT_s) = \frac{1}{2j}e^{k\sigma T_s}(e^{j\omega kT_s} - e^{-j\omega kT_s}) = \frac{1}{2j}\left[e^{kT_s(\sigma+j\omega)} - e^{kT_s(\sigma-j\omega)}\right] \tag{17-16}$$

其 z 变换为

$$Y(z) = \frac{1}{2j}\left(\frac{1}{1 - e^{T_s(\sigma+j\omega)}z^{-1}} - \frac{1}{1 - e^{T_s(\sigma-j\omega)}z^{-1}}\right)$$

$$= \frac{1}{2j}\left[\frac{e^{T_s\sigma}z^{-1}(-\cos T_s\omega + j\sin T_s\omega + \cos T_s\omega + j\sin T_s\omega)}{1 - 2e^{T_s\sigma}\cos T_s\omega z^{-1} + e^{2T_s\sigma}z^{-2}}\right]$$

$$= \frac{z^{-1}e^{T_s\sigma}\sin T_s\omega}{1 - 2e^{T_s\sigma}\cos T_s\omega \cdot z^{-1} + e^{2T_s\sigma}z^{-2}} \tag{17-17}$$

对振幅以指数形式变化的余弦时间序列

$$y(kT_s) = e^{k\sigma T_s}\cos k\omega T_s, \quad k = 1,2,3,\cdots \tag{17-18}$$

有

$$y(kT_s) = \frac{1}{2}e^{k\sigma T_s}(e^{j\omega kT_s} + e^{-j\omega kT_s}) = \frac{1}{2}\left[e^{kT_s(\sigma+j\omega)} + e^{kT_s(\sigma-j\omega)}\right] \tag{17-19}$$

其 z 变换为

$$Y(z) = \frac{1}{2}\left[\frac{1}{1 - e^{T_s(\sigma+j\omega)}z^{-1}} + \frac{1}{1 - e^{T_s(\sigma-j\omega)}z^{-1}}\right]$$

$$= \frac{1}{2}\left[\frac{2 - z^{-1}e^{T_s\sigma}(\cos T_s\omega + j\sin T_s\omega + \cos T_s\omega - j\sin T_s\omega)}{1 - 2e^{T_s\sigma}\cos T_s\omega z^{-1} + e^{2T_s\sigma}z^{-2}}\right]$$

$$= \frac{1 - z^{-1}e^{T_s\sigma}\cos T_s\omega}{1 - 2e^{T_s\sigma}\cos T_s\omega \cdot z^{-1} + e^{2T_s\sigma}z^{-2}} \tag{17-20}$$

17.2.3　z 变换的性质和定理

1. 线性性质

设 $Z[y_1(kT_s)] = Y_1(z), Z[y_2(kT_s)] = Y_2(z), a \, 、b$ 为常数,则根据 z 变换的定义,有

$$Z[ay_1(kT_s)] = aY_1(z), \quad Z[by_2(kT_s)] = bY_2(z) \tag{17-21}$$

$$Z[ay_1(kT_s) + by_2(kT_s)] = aY_1(z) + bY_2(z) \tag{17-22}$$

所以 z 变换是一种线性变换。

2. 滞后定理

设 $k < 0$ 时 $y(kT_s) = 0$，则比 $y(kT_s)$ 滞后 n 步的时间序列的 z 变换为

$$Z[y(kT_s - nT_s)] = y(0)z^{-n} + y(T_s)z^{-n-1} + y(2T_s)z^{-n-2} + \cdots$$
$$= z^{-n}Y(z) \tag{17-23}$$

3. 超前定理

比 $y(kT_s)$ 超前 n 步的时间序列的 z 变换为

$$Z[y(kT_s + nT_s)] = y(nT_s)z^0 + y(nT_s + T_s)z^{-1} + y(nT_s + 2T_s)z^{-2} + \cdots$$
$$= z^n[y(0)z^0 + y(T_s)z^{-1} + \cdots + y(nT_s - T_s)z^{-n+1} +$$
$$y(nT_s)z^{-n} + y(nT_s + T_s)z^{-n-1} + y(nT_s + 2T_s)z^{-n-2} + \cdots] -$$
$$z^n y(0) - z^{n-1}y(T_s) - \cdots - zy(nT_s - T_s)$$
$$= z^n Y(z) - z^n y(0) - z^{n-1}y(T_s) - \cdots - zy(nT_s - T_s) \tag{17-24}$$

当然，如果当 $k = 0, 1, \cdots, n-1$ 时 $y(kT_s) = 0$，则 $Z[y(kT_s + nT_s)] = z^n Y(z)$。

4. 初值定理

由 $Y(z) = y(0)z^0 + y(T_s)z^{-1} + y(2T_s)z^{-2} + \cdots$，有

$$y(0) = \lim_{|z| \to +\infty} Y(z) \tag{17-25}$$

5. 终值定理

设 $Y(z) = Z[y(kT_s)]$，其中当 $k < 0, y(kT_s) = 0$，则由 z 变换的定义和滞后定理

$$Y(z) = \sum_{k=0}^{+\infty} y(kT_s)z^{-k}, \quad z^{-1}Y(z) = \sum_{k=0}^{+\infty} y(kT_s - T_s)z^{-k}$$

有

$$(1 - z^{-1})Y(z) = \sum_{k=0}^{+\infty} y(kT_s)z^{-k} - \sum_{k=0}^{+\infty} y(kT_s - T_s)z^{-k}$$

当 $z \to 1$ 时，上式右边为

$$\sum_{k=0}^{+\infty}[y(kT_s) - y(kT_s - T_s)] = y(0) - y(-T_s) + y(T_s) - y(0) + y(2T_s) -$$
$$y(T_s) + \cdots = y(+\infty)$$

故时间序列 $y(kT_s)$ 的终值为

$$\lim_{k \to +\infty} y(kT_s) = \lim_{z \to 1}(1 - z^{-1})Y(z) \tag{17-26}$$

当然这个定理成立的前提是这个终值存在。

17.3　离散传递函数

对式(17-3)所表示的离散系统的线性差分方程，设 $k < 0$ 时 $x(kT_s) = 0, y(kT_s) = 0$，用滞后定理对方程各项作 z 变换，得到

$$Y(z) + a_1 z^{-1} Y(z) + a_2 z^{-2} Y(z) + \cdots + a_n z^{-n} Y(z)$$

$$= b_0 X(z) + b_1 z^{-1} X(z) + b_2 z^{-2} X(z) + \cdots + b_m z^{-m} X(z) \tag{17-27}$$

则

$$\frac{Y(z)}{X(z)} = \frac{b_0 + b_1 z^{-1} + b_2 z^{-2} + \cdots + b_m z^{-m}}{1 + a_1 z^{-1} + a_2 z^{-2} + \cdots + a_n z^{-n}}$$

$$= \frac{z^{n-m}(b_0 z^m + b_1 z^{m-1} + b_2 z^{m-2} + \cdots + b_m)}{z^n + a_1 z^{n-1} + a_2 z^{n-2} + \cdots + a_n} \tag{17-28}$$

$Y(z)/X(z)$ 是初始条件为零的情况下离散系统输出与输入时间序列的 z 变换的比,与输入、输出时间序列本身无关,而是由系统本身的结构和参数决定的。称 $G(z) = Y(z)/X(z)$ 为离散系统的离散传递函数,或脉冲传递函数,或 z 传递函数。

例如对 17.1 节中的差分方程 $y(k) - 0.8y(k-1) = 0.2x(k)$,其离散传递函数为

$$G(z) = \frac{Y(z)}{X(z)} = \frac{0.2}{1 - 0.8 z^{-1}}$$

设输入单位阶跃时间序列 $x(kT_s) = 1, k = 0,1,2,\cdots$,输入信号的 z 变换为

$$X(z) = \frac{1}{1 - z^{-1}}$$

则输出序列的 z 变换应为

$$Y(z) = G(z)X(z) = \frac{0.2}{1 - 0.8 z^{-1}} \cdot \frac{1}{1 - z^{-1}} = \frac{-0.8}{1 - 0.8 z^{-1}} + \frac{1}{1 - z^{-1}}$$

对 $Y(z)$ 进行 z 反变换即可得到 $y(kT_s)$。参考指数时间序列的 z 变换,可得

$$y(kT_s) = 1 - 0.8^k, \quad k = 0,1,2,\cdots$$

z 反变换可以采用拉普拉斯反变换中使用的部分分式展开的方法进行,先把 z 的有理分式形式上展开成一些一阶分式和二阶分式的和,确定各分式分子的系数,再查 z 变换表,最后对各分式的反变换结果求和即可。

离散传递函数的一般形式(17-28)也可以改写为如下形式:

$$\frac{Y(z)}{X(z)} = \frac{z^{n-m} b_0 (z - z_1)(z - z_2) \cdots (z - z_m)}{(z - p_1)(z - p_2) \cdots (z - p_n)} \tag{17-29}$$

其中 $z_1, z_2, \cdots, z_m$ 为离散传递函数的零点,$p_1, p_2, \cdots, p_m$ 为其极点。另外,分子中的 z^{n-m} 对应于在 z 复数平面上原点(当 $n > m$)或无穷远处(当 $n < m$)的零点。$z = 1$ 对应于 $s = 0$,离散传递函数 $z = 1$ 时的值为其静态增益。

由于单位脉冲时间序列的 z 变换为 1,故一个离散时间系统的单位脉冲响应时间序列的 z 变换即这个系统的离散传递函数。

17.4 s 平面与 z 平面的映射关系

由 z 变换的定义过程可知,复变量 z 与拉普拉斯变换中的复变量 s 之间有函数关系 $z = \mathrm{e}^{T_s s}$。这个函数把 s 复平面映射到 z 复平面上。

设 $s = \sigma + \mathrm{j}\omega$,则 $z = \mathrm{e}^{T_s(\sigma + \mathrm{j}\omega)}$。当 $\sigma = 0$ 时,有 $z = \mathrm{e}^{\mathrm{j}T_s\omega}$。这时 $|z| = 1, \angle z = T_s \omega$,当 ω

从 $-\infty$ 变化到 $+\infty$ 时，z 的辐角从 $-\infty$ 变化到 $+\infty$。即 s 平面的虚轴映射为 z 平面的单位圆。

当 $\sigma < 0$ 时，有 $|z| < 1$，即 s 平面的左半平面映射到 z 平面的单位圆内；当 $\sigma > 0$ 时，有 $|z| > 1$，即 s 平面的右半平面映射到 z 平面的单位圆外。

对 s 平面上任意一点 $\sigma + j\omega$，令 $s_1 = \sigma + j(\omega + 2k\pi/T_s)$，$k \in \mathbf{Z}$，$s_1$ 映射到 $z_1 = e^{T_s\sigma + j(T_s\omega + 2k\pi)} = e^{T_s(\sigma + j\omega)} = z$。因此，$s$ 平面上所有实部相同、虚部相差 $2k\pi/T_s$ 的点，都映射到 z 平面上的同一点。或者说，s 平面上每一个纵向宽度为 $2\pi/T_s$ 的带状区域都映射到整个 z 平面，如图 17-3 所示。

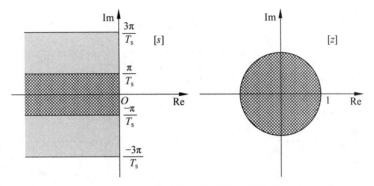

图 17-3　s 平面与 z 平面的映射关系

采样周期为 T_s 时能表示的离散信号的角频率范围为 $[0, \pi/T_s]$，即图中所示带状区域纵向宽度的一半，而带状区域的另一半是负角频率部分。

在 s 平面上虚部处于 $(-\pi/T_s, \pi/T_s)$ 范围内的区域中画几条水平线段和垂直线段，将其映射到 z 平面，如图 17-4 所示。图中省略了坐标轴线以避免干扰图形的显示。s 平面上的垂直线段映射成为 z 平面上的圆，实部越小的垂直线对应的圆的半径越小；s 平面上的水平线段映射成为 z 平面上的辐射线，其延长线经过原点。

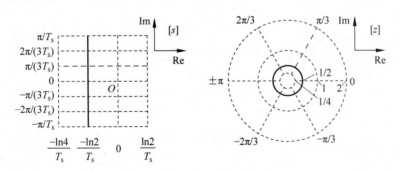

图 17-4　s 平面上的矩形网格映射到 z 平面上的图形

17.5　z 平面极点位置与瞬态响应特性的关系

对连续时间闭环控制系统的信号采样后，将其看作离散时间系统。连续时间系统稳定的充要条件是闭环极点都位于 s 左半平面，根据 s 平面与 z 平面的映射关系，离散时间系统稳定的充要条件为其离散闭环传递函数的极点都在 z 平面的单位圆内。一旦离散闭环传递函数有极点位于单位圆外,则意味着其存在随时间发散的响应模式。

参考图 17-4,s 平面上的极点的实部决定其映射到 z 平面后极点的模,s 平面上的极点的虚部决定其映射到 z 平面后极点的相角。s 左半平面上的极点,其实部的大小决定此极点对应的瞬态响应的幅值衰减速度,极点的实部越小,幅值衰减得越快。相应地,z 平面单位圆内的极点,其模的大小决定此极点对应的瞬态响应的幅值衰减速度,极点越接近原点,幅值衰减得越快。s 平面上的极点的虚部的大小即此极点对应的瞬态响应的振荡角频率,相应地,z 平面上的极点,其相角的大小决定此极点对应的瞬态响应的振荡角频率,相角越接近 $\pm\pi$,振荡角频率越高。

图 17-5 给出了一些在 z 平面上极点位置不同的系统的单位脉冲响应。

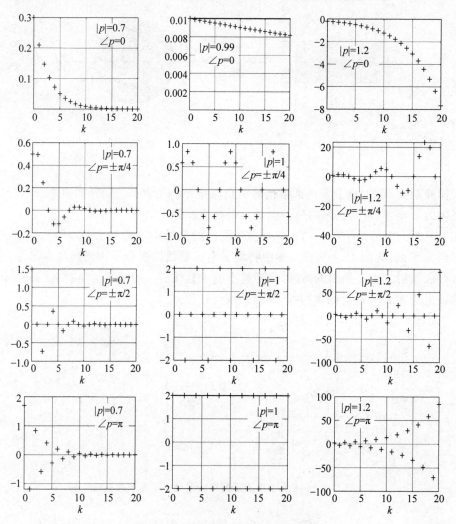

图 17-5　z 平面极点对应的响应特征

第 1 行和第 4 行的图形对应的系统的离散传递函数为

$$G_{1,4}(z) = \frac{(1-p)z}{z-p}$$

其中 p 为实数;

第 2 行和第 3 行的图形对应的系统的离散传递函数为

$$G_{2,3}(z)=\frac{(1-p_1-p_2+p_1p_2)z^2}{z^2-(p_1+p_2)z+p_1p_2}$$

其中 p_1 和 p_2 为一对共轭复数。令 $z=1$,可见 $G_{1,4}(z)$ 和 $G_{2,3}(z)$ 的静态增益都是 1。

由图 17-5 可见,极点位置与响应特性的关系符合上述论述。

习　　题

17-1　有一个差分方程 $y(k)-0.8y(k-1)=0.2x(k-1)$,求其离散传递函数和单位阶跃响应。

17-2　系统的离散传递函数如下,求其单位脉冲响应。

(1) $G(z)=\dfrac{z}{z^2-1.3z+0.4}$

(2) $G(z)=\dfrac{z}{z^2+0.3z-0.4}$

(3) $G(z)=\dfrac{1}{z^2-0.6z+0.25}$

(4) $G(z)=\dfrac{1}{z^2+0.25}$

(5) $G(z)=\dfrac{1}{z^2+0.6z+0.25}$

(6) $G(z)=\dfrac{z^2}{z^2-2.5z+1}$

(7) $G(z)=\dfrac{6.25}{z^2-3z+6.25}$

(8) $G(z)=\dfrac{2z^2+z}{z^2-0.6z+0.25}$

17-3　一个系统的离散传递函数如下,求其单位阶跃响应。

$$G(z)=\frac{(1-p)z}{z-p}$$

17-4　一个系统的离散传递函数如下,设系统稳定,求其单位阶跃响应的终值。

$$G(z)=\frac{(1-p_1-p_2+p_1p_2)z^2}{z^2-(p_1+p_2)z+p_1p_2}$$

17-5　设离散时间系统的采样周期 $T_s=0.01$ s,z 平面极点如下,没有零点。求单位阶跃响应的建立时间;如果有振荡,振荡角频率是多少?

(1) $p_1=0.7$

(2) $p_1=0.5$

(3) $p_1=0.3$

(4) $p_{1,2}=0.4\pm j0.3$

(5) $p_{1,2}=0.3\pm j0.4$

(6) $p_{1,2}=\pm j0.5$

第18章

数字控制器的连续-离散设计方法

设计数字控制器有不同的方法。第一类方法是先把整个连续时间控制系统离散化,再对离散系统进行性能分析和控制器设计。这需要一套完整的理论和方法,与连续时间控制系统一样,应包括稳定性分析、稳态误差分析、瞬态响应分析、频率特性分析和根轨迹方法等内容。第二类方法是先设计好模拟控制器,再设法用数字控制器与它等效,称为"连续-离散设计法"。本章只讨论第二类方法。

采用数字控制后,参考图 16-7 和图 16-10,控制部分的传递函数应写为 $G_c^*(s)G_0(s)G_d(s)$。其中,$G_c^*(s)$ 表示数字控制器的离散脉冲量形式的输入、输出信号间的传递函数;$G_0(s)$ 表示零阶保持器的传递函数,如式(16-4);$G_d(s)$ 表示信号转换、传输过程中的纯滞后环节的传递函数。由于离散脉冲量与连续时间模拟量之间具有等价关系,因此 $G_c^*(s)$ 即原模拟控制器的传递函数 $G_c(s)$。如果用某种方法实现了与 $G_c(s)$ 等价的数字控制器的离散传递函数 $D_c(z)$,由于 0 阶保持器和纯滞后环节的存在,整个数字控制部分并不能与原模拟控制器等价。这里的主要区别在于 0 阶保持器和纯滞后环节会引入额外的相位滞后。因此,一方面控制周期要足够小,以减小相位滞后;另一方面,在设计模拟控制器的传递函数时就应该事先把这个相位滞后因素考虑进去,使得采用数字控制后系统的性能仍与原设计目标相符。

18.1 前向、后向差分法

参考图 17-1 和式(17-1),一个连续时间信号对时间的导数可写为

$$\frac{\mathrm{d}x(t)}{\mathrm{d}t} \approx \frac{x(t) - x(t - T_s)}{T_s}$$

对上式作拉普拉斯变换,得

$$sX(s) \approx \frac{X(s) - \mathrm{e}^{-T_s s}X(s)}{T_s}$$

两边除以 $X(s)$,再由式 $z = \mathrm{e}^{sT_s}$,得

$$s \approx \frac{1 - \mathrm{e}^{-T_s s}}{T_s} = \frac{1 - z^{-1}}{T_s} \tag{18-1}$$

式(18-1)为 s 与 z 之间的一种近似关系,称为后向差分近似;T_s 越小,近似程度越高。把模拟控制器传递函数 $G_c(s)$ 中的 s 用式(18-1)右端替换,即得到以 z 为变量的数字控制器的离散传递函数

$$D_c(z) = G_c(s) \Big|_{s = \frac{1-z^{-1}}{T_s}} \tag{18-2}$$

这就是后向差分法。再由离散传递函数写出差分方程,就得到数字控制算法。

例 18-1　假定已设计好连续时间系统的 PI 控制器,其传递函数为

$$G_c(s) = \frac{2(s + 0.1)}{s} \tag{18-3}$$

控制周期 $T_s = 0.1 \mathrm{\ s}$,设计控制算法。

解:采用后向差分法,即式(18-2)。令 $s = 10 - 10z^{-1}$,代入式(18-3)得

$$D_c(z) = \frac{2(10 - 10z^{-1} + 0.1)}{10 - 10z^{-1}} = \frac{20.2 - 20z^{-1}}{10 - 10z^{-1}}$$

离散传递函数的输入为偏差信号 $e(kT_s)$,输出为控制信号 $u(kT_s)$,因此

$$\frac{U(z)}{E(z)} = \frac{20.2 - 20z^{-1}}{10 - 10z^{-1}}$$

上式展开为

$$10U(z) - 10z^{-1}U(z) = 20.2E(z) - 20z^{-1}E(z)$$

作 z 反变换得

$$10u(kT_s) - 10u(kT_s - T_s) = 20.2e(kT_s) - 20e(kT_s - T_s)$$

整理,并略写 T_s,得到控制算法

$$u(k) = u(k-1) + 2.02e(k) - 2e(k-1) \tag{18-4}$$

式(18-4)表明,控制算法应保留前一采样时刻的偏差量和控制量,在得到当前时刻的偏差量后即可计算得到当前时刻应输出的控制量。

与后向差分类似,也可用下式近似信号对时间的导数,即图 17-1 中的另一种情况:

$$\frac{\mathrm{d}x(t)}{\mathrm{d}t} \approx \frac{x(t + T_s) - x(t)}{T_s}$$

作拉普拉斯变换,有

$$sX(s) \approx \frac{1}{T_s}(\mathrm{e}^{sT_s} - 1)X(s)$$

两边消去 $X(s)$,得

$$s \approx \frac{1}{T_s}(\mathrm{e}^{sT_s} - 1) = \frac{1}{T_s}(z - 1) = \frac{1 - z^{-1}}{T_s z^{-1}} \tag{18-5}$$

前向差分法为

$$D_c(z) = G_c(s) \Big|_{s = \frac{1-z^{-1}}{T_s z^{-1}}} \tag{18-6}$$

对例 18-1 用前向差分法设计控制算法如下:

由式(18-5)得

$$s = (1 - z^{-1})/(0.1z^{-1})$$

代入式(18-3)得

$$D_c(z) = \frac{U(z)}{E(z)} = \frac{2 - 1.98z^{-1}}{1 - z^{-1}}$$

则控制算法为

$$u(k) = u(k-1) + 2e(k) - 1.98e(k-1) \tag{18-7}$$

18.2　双线性变换法

再考虑另一种 s 与 z 之间的近似关系。设 $y(t) = \int_0^t x(t)\mathrm{d}t$，如图 18-1 所示，在两个相隔 T_s 的时刻，函数 $x(t)$ 的积分值之差近似为图中梯形阴影部分的面积：

$$y(t) - y(t - T_s) \approx \frac{T_s}{2}[x(t - T_s) + x(t)]$$

对上式作拉普拉斯变换得

$$\frac{1}{s}X(s) - \mathrm{e}^{-sT_s}\frac{1}{s}X(s) \approx \frac{T_s}{2}(\mathrm{e}^{-sT_s} + 1)X(s)$$

即

$$\frac{1}{s}(1 - z^{-1}) \approx \frac{T_s}{2}(1 + z^{-1})$$

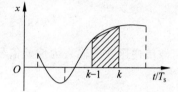

图 18-1　用梯形的面积近似采样
周期内的积分

整理得

$$s \approx \frac{2}{T_s} \cdot \frac{1 - z^{-1}}{1 + z^{-1}} \tag{18-8}$$

双线性变换法或称塔斯廷(Tustin)方法为

$$D_c(z) = G_c(s) \left.\right|_{s = \frac{2}{T_s} \cdot \frac{1-z^{-1}}{1+z^{-1}}} \tag{18-9}$$

对例 18-1 使用双线性变换法设计控制算法如下：

由式(18-8)得

$$s = \frac{20(1 - z^{-1})}{1 + z^{-1}}$$

将其代入式(18-3)得

$$D_c(z) = \frac{U(z)}{E(z)} = \frac{2.01 - 1.99z^{-1}}{1 - z^{-1}}$$

因此控制算法为

$$u(k) = u(k-1) + 2.01e(k) - 1.99e(k-1) \tag{18-10}$$

18.3　零极点匹配法

零极点匹配法是指用 s 与 z 之间的严格关系 $z = \mathrm{e}^{sT_s}$ 把连续时间传递函数的零点和极点从 s 域映射到 z 域,并令离散传递函数与连续时间传递函数的增益也相等,从而把传递函数转化为离散传递函数的方法,又称零极点映射法。

比如例 18-1 的传递函数具有一个极点 $p_s = 0$ 和一个零点 $z_s = -0.1$,可设控制器的离散传递函数为

$$D_c(z) = \frac{K_z(z - z_z)}{z - p_z}$$

其中 p_z 和 z_z 分别为 z 域上的极点和零点。则应有

$$p_z = \mathrm{e}^{p_s T_s} = \mathrm{e}^0 = 1, \quad z_z = \mathrm{e}^{z_s T_s} = \mathrm{e}^{-0.1 \times 0.1} \approx 0.99$$

从而

$$D_c(z) = \frac{K_z(z - 0.99)}{z - 1}$$

增益系数 K_z 尚待确定。

$s = 0$ 对应于 $z = 1$,因此应令传递函数在 $s = 0$ 处与离散传递函数在 $z = 1$ 处具有相等的增益,即

$$|G_c(s)|\big|_{s=0} = |D_c(z)|\big|_{z=1} \tag{18-11}$$

对传递函数有极点为 0 的情况,则考虑由于在 $s = 0$ 附近有

$$z = \mathrm{e}^{sT_s} \approx 1 + sT_s + \frac{1}{2}(sT_s)^2 + \cdots$$

对应的离散传递函数的分母因式 $z - 1 \approx sT_s$。

例如在本例中,

$$|G_c(s)|\big|_{s=0} = \frac{2 \times 0.1}{s}\bigg|_{s=0}, \quad |D_c(z)|\big|_{z=1} \approx \frac{K_z(1 - 0.99)}{0.1s}\bigg|_{s=0}$$

令两者相等,得到 $K_z = 2$。

因此用零极点匹配法得到的离散传递函数为

$$D_c(z) = \frac{2(1 - 0.99z^{-1})}{1 - z^{-1}}$$

控制算法为

$$u(k) = u(k-1) + 2e(k) - 1.98e(k-1) \tag{18-12}$$

对比式(18-4)、式(18-7)、式(18-10)及式(18-12)可见,对同一问题用不同的离散化方法得到的控制算法的参数是不同的,只不过当控制周期 T_s 取值相对比较小时,不同控制算法的参数差别不大。

18.4　各方法的映射偏差

数字控制器的连续-离散设计方法的实质是使在符合 $z = \mathrm{e}^{sT_s}$ 关系的 s 与 z 点上离散传递函数与传递函数具有尽可能接近的函数值。零极点匹配法是使离散传递函数与传递函

在零点和极点处严格满足 $z=\mathrm{e}^{sT_s}$，后向差分、前向差分和双线性变换法则在 $s=0$ 处严格满足 $z=\mathrm{e}^{sT_s}$。因此在这些点上，离散传递函数与传递函数的值相等，即 $D_c(z)=G_c(s)$；在其他点上 s 与 z 的关系只是对 $z=\mathrm{e}^{sT_s}$ 的近似，所以离散传递函数的值只是近似与传递函数的值相等。

前向差分关系式(18-1)可改写为

$$z'=1+sT_s \tag{18-13}$$

后向差分关系式(18-5)可改写为

$$z'=\frac{1}{1-sT_s} \tag{18-14}$$

双线性变换关系式(18-8)可改写为

$$z'=\frac{1+\dfrac{sT_s}{2}}{1-\dfrac{sT_s}{2}} \tag{18-15}$$

这里采用符号 z' 而不是 z 是为了提示这些映射与真正期望的 s 与 z 的关系不同。在 s 平面上取如图 18-2 所示的矩形区域，分别采用式(18-13)～式(18-15)映射到 z' 平面，如图 18-3～图 18-5 所示。各图中分别用虚线画出了单位圆以对比这些映射与期望映射的相近程度。

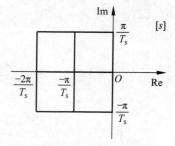

图 18-2　s 平面上的矩形区域

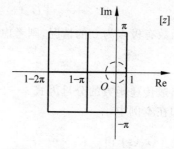

图 18-3　前向差分法的映射结果

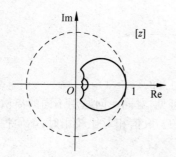

图 18-4　后向差分法的映射结果

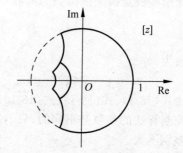

图 18-5　双线性变换法的映射结果

由图 18-3～图 18-5 可见，前向差分法有可能把 s 左半平面的极点映射到 z 平面的单位圆外，从而使数字控制器本身变得不稳定。相比理想的 s-z 关系，后向差分法会把 s 左平面的零点和极点进一步向 z 平面单位圆内聚拢。双线性变换法把 s 平面虚轴上 $[-\mathrm{j}\pi/T_s, \mathrm{j}\pi/T_s]$

部分映射为单位圆的一部分,而不是整个单位圆。令式(18-15)中 $s \to \pm j\infty$,则 $z' \to \pm\pi$,即双线性变换会把 s 平面的整条虚轴映射为 z 平面单位圆。所以经过双线性变换,s 左半平面的零点和极点都会被映射到 z 单位圆内,s 右半平面的零点和极点都会被映射到 z 单位圆外,变换前后控制器的稳定性保持不变。

如果控制器在 s 平面上有趋于 $-\infty$ 的极点,采用后向差分法会把它们映射到 z 平面上从实轴正半轴趋向原点的位置,这与理想的 s-z 映射关系是一致的;如果用双线性变换法,这样的极点则会被映射到 $z = -1$ 附近,对应于振幅缓慢衰减的、以最高频率振荡的瞬态响应特性。显然后一种情况应予以避免。

18.5　双线性变换法的频率特性校正

按照 s-z 映射关系,s 平面虚轴上 $[0, j\pi/T_s]$ 内的一点 $s = j\omega_D$ 映射到 z 平面单位圆上的点 $z = e^{j\omega_D T_s}$;而采用双线性变换法时,由式(18-9)得

$$D_c(e^{j\omega_D T_s}) = G_c\left(\frac{2}{T_s} \cdot \frac{1 - e^{-j\omega_D T_s}}{1 + e^{-j\omega_D T_s}}\right)$$

而

$$\frac{2}{T_s} \cdot \frac{1 - e^{-j\omega_D T_s}}{1 + e^{-j\omega_D T_s}} = \frac{2}{T_s} \cdot \frac{e^{-\frac{1}{2}j\omega_D T_s}(e^{\frac{1}{2}j\omega_D T_s} - e^{-\frac{1}{2}j\omega_D T_s})}{e^{-\frac{1}{2}j\omega_D T_s}(e^{\frac{1}{2}j\omega_D T_s} + e^{-\frac{1}{2}j\omega_D T_s})}$$

$$= \frac{2}{T_s} \cdot \frac{2j \cdot \sin\dfrac{\omega_D T_s}{2}}{2 \cdot \cos\dfrac{\omega_D T_s}{2}}$$

$$= j \cdot \frac{2}{T_s} \cdot \tan\frac{\omega_D T_s}{2}$$

记

$$\omega_A = \frac{2}{T_s}\tan\frac{\omega_D T_s}{2} \tag{18-16}$$

有 $D_c(e^{j\omega_D T_s}) = G_c(j\omega_A)$,即经过双线性变换得到的对应于角频率 ω_D 的离散传递函数值与原控制器在角频率 ω_A 处而不是 ω_D 处的传递函数值相等。这意味着双线性变换后控制器的频率特性发生了改变。或者说 z' 域上的角频率相对 s 域和 z 域上的角频率发生了畸变。这称为频率卷绕,如图 18-6 所示。

为了校正这种频率特性的偏差,可以针对某个角频率,比如开环增益交越角频率,对其预先进行校正。即修改双线性变换为

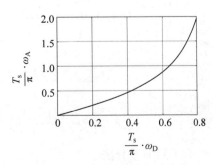

图 18-6　双线性变换的频率卷绕

$$s' = \frac{\omega_D}{\omega_A} \cdot \frac{2}{T_s} \cdot \frac{1-z^{-1}}{1+z^{-1}} = \frac{\omega_D}{\frac{2}{T_s}\tan\frac{\omega_D T_s}{2}} \cdot \frac{2}{T_s} \cdot \frac{1-z^{-1}}{1+z^{-1}}$$

$$= \frac{\omega_D}{\tan\frac{\omega_D T_s}{2}} \cdot \frac{1-z^{-1}}{1+z^{-1}} \tag{18-17}$$

这样变换前后在角频率 ω_D 处的频率特性保持不变。

显然，除了在所选的频率点和 0 频率处，其他频率处的频率特性不能保持不变。但只要频率不太高，比如图 18-6 中 $\omega < 0.4\pi/T_s$ 的部分，ω_A 与 ω_D 之间接近线性关系，经过频率校正就可以忽略频率特性的变化。

例 18-2　设有 PID 控制器如下，数字控制系统的控制周期为 $T_s = 0.05\,\text{s}$，分别用零极点匹配法、双线性变换法和后向差分法设计数字控制器，并画出各自的频率特性曲线。

$$G_c(s) = \frac{10(s+1)(0.2s+1)}{s}$$

解：（1）零极点匹配法

连续时间传递函数的极点为 0，零点为 -1 和 -5。按照式 $z = e^{sT_s}$，z 平面上的极点为 $z = 1$，零点分别为 0.9512 和 0.7788。则离散传递函数为

$$D_c(z) = \frac{K(z-0.9512)(z-0.7788)}{z-1}$$

由

$$|G_c(s)||_{s=0} = \frac{10}{s}, \quad |D_c(z)||_{z=1} = \frac{K_z(1-0.9512)(1-0.7788)}{0.05s}$$

解得 $K_z = 46.32$。故

$$D_c(z) = \frac{46.32(z-0.9512)(z-0.7788)}{z-1}$$

（2）双线性变换法

$$s = \frac{2}{0.05} \cdot \frac{1-z^{-1}}{1+z^{-1}} = \frac{40(1-z^{-1})}{1+z^{-1}}$$

则

$$D_c(z) = \frac{10\left[\frac{40(1-z^{-1})}{1+z^{-1}}+1\right]\left[0.2\cdot\frac{40(1-z^{-1})}{1+z^{-1}}+1\right]}{\frac{40(1-z^{-1})}{1+z^{-1}}}$$

$$= \frac{10[40(1-z^{-1})+1+z^{-1}][8(1-z^{-1})+1+z^{-1}]}{40(1-z^{-1})(1+z^{-1})}$$

$$= \frac{10(41-39z^{-1})(9-7z^{-1})}{40(1-z^{-2})}$$

（3）后向差分法

$$s = \frac{1-z^{-1}}{0.05} = 20(1-z^{-1})$$

则

$$D_c(z) = \frac{10(21 - 20z^{-1})(5 - 4z^{-1})}{20(1 - z^{-1})}$$

角频率 ω 的范围取为 $[0, \pi/T_s)$，计算 $G_c(j\omega)$ 和用各种离散化方法得到的 $D_c(e^{j\omega T_s})$，画出幅频和相频特性如图 18-7 所示。

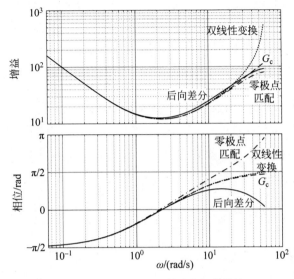

图 18-7　数字 PID 控制器的频率特性

由图 18-7 可见，这几种离散化方法得到的控制器频率特性与连续系统的频率特性相比，在中低频率范围内差别较小；当频率较高时，零极点匹配法和后向差分法的幅频特性与原控制器比较接近，但相频特性差别很大，双线性变换法的相频特性与原控制器很接近，但幅频特性差别很大。

习　　题

18-1　用双线性变换法、零极点匹配法或后向差分法把下列控制器传递函数转换为数字控制器的离散传递函数，再写出数字控制器的差分方程。

(1) $G_c(s) = \dfrac{2s+3}{s}$，$T_s = 0.02$ s

(2) $G_c(s) = 1 + 0.1s$，$T_s = 0.01$ s

(3) $G_c(s) = \dfrac{2(s+2)(s+5)}{s}$，$T_s = 0.01$ s

(4) $G_c(s) = \dfrac{5(s+0.1)}{s(s+2)}$，$T_s = 0.1$ s

18-2　有一个控制系统，经过设计得到连续时间控制器的传递函数为

$$G_c(s) = \frac{10(0.1s+1)}{0.0167s+1}$$

校正后系统的增益交越角频率为 $30 \ \mathrm{s}^{-1}$。现需要改为数字控制方式,设数据转换、传输和数字处理的滞后时间可以忽略,只考虑 0 阶保持器的滞后。

(1) 如果取采样周期 T_s 为 10 ms,0 阶保持器引入的相位裕量损失为多少?

(2) 如果希望改用数字控制器后系统的增益交越角频率和相位裕量都基本不变,如何修改 $G_c(s)$ 的参数?

(3) 采用零点极点匹配法设计数字控制器的离散传递函数。

(4) 写出数字控制器的差分方程。

18-3 用双线性变换法把控制器

$$G_c(s) = \frac{K_D s^2 + K_P s + K_I}{s(\tau s + 1)}$$

转换为数字控制器的离散传递函数,写出数字控制器的差分方程。

附录

拉普拉斯变换表和 z 变换表

表 A-1 拉普拉斯变换表

序号	$x(t)$	$X(s)$
1	$\delta(t)$	1
2	$1(t)$	$1/s$
3	t	$1/s^2$
4	$\dfrac{1}{2}t^2$	$1/s^3$
5	$\dfrac{1}{r!}t^r$	$1/s^{r+1}$
6	$\dfrac{1}{s-p}$	e^{pt}
7	$\dfrac{1}{(s-p)^2}$	$t\,\mathrm{e}^{pt}$
8	$\dfrac{\omega}{s^2+\omega^2}$	$\sin\omega t$
9	$\dfrac{s}{s^2+\omega^2}$	$\cos\omega t$
10	$\dfrac{\omega}{(s^2+\omega^2)^2}$	$\dfrac{1}{2\omega^2}(\sin\omega t-\omega t\cos\omega t)$
11	$\dfrac{s}{(s^2+\omega^2)^2}$	$\dfrac{1}{2\omega}t\sin\omega t$
12	$\dfrac{s-\sigma}{(s-\sigma)^2+\omega^2}$	$\mathrm{e}^{\sigma t}\cos\omega t$
13	$\dfrac{\omega}{(s-\sigma)^2+\omega^2}$	$\mathrm{e}^{\sigma t}\sin\omega t$
14	$\dfrac{s-\sigma}{[(s-\sigma)^2+\omega^2]^2}$	$\dfrac{1}{2\omega}t\,\mathrm{e}^{\sigma t}\sin\omega t$
15	$\dfrac{\omega}{[(s-\sigma)^2+\omega^2]^2}$	$\dfrac{1}{2\omega^2}\mathrm{e}^{\sigma t}(\sin\omega t-\omega t\cos\omega t)$
16	$\dfrac{1}{s^2+2\zeta\omega_{\mathrm n}s+\omega_{\mathrm n}^2}$	$\dfrac{1}{\omega_{\mathrm n}\sqrt{1-\zeta^2}}\mathrm{e}^{-\zeta\omega_{\mathrm n}t}\sin\omega_{\mathrm n}\sqrt{1-\zeta^2}\,t$
17	$\dfrac{s}{s^2+2\zeta\omega_{\mathrm n}s+\omega_{\mathrm n}^2}$	$\dfrac{-1}{\sqrt{1-\zeta^2}}\mathrm{e}^{-\zeta\omega_{\mathrm n}t}\sin\left(\omega_{\mathrm n}\sqrt{1-\zeta^2}\,t-\arctan\dfrac{\sqrt{1-\zeta^2}}{\zeta}\right)$

表 A-2　z 变换表

序号	$x(k)$	$X(z)$
1	$\delta(k)=\begin{cases}1,k=0\\0,k\neq0\end{cases}$	1
2	1	$\dfrac{1}{1-z^{-1}}$
3	kT_s	$\dfrac{T_sz^{-1}}{(1-z^{-1})^2}$
4	$\dfrac{1}{2}k^2T_s^2$	$\dfrac{T_s^2z^{-1}(1+z^{-1})}{2(1-z^{-1})^3}$
5	a^{kT_s}	$\dfrac{1}{1-a^{T_s}z^{-1}}$
6	$kT_s\cdot e^{-akT_s}$	$\dfrac{T_se^{-aT_s}z^{-1}}{(1-z^{-1}e^{-aT_s})^2}$
7	$\sin k\omega T_s$	$\dfrac{z^{-1}\sin\omega T_s}{1-2z^{-1}\cos\omega T_s+z^{-2}}$
8	$\cos k\omega T_s$	$\dfrac{z^{-1}(z-\cos\omega T_s)}{1-2z^{-1}\cos\omega T_s+z^{-2}}$
9	$e^{k\sigma T_s}\sin k\omega T_s$	$\dfrac{z^{-1}e^{T_s\sigma}\sin T_s\omega}{1-2e^{T_s\sigma}\cos T_s\omega\cdot z^{-1}+e^{2T_s\sigma}z^{-2}}$
10	$e^{k\sigma T_s}\cos k\omega T_s$	$\dfrac{1-z^{-1}e^{T_s\sigma}\cos T_s\omega}{1-2e^{T_s\sigma}\cos T_s\omega\cdot z^{-1}+e^{2T_s\sigma}z^{-2}}$

参 考 文 献

[1] 董景新,赵长德,郭美凤,等. 控制工程基础[M]. 4 版. 北京:清华大学出版社,2015.

[2] Katsuhiko Ogata. 现代控制工程[M]. 4 版. 卢伯英,于海勋,等译. 北京:电子工业出版社,2003.

[3] 丁同仁,李承治. 常微分方程教程[M]. 北京:高等教育出版社,2004.

[4] 焦宝聪,王在洪,时红廷. 常微分方程[M]. 北京:清华大学出版社,2008.

[5] 张元林. 工程数学·积分变换[M]. 北京:高等教育出版社,2003.

[6] 王国英. 工程数学(二)复变函数 积分变换 线性代数 数值方法[M]. 北京:清华大学出版社,2009.

[7] 张媛,伍君芬,程云龙. 复变函数与积分变换[M]. 北京:清华大学出版社,2017.

[8] 高金源,夏洁. 计算机控制系统 [M]. 北京:清华大学出版社,2007.

[9] 何克忠,李伟. 计算机控制系统[M]. 2 版. 北京:清华大学出版社,2015.